WUPPERTAL PAPERBACKS

Rudolf Petersen
Harald Diaz-Bone

Das Drei-Liter-Auto

Springer Basel AG

Die Deutsche Bibliothek — CIP-Einheitsaufnahme

Petersen, Rudolf;
Das Drei-Liter-Auto / Rudolf Petersen; Harald Diaz-Bone.

(Wuppertal Paperbacks)
ISBN 978-3-7643-5955-3   ISBN 978-3-0348-6078-9 (eBook)
DOI 10.1007/978-3-0348-6078-9
NE: Diaz-Bone

© 1998 Springer Basel AG
Ursprünglich erschienen bei Birkhäuser Verlag GmbH 1998

Umschlaggestaltung: Matlik & Schelenz, Essenheim
Gedruckt auf säurefreiem Papier, hergestellt aus chlorfrei gebleichtem Zellstoff.
TCF∞

ISBN 978-3-7643-5955-3

9 8 7 6 5 4 3 2 1

Inhaltsverzeichnis

Geleitwort von Ernst Ulrich von Weizsäcker

Heute gibt es 5,9 Milliarden Menschen auf der Welt – und eine halbe Milliarde Autos. In der Mitte des 21. Jahrhunderts könnten es 10 Milliarden Menschen sein. Diese benötigen nicht nur Nahrung und Unterkunft, sondern wollen auch über diejenigen Güter des täglichen Bedarfs verfügen, die den Menschen in den reichen Ländern zur Verfügung stehen.

Dazu gehört auch das Auto. Die hohen Wachstumsraten der Autoflotten in manchen Schwellen- und Entwicklungsländern der sogenannten Dritten Welt bedeuten doch eine Verdoppelung alle fünf bis sieben Jahre. Noch sind es in den Ländern Asiens, Afrikas und Südamerikas relativ wenige, die sich ein Auto leisten können – noch! Diese neuen Märkte sind gleichzeitig Verheißung und Bedrohung für die Wohlstandsländer. Die Industrie hofft auf Verkaufserfolge in den noch ungesättigten Märkten, den Klimaschützern wird Angst bei der Vorstellung, in China, Indien und all den anderen bevölkerungsreichen Ländern würde die selbe Menge an Kraftfahrzeugen unterwegs sein wie bei uns. Es wäre eine ernste Bedrohung für das globale Klima.

Ein Verkehrsmittel, das 95 Prozent der ihm zugeführten Energie nicht nutzt, sondern verschwendet, paßt nicht in unsere Zeit. Dies aber ist Realität - nicht etwa nur Behauptung dogmatischer Autokritiker, sondern anerkanntes Faktum, das allen Ingenieuren in der Automobilindustrie und in der Mineralölwirtschaft geläufig ist. Der Wirkungsgrad der Antriebsmotoren ist schlecht, die Fahrzeuge sind zu groß und schwer. Was fehlt, ist eine Effizienzrevolution im Verkehr.

Rudolf Petersen und Harald Diaz-Bone haben weltweit führende Experten der Effizienztechnik beim Auto an das Wuppertal Institut eingeladen. Herausgekommen ist ein Buch, welches aufzeigt, wie die Autotechnik von morgen beschaffen sein muß, um kurzfristig den Faktor 2 in der Energieeffizienz zu realisieren, mittelfristig den Faktor 4. Das ist die technologische und – unabhängig vom parteipolitischen Standort – auch die gesellschaftliche Herausforderung der kommenden Jahrzehnte: Mehr Nutzen mit weniger Ressourcenverbrauch.

Danksagung

Ausgangspunkt dieses Buches war der Workshop «Autos der Zukunft» am 29. und 30. März 1998 im Wuppertal Institut für Klima, Umwelt, Energie. Das Wissenschaftszentrum Nordrhein-Westfalen, zu dem neben dem Wuppertal Institut ebenso das Institut für Arbeit und Technik in Gelsenkirchen sowie das Kulturwissenschaftliche Institut in Essen gehören, untersucht im Rahmen eines übergreifenden Verbundprojektes «Technologiebedarf im 21. Jahrhundert» die Chancen und die Erfordernisse zukünftiger Technikentwicklung.

Die Veranstaltung zu den «Autos der Zukunft» stieß auf derart positive Resonanz bei den Beteiligten sowie auf ein hohes Interesse in den Medien, daß es lohnend erschien, das Problemfeld im Rahmen eines Buches erweitert darzustellen. Neben den verschiedenen technischen Lösungskonzepten sollten dann auch die umwelt- und klimapolitischen Rahmenbedingungen und Anforderungen für die Verkehrsentwicklung aufgezeigt werden.

Unseren besonderen Dank möchten wir zunächst den Vortragenden und Diskussionsteilnehmern der Veranstaltung gegenüber aussprechen: (in alphabetischer Reihenfolge) Günter H. Deinzer/Adam Opel AG, Dr. Axel Friedrich/Umweltbundesamt, Dr. Ulrich Höpfner/Institut für Energie- und Umweltforschung, Volker Indorf/MMC Deutschland GmbH, Wolfgang Lohbeck/Greenpeace e.V. Hamburg, Amory B. Lovins/Rocky Mountain Institute, Roger Martin/Swissauto Wenko A.G., Gerhard Nähr/Transport-Systemetechnik, Karl E. Noreikat/Daimler-Benz AG, Carsten Polenz/Wuppertal Institut, Dr. Siegfried Schäper/Audi AG, Dr. Lee Schipper,

International Energy Agency, IEA, Dr. Harald Scholz/Europäische Kommission, Generaldirektion XII, Dr. Wolfgang Steiger/Volkswagen AG, Katharina Wetzel-Vandai/Wissenschaftszentrum Nordrhein-Westfalen, Dr. Peter Wiederkehr/OECD Paris.

Weiterhin sind wir den Firmen und Institutionen zu Dank verpflichtet, die uns ergänzende Unterlagen für dies Buchprojekt zur Verfügung gestellt haben, u. a. ADAC, Audi AG, BMW, Chrysler, Citroën, Daihatsu, Daimler Benz AG, FIAT, Ford, General Motors, Greenpeace, Honda, ifeu-Institut, Mazda, Micro-Compact Car, Mitsubishi Motor Company, Nissan, Peugeot, Adam Opel AG, Renault, Rolls Royces, Seat, Suzuki, Swissauto Wenko AG, Toyota, Trapos, Umweltbundesamt, VCD, VDIK, Volvo, VW AG. Wertvolle zusätzliche technische Informationen entnahmen wir insbesondere auch zahlreichen Fachartikeln, genannt seien hier vor allem die Automobiltechnische Zeitschrift (ATZ) und Motortechnische Zeitschrift (MTZ).

Schließlich danken wir den Kolleginnen und Kollegen im Wuppertal Institut, die die Arbeit in der Vorbereitungsphase und bei der Produktion des Buches unterstützt haben, vor allem Wolfram Huncke und Jochem Pferdehirt (Bereich Öffentlichkeitsarbeit), Hans Kretschmer und Thomas Pössinger (Bildstelle), Edda Buchleither und Edith Bräutigam, die das Manuskript erfaßt haben, Dorothea Frinker für die druckreife Vorproduktion des Textes. Wir danken dem Birkhäuser-Verlag, daß er es durch eine überaus zügige Produktion ermöglicht hat, das Buch innerhalb weniger Monate auf den Markt zu bringen, unser Dank gilt hier insbesondere auch der Lektorin Eva Tauber.

Die Verantwortung für die inhaltliche Richtigkeit der Darstellungen und insbesondere auch für die vorgenommenen Bewertungen liegt allein bei den Autoren. Wir haben uns bemüht, die Positionen der Vortragenden richtig und im Zusammenhang wiederzugeben. Wo dies nicht angemessen gelungen ist oder wo sich Irrtümer eingeschlichen haben sollten, liegt die Verantwortung ausschließlich bei uns als Autoren.

Rudolf Petersen
Harald Diaz-Bone

Einführung

Das Auto ist für seine Nutzer eine wunderbare Erfindung. Zugleich steht es von Beginn an im Mittelpunkt von Kritik. Dies war vor mehr als 100 Jahren so, als nur wenige Exemplare auf den Straßen rollten, und wird sich auch in Zukunft fortsetzen. Wir haben heute in Deutschland so viele Autos auf unseren Straßen, daß rein rechnerisch die Bevölkerung auf den Vordersitzen Platz hätte, in den USA ist die Zahl der Fahrzeuge noch weit höher, so daß sogar einige Beifahrersitze frei bleiben würden. Diese Fahrzeugmengen schaffen Probleme, die zum Handeln zwingen. Der Autoverkehr in seiner heutigen Form ist ökologisch unverträglich. Aber: Mit einer technologischen und verkehrspolitischen Offensive kann es gelingen, die Probleme zu lösen.

Dafür wird es höchste Zeit. An der Schwelle zum 21. Jahrhundert stammt das Auto in seinem Kern noch aus dem 19. Jahrhundert: vier gummibereifte Räder, ein hubraumstarker Verbrennungsmotor (meistens vorne), eine schwere Stahlkarosserie mit Platz für vier bis fünf Personen. Dieses Konzept bedarf grundlegender Innovationen. Das Verkehrsmittel Auto selbst ist nicht wieder abschaffbar, denn es weist für seine Nutzer unschlagbare Attraktionen auf: Man kann es selbst lenken, kann Abfahrtszeit und Richtung bestimmen, kann die Kraft des Motors und die Geschwindigkeit unmittelbar spüren. Das Auto dient nicht nur, «es macht an».

Es ist also mehr als ein Verkehrsmittel, über das man rational diskutieren könnte, das Auto weckt Leidenschaften – pro und contra. Es ermöglicht Mobilität in einer Form, die mit anderen Verkehrsmitteln nicht erreichbar ist. Gestützt auf das Produkt Auto, hat die deutsche Industrie einen immensen wirtschaftlichen Erfolg. Aber ist der Preis dafür nicht zu hoch? Mit Autos wurden Hunderttausende Menschen getötet und verletzt. Das ICE-Unglück bei Eschede am 3. Juni 1998 hat (zu Recht) Betroffenheit und Diskussionen erzeugt. Die ebenso große Zahl der Unfallopfer im Autoverkehr am diesjährigen Pfingstwochenende löste noch nicht einmal ein Räuspern im Blätterwald aus, auch keine Initiativen zur Verbesserung der Verkehrssicherheit. Unsere Gesellschaft ist anscheinend den vom Auto verursachten Problemen und Schäden gegenüber blind geworden. Sicherlich, es gibt von Zeit zu Zeit noch Diskussionen über das Waldsterben, den Klimawandel, die in jedem Sommer wiederkehrenden Ozonalarme mit der Empfehlung, körperliche Betätigungen im Freien zu meiden, aber löst dies unmittelbare Aktionen der verantwortlichen Politiker oder direktes Nachdenken der Verursacher – von uns Autofahrern – aus? Oder ist ein Aufruf zu hören, das Auto stehen zu lassen? Nein, offensichtlich hat sich diese Gesellschaft mit dem Auto einschließlich seiner Schattenseiten arrangiert.

Doch, es gibt Lösungswege, die man gehen kann. Es gibt Strategien, mit denen Politik, Industrie und Autofahrer einige wesentliche Schäden verringern und Bedrohungen abwenden können, damit der Verkehr ökologisch und sozial verträglicher wird. Dabei kann es nicht darum gehen, das Auto zu verteufeln und abschaffen zu wollen. Kaum ein anderes technisches Produkt hat unseren Alltag so sehr verändert. Es hat die räumliche Orientierung der Menschen ebenso geprägt wie Wirtschaftsstrukturen. Das Auto hat sich als Massenverkehrsmittel in den reicheren Regionen der Welt durchgesetzt und dabei alle anderen Verkehrsmittel zurückgedrängt. Um in der Gesellschaft dazuzugehören, muß man ein Auto haben, so wird oft behauptet. Um sozial anerkannt zu werden, muß es ein möglichst großes und neues Auto sein. Damit ist es zum Wirtschaftsfaktor ersten Ranges geworden, die Branche insgesamt zu einem Machtfaktor. Wer das Auto in Frage stellt, wer es den Benutzern vermiesen will, sei es durch hohe Benzinpreise oder durch Tempolimits, verursacht einen Aufschrei der Lobby und Leserbrieflawinen, so geschehen als Folge der Forderung der Grünen nach einem Benzinpreis von 5 Mark pro Liter.

Andererseits: Ist nicht eine Gesellschaft «verkehrt», in der den Kindern im Sommer das Spielen und Toben aus Gesundheitsgründen untersagt werden muß wegen zu hoher Ozonwerte, die eine Folge des ungebremsten Kraftfahrzeugverkehrs sind? Müssen wir die Umweltrisiken durch den Autoverkehr wirklich hinnehmen? Ist die Politik unfähig, in diesem Bereich das Notwendige zu veranlassen?

Wir wollen das Auto modernisieren und zivilisieren. Und das aus Gründen der Lebensumwelt in Deutschland, der direkten gesundheitlichen und ökologischen Schäden und vor allem wegen der neuen globalen Dimensionen der Klimabedrohung. Die Aufheizung der Atmosphäre durch Abgase aus Autos und Flugzeugen, aber auch aus Kraftwerken und Fabriken erfordert durchgreifende Kurskorrekturen hinsichtlich der Art unseres Lebens und Wirtschaftens. Sicherlich ist nicht nur der Verkehr zu dieser Kurskorrektur aufgefordert, aber er spielt eine zentrale Rolle. In keinem Wirtschaftsbereich gab es in den vergangenen Jahrzehnten eine derart große Zunahme der klimaschädigenden Emissionen, in keinem anderen Bereich sind die weltweiten Wachstumsraten so hoch und damit die Prognosen der Emissionen derart düster.

Die Ingenieure haben in den vergangenen Jahrzehnten das Auto in mancherlei Hinsicht verbessert. Die Einführung des Katalysators war ein Schritt in die richtige Richtung, um den Ausstoß an gesundheits- und waldschädigenden Schadstoffen zu verringern. Auch sind die Autos etwas leiser geworden und – für die Insassen – sicherer. Obwohl die Einführung des Katalysators in Deutschland und der EU mehr als 10 Jahre nach den USA und Japan erfolgte, hält sich seither in manchen politischen Kreisen das selbstgefällige Wort vom Vorbild «Umweltweltmeister» Deutschland. Aber viele Verbesserungen sind durch das Verkehrswachstum regelrecht «aufgefressen» worden, zum Beispiel durch den Trend zu immer größeren und schwereren Autos.

Noch einmal: Es geht nicht um eine Abschaffung des Autos. Diese Erfindung hat so viele gute Seiten, daß eine Rückkehr zu der Zeit vor einem motorisierten Individualverkehrsmittel nicht zur Diskussion steht. Aber es geht darum, den Stellenwert des Autos auf den globalen Verkehrsmärkten bis hin zum Verkehr in unseren

Regionen neu zu bestimmen, und zwar unter den Anforderungen der Verträglichkeit und Nachhaltigkeit, auf die sich alle Staaten spätestens seit der Rio-Konferenz von 1992 – zunächst einmal grundsätzlich – verständigt haben. Es gilt eine sehr einfache Formel: Je weniger das einzelne Auto schädigt und belastet, desto mehr Autos kann es innerhalb der zulässigen Belastungsgrenzen geben – auf der Erde insgesamt, aber auch in den Städten und in den einzelnen Wohnquartieren. Global steht der Kraftstoffverbrauch im Vordergrund, denn daraus entstehen direkt die Klimaschädigungen. Unsere Frage lautet: Wie kann das Auto fit werden für das 21. Jahrhundert? Wie kann der Kraftstoffverbrauch radikal gesenkt werden, kurzfristig um 50 Prozent, langfristig noch weit höher? Dazu haben wir Antworten erarbeitet.

Hauptthema dieses Buches ist die Autotechnik von morgen. Wir wissen aber auch: Die rein technischen Minderungsstrategien stoßen an bestimmte Grenzen, für wirksamere Verbesserungen wäre es erforderlich, von einigen zum Tabu gewordenen Entwicklungsparadigmen abzugehen wie hohe Geschwindigkeit, hohes Fahrzeuggewicht, hohe Motorleistung, Breitreifen usw. Wir werden immer wieder auf derartige Zielkonflikte stoßen und daraus Forderungen an die politische Flankierung der Innovationsprozesse ableiten.

Von zentraler Bedeutung für die direkten Klimaemissionen, aber auch für die Technik- und Verkehrsentwicklung insgesamt, ist die Geschwindigkeit – immer schneller wird gefahren, scheinbar unabänderlich werden die technisch möglichen Fahrgeschwindigkeiten neuer Automodelle gesteigert. Ist dieser Trend unumkehrbar? Das Geschwindigkeitstabu konnte bisher nur punktuell – in Nebenstraßen innerorts – durch die Einführung der flächenhaften Verkehrsberuhigung überwunden werden. Zuerst in Modellvorhaben, dann in der Praxis wurden eindrucksvoll die Vorteile im Hinblick auf Verkehrssicherheit und Lärm demonstriert. Auch im Hinblick auf den Kraftstoffverbrauch und die Abgasbelastungen stellen sich positive Wirkungen der Geschwindigkeitsreduktion ein. Leider müssen wir in den letzten Monaten erleben, daß von Bundesebene aus fahrlässig eine Diskussion in Gang gesetzt wurde, den Bereich der Verkehrsberuhigung innerorts wieder zu demontieren. Das Gegenteil ist notwendig, nämlich eine Ausbreitung der Geschwindigkeitsdämpfung. Mit innovativer Technik kann eine weitere «Zähmung» des Autos erreicht werden – um es zukunftsverträglicher zu machen. Wir werden dazu Vorschläge machen.

Treibhaus Erde – das Auto heizt mit

Seit mehr als 70 Jahren ist bekannt, daß sich das Verbrennungsprodukt Kohlendioxid, das unvermeidlich mit dem Einsatz von Kohle, Erdöl und Erdgas entsteht, in der Atmosphäre anreichert. Auf mehreren Weltklimakonferenzen sind erste Schritte für Reduktionsverpflichtungen vereinbart worden. Die Notwendigkeit zum Handeln wird kaum noch von jemandem bezweifelt, selbst die bisher ablehnenden Vereinigten Staaten haben 1997 bei dem Klimagipfel in Kioto Schritten zu einer Begrenzung der Treibhausemissionen zugestimmt. Die Staaten der Europäischen Union haben sich zu einer Reduzierung aller Emissionen um 8 Prozent verpflichtet; für Deutschland ist ein Minderungsumfang von 21 Prozent vereinbart worden. Dafür muß auch der Verkehr seinen Beitrag leisten. Es dürfte unzweifelhaft sein, daß auf der Agenda der Verkehrspolitik und der Fahrzeugentwicklung der nächsten Jahrzehnte an vorderster Stelle die Reduzierung des Kohlendioxidausstoßes und damit des Energieverbrauches, stehen wird. In globaler Perspektive ist es vor allem das private Auto, das aufgrund seines explosiven Bestandswachstums die Rohstoffvorräte der Erde erschöpft und die Ökosysteme überlastet. Vergessen werden darf auch nicht das rasante Wachstum des Luftverkehrs, dessen Höhenemissionen als besonders klimawirksam gelten. Ein großes und wachsendes Problem ist ferner der Straßengüterverkehr. In beiden letzteren Bereichen sind ebenfalls dringend Minderungsmaßnahmen notwendig. Der Pkw aber hat unter den Verkehrsmitteln die größte Bedeutung und ist daher die größte Herausforderung.

Wohlstandsländer verursachen die Probleme – dort muß die Trendwende beginnen

Weltweit gibt es heute etwa 750 Millionen Kraftfahrzeuge, davon rund 80 Prozent Personenkraftwagen. 32 Prozent aller Fahrzeuge sind in Nordamerika (USA und Kanada) zugelassen, für nur 5 Prozent der Menschheit. Zweitgrößter Markt ist Westeuropa mit 29 Prozent des weltweiten Bestandes, dort leben aber nur 9 Prozent der Menschen. Weit unterdurchschnittliche Autodichten haben Asien sowie insbesondere Afrika. Das bedeutet: Die Wohlstandsländer verursachen die meisten Probleme, vor allem dort muß gehandelt werden. Die Entwicklungs- und Schwellenländer sind aber die Wachstumsmärkte der Zukunft. Dort muß die energieeffiziente, umweltverträglichere Technik verwendet werden, die zuvor in unseren Ländern eingeführt worden ist. Denn eines ist klar: Den Märkten der dritten Welt mit Verweis auf das Weltklima die Motorisierung zu verwehren oder dort andere, sparsamere Autos anbieten zu wollen als in den reichen Ländern, das wird nicht akzeptiert werden.

Die hochmotorisierten Länder sind nicht nur die maßgeblichen Verursacher der globalen Verkehrsemisssionen, sie dominieren auch in der Technikentwicklung. Damit lastet auf ihnen eine doppelte Verantwortung. Es geht nicht nur um die heutigen Emissionen, in der Hand der Politik und der Industrie dieser Länder liegen auch die Schlüssel zu einer zukünftigen globalen Emissionsminderung. Dies betrifft vor allem die Technik der Autos, aber auch Verkehrsaufwand einer modernen Gesellschaft insgesamt; Siedlungs- und Produktionsstrukturen und Lebensstile der Entwicklungs- und Schwellenländer werden von dem Vorbild der USA und der reichen Länder Europas geprägt.

Damit das technisch Mögliche für die Verbrauchseinsparung auf den Markt gelangen kann und dort auch zum Erfolg wird, bedarf es mehr als nur der Anstrengungen der Ingenieure und Werbeexperten der Automobilindustrie: Notwendig sind vorwärtsweisende Rahmenbedingungen der Politik, sind steuerliche Anreize und Planungsstrategien, schließlich auch entsprechende zukunftsweisende Grenzwerte für das Drei-Liter-Auto, bald auch für das Zwei- und – auch wenn es sich utopisch anhört! – sogar das Ein-Liter-Auto.

Heutiger Stand: Wie weit noch bis zum «Ökoauto»?

Sieht man sich die gegenwärtigen Technik- und Markttrends unter diesem Aspekt an, so muß eine Fahrt in die verkehrte Richtung konstatiert werden. Die deutsche Autoindustrie behauptet zwar, seit 1978 den durchschnittlichen Kraftstoffverbrauch ihrer Autos um mehr als 25 Prozent vermindert zu haben; dies ist aber nur unter Laborbedingungen in einem untypischen Meßzyklus zutreffend, nicht aber in der Praxis. Vor zwanzig Jahren betrug der durchschnittliche Verbrauch bei Benzinautos 8,8 Liter auf 100 Kilometer und bei den Dieseln 7,5 Liter im gewichteten Mittel ergab das 8,7 Liter. Seither führten der Trend zu größeren Fahrzeugen und ein verändertes Fahrverhalten dazu, daß die theoretischen Verbesserungen der Motoren zum großen Teil kompensiert wurden. Den Verbrauchsmittelwert des deutschen Pkw-Bestandes im Jahre 1996, für das die aktuellsten Daten veröffentlicht wurden, gibt das Bundesverkehrsministerium mit 9,1 Liter Benzin bzw. 7,6 Liter Diesel an, im gewichteten Mittelwert also 8,8 Liter Kraftstoff auf 100 Kilometer. Das ist dann in der Tat nur ein bescheidener Fortschritt ...

Für die deutsche Emissionsbilanz sind – zusammen mit einer auf mehr als das Sechsfache gesteigerten Gesamtfahrstrecke – nur die Praxiswerte von Bedeutung, nicht die theoretischen Normwerte der Modelle. Doch leider bleiben auch diese weit hinter den Erwartungen zurück, die mit dem Slogan vom «Drei-Liter-Auto» geweckt worden sind. Wir werden im Verlauf dieses Buches untersuchen, wie weit die Automobilindustrie tatsächlich gekommen ist, wie die Chancen dazu stehen. Vorab: Unsere Bewertung wird zwiespältig ausfallen.

Hat die Autoindustrie gegenwärtig andere Prioritäten?

Die deutsche Automobilindustrie bietet gegenwärtig ein widersprüchliches Bild: Einerseits entwickelt man kleine Fahrzeuge und strebt dafür Verbrauchswerte unter vier Liter auf 100 Kilometer an, ebenfalls werden Mittelklassefahrzeuge mit ebenfalls relativ sparsamen Dieselmotoren angeboten. Auf der anderen Seite überbietet sich die deutsche Autoindustrie gegenwärtig in der Entwicklung von Luxusfahrzeugen mit üppigen Ausmaßen und entsprechend hohem Benzindurst, das Unternehmen mit dem ehemals programmatischen Volkswagenwerk kündigt gar einen Supersportwagen mit Zwölfzylindermotor an. Die Wolfsburger und BMW überboten sich im Frühjahr 1998 gegenseitig bei dem Kauf der Firma Rolls-Royce, deren Fahrzeuge mit Recht seit Jahrzehnten als unzeitgemäß gelten. Offensichtlich fließen nicht nur erhebliche finanzielle Mittel, sondern auch Entwicklungsanstrengungen und Ingenieurleistungen in Fahrzeuge mit vergleichsweise hohem Kraftstoffverbrauch.

Zu dem widersprüchlichen Bild gehört ferner ein verstärktes Angebot an hohen und schweren Freizeitfahrzeugen, teils mit Vierradantrieb, die weit mehr Kraftstoff verbrauchen als normale Autos. Die Märkte für Fahrzeuge mit hohem Kraftstoffverbrauch sind vorhanden, so kann man annehmen, ansonsten würde ein Unternehmen wohl kaum auf diese Modelle setzen. Ist das Thema Kraftstoffverbrauch vielleicht nur für wohlfeile Beteuerungen gegenüber der Öffentlichkeit über ökologische Verantwortung gut? Die Modellpolitik der deutschen Autohersteller läßt den Eindruck aufkommen, daß das Problembewußtsein bezüglich des globalen Klimas eher abgenommen hat. Daran ändert auch die Tatsache nichts, daß die Autoindustrie nach eigenen Angaben das Entwicklungsziel Drei-Liter-Auto intensiv verfolgt. Das reicht aber nicht: Aus der Sicht der Hersteller sind die Sparautos *zusätzliche* Angebote, eine Ökologisierung der gesamten Modellpalette ist nicht geplant. Wenige Zusatzmodelle können es jedoch nicht schaffen, daß der Energieverbrauch im Verkehr wirksam zurückgeht.

Die Klimaexperten haben die Meßlatte ziemlich hoch gelegt: Im Jahre 2005 soll der Gesamtverbrauch an fossilen Energieträgern und damit der Ausstoß an Klimagasen (vor allem Kohlendioxid) um 25 bis 30 Prozent niedriger liegen als 1987, für das Jahr 2020 wird eine Absenkung auf die Hälfte des Vergleichswertes von 1987 für notwendig gehalten. Als langfristige Perspektive gilt für alle Sektoren das Ziel, daß 2050 der Ausstoß an Klimabgasen um 80 Prozent niedriger sein soll als im Stichjahr 1987. Dies kann auch im Verkehr geschafft werden – wenn dazu die richtigen Schritte eingeleitet werden und das technisch Mögliche endlich Realität wird.

Viele gute Ansätze vorhanden – wann werden sie endlich umgesetzt?

Um die Klimaschutzziele auch im Pkw-Sektor zu verwirklichen, sind weit stärkere Verbrauchsverbesserungen notwendig, als die Industrie gegenwärtig anbietet. Wir werden in diesem Buch darstellen, welche Verbrauchsverbesserungen und Emissionsabsenkungen aus ökologischen Gründen zu fordern sind und was aus den Entwicklungslabors der Automobilindustrie in den kommenden Jahren zu erwarten ist.

Das vorliegende Buch entstand in der Verkehrsabteilung des Wuppertal Instituts, nachdem im März 1998 ein sehr erfolgreicher Workshop mit dem Titel «Autos der Zukunft» stattfand (s. Bild 1 im Farbteil). Auf Einladung des Wissenschaftszentrums Nordrhein-Westfalen, zu dem das Wuppertal Institut für Klima, Umwelt und Energie gehört, diskutierten zwei Tage lang Vertreter der Automobilindustrie und Repräsentanten aus dem politischen Raum mit Experten aus Forschungsinstituten und Mitgliedern von Umweltverbänden über den Stand und die technischen Perspektiven der Autoentwicklung. Im Vordergrund sahen die meisten Anwesenden das Problem des Energieverbrauches und damit der Klimaemissionen, angesprochen wurden aber auch Aspekte wie Schadstoffausstoß, Lärm, Abfallvermeidung, Verkehrssicherheit, Flächenverbrauch. Die meisten Anwesenden waren sich darin einig, daß der Beitrag der Fahrzeugtechnik zu einer Verringerung der Umweltbelastungen und zur Sicherung der zukünftigen Mobilität zwar ungeheuer wichtig ist, daß aber auch eine Veränderung des Verkehrssystems insgesamt erforderlich ist, damit Mobilität nachhaltig ökologisch verträglich wird. Die Veranstaltung und auch das vorliegende Buch sind schwerpunktmäßig den technischen Perspektiven gewidmet, die verkehrspolitischen Optionen und Notwendigkeiten werden nur in relativ knapper Form dargelegt.

Was erwartet den Leser in diesem Buch?

Das Buch ist in 20 Kapitel gegliedert, aus denen sich wiederum vier thematische Schwerpunkte bilden lassen. In den ersten vier Kapiteln werden Anforderungen an das Auto von morgen formuliert, es werden die ökologischen, sozialen und auch ökonomischen Herausforderungen aufgezeigt. Im weiteren Verlauf des ersten Abschnitts skizzieren wir das verkehrspolitische Umfeld für das Auto von morgen und erläutern, warum auch aus unserer Sicht das Thema Kraftstoffverbrauch die wichtigste Herausforderung der Automobilentwicklung in den kommenden Jahren ist.

Die Kapitel des zweiten Themenschwerpunktes behandeln die Lösungsvorschläge der Automobilindustrie. Auf der bereits erwähnten Veranstaltung im März 1998 im Wuppertal Institut hatten Vertreter namhafter deutscher Autohersteller ihre Konzepte erläutert und auch auf die zukünftigen Entwicklungsrichtungen hingewiesen, die aus der Sicht der jeweiligen Unternehmen besonders aussichtsreich sind. Neben den deutschen Herstellern VW, Opel, Daimler-Benz und Audi war der japanische Hersteller Mitsubishi vertreten, dessen Benzin-Direkteinspritzer eine deutliche Absenkung des Benzinverbrauches gegenüber herkömmlichen Konzepten verspricht. Die Beschreibung der Herstellerkonzepte wird vervollständigt durch einen Blick auf das Angebot der übrigen Autoproduzenten. Dieser Abschnitt des Buches greift in wichtigen Teilen auf die Vorträge der eingeladenen Experten aus der Autoindustrie zurück. Es handelt sich jedoch nicht um wörtliche Wiedergaben, sondern um eine Gesamtdarstellung aus der Sicht der Buchautoren; für etwaige Unklarheiten und Fehler liegt selbstverständlich die ausschließliche Verantwortung bei uns. Die Dokumentation der Originalbeiträge erfolgte parallel zu der Erarbeitung dieses Manuskriptes durch das Wuppertal Institut, sie können dort bezogen werden.

Auf Bitten des Verlages haben wir uns entschlossen, die von den Sprechern vorgetragenen Positionen und Darlegungen zu dem vorliegenden Buch zusammenzufassen und aus der Sicht des Instituts zu ergänzen. Es erwies sich als sinnvoll, insbesondere für das Verständnis durch technisch nicht ausgebildete Leser, neben den Fachvorträgen zusätzliche Aspekte zu behandeln und dazu weitere Quellen heranzuziehen, da bei dem gedrängten Zeitplan einer zweitägigen Veranstaltung notwendigerweise nicht alle wichtigen Themen in wünschenswertem Umfang angesprochen werden konnten. Wir haben daher weiteres Material herangezogen und aufbereitet. Auf die zitierten Originalautoren und die ergänzend herangezogenen Quellen wird jeweils hingewiesen.

Im dritten Schwerpunkt des Buches wenden wir uns denjenigen Technologien für das Auto der Zukunft zu, die noch nicht auf dem Markt sind, aber denen von verschiedenen Seiten große Chancen zugesprochen werden. Auch dieser Teil basiert im wesentlichen auf den Darstellungen der Industrie sowie auf weiteren Unterlagen namhafter Fachleute. In diesem Abschnitt geht es um Lösungen, mit denen man immer wieder große Erwartungen verknüpft, die jedoch entweder aus technischen oder aus wirtschaftlichen Gründen (noch) nicht in Serie realisiert sind. Es geht zunächst um das Batterieauto, also um Pkw mit Elektroantrieb und einem elektrochemischen Energiespeicher. Anschließend wird das vielen Lesern sicherlich futuristisch anmutende Hypercar des Amerikaners Amory Lovins vorgestellt, der eine große Limousine mit extrem niedrigem Gewicht und einem Kraftstoffverbrauch von weniger als zwei Litern auf 100 Kilometern für realistisch hält; in einer weiteren Entwicklungsperspektive könnte der Energiebedarf sogar auf weniger als ein Liter sinken. Die Vertreter der deutschen Autoindustrie stehen diesen Vorstellungen gegenwärtig sehr skeptisch gegenüber, sie bezweifeln u. a. die Großserienfähigkeit der Technologien und die möglichen zukünftigen Produktionskosten der Karosserie aus Verbundwerkstoffen. Die Diskussion dazu geht weiter. Ebenfalls noch nicht käuflich in einem Kraftfahrzeug auf dem Markt, aber mit großen Erwartungen versehen ist der Brennstoffzellenantrieb. Wir stellen das Konzept dar, so wie es von Daimler-Benz vertreten wird, und diskutieren seine Chancen. Im Hinblick auf die Umwelteigenschaften ist der lokal praktisch emissionsfreie Betrieb hervorzuheben, für die Klimaverträglichkeit setzen die ersten Abschätzungen der Energiekette – die Brennstoffzelle soll mit Wasserstoff aus Methanol gespeist werden, das dann wiederum aus Erdgas herzustellen wäre – einige Fragezeichen.

Den dritten Themenblock schließen wir mit der Vorstellung des von der deutschen Sektion der Umweltorganisation Greenpeace finanzierten und von einem Schweizer Ingenieurbüro auf der Basis eines Renault Twingo konzipierten SmILE, der bereits heute als Auto der Kompaktklasse an die angestrebten drei Liter Kraftstoffverbrauch – und zwar Benzin, nicht Diesel! – heranreicht. Im Unterschied zu vielen anderen Vorschlägen ist dies ein familientaugliches Auto auf der Basis bewährter Großserienteile und heute verfügbarer Technik, an dem vor allem das Antriebsaggregat und die Aerodynamik optimiert worden sind; ebenfalls hat der Schweizer Entwickler deutliche Gewichtsreduktionen erzielt. Zu diesem – aus der Sicht der Autoindustrie – Außenseiterkonzept gab und gibt es von seiten der etablierten Hersteller zwar manches bedenkliche Wiegen der Köpfe, aber kein endgültig ablehnendes Argument. Wir werden im einzelnen erläutern, welche technischen Kniffe und Innovationen in dem Auto enthalten sind, mit denen schließlich eine Halbierung des Benzinverbrauches gegenüber Vergleichsmodellen erzielt werden konnte. Eine spannende Frage: Wäre dies auch ein Lösungsweg für eine Halbierung des Energieverbrauches der S-Klasse?

Im vierten und letzten Schwerpunkt des Buches wenden wir uns schließlich den Aufgaben der politischen Führung im Problemfeld Energieverbrauch/Klima und Verkehr zu, wir formulieren Politikstrategien, um das sparsame und umweltfreundliche Auto auf dem Markt beschleunigt durchzusetzen. Wir analysieren die bereits vor einigen Jahren ausgesprochene Selbstverpflichtung der deutschen Autoindustrie zum Klimaschutz durch Energieeinsparung bei ihren Modellen, die im Vorfeld des Klimagipfels in Kioto im Dezember 1997 allerdings in die Schlagzeilen geriet. Was wurde erreicht, wie sind die Zukunftsvorstellungen, und wie ist das immer wieder von den Autoherstellern vorgebrachte Argument zu werten, daß die Bundesregierung zum Abbau von Stauungen verstärkt neue Straßen bauen müsse, damit die Zusagen wirksam werden könnten?

In diesem vierten und letzten Themenschwerpunkt setzen wir uns ebenfalls mit dem im Bundestagswahlkampf heftig diskutierten Vorschlag der Grünen auseinander, den Benzinpreis auf 5 Mark zu erhöhen. Kurzfristig, für sich allein genommen und ohne eine fundierte technische Innovationsstrategie, wäre dies nach unserer Einschätzung nicht vertretbar.

In einem Gesamtkonzept allerdings könnte ein deutlich höheres Kostenniveau für Energie nicht nur ökologisch, sondern auch sozial und ökonomisch sinnvoll sein. Dazu vorab eine kühn klingende These: Auch bei derart teurem Benzin könnten Bürgerinnen und Bürger wie auch die deutsche Wirtschaft erhebliche Kosten einsparen! Denn so viel hat der Fachworkshop im Wuppertal Institut Ende Januar gezeigt: Technische Konzepte für wesentlich sparsamere und umweltverträglichere Autos gibt es bereits; sie könnten innerhalb weniger Jahre produziert werden. Und langfristig werden absehbare fahrzeugtechnische Innovationen (mit) dazu beitragen, daß auch im 21. Jahrhundert das Auto im Verkehrssystem eine wichtige Rolle spielt – möglicherweise allerdings eine andere Rolle als heute.

Teil I
Autos & Umwelt –
ein unlösbares Problem?

1 Anforderungen an das Auto von morgen

Das Auto von morgen – wie müssen wir es uns vorstellen? Wagen wir einen Wunschtraum: Es ist komfortabel, einfach zu bedienen, flink, leise und ungefährlich. Es verbraucht wenig Benzin, besser noch: nur wenige nachwachsende Biokraftstoffe, und stößt keine giftigen Abgase aus. Es rostet nicht, die beweglichen Teile verschleißen nicht, und etwaige Unfallschäden sind kostengünstig zu reparieren. Vier Personen samt zugehörigem Gepäck gelangen damit bequem zum Urlaubsort und zurück. In der Produktion werden nur wenige wertvolle Rohstoffe benötigt, fast alle Bauteile können nach Ablauf des Autolebens wiederverwertet werden. Bei alledem ist dieses Auto auch noch kostengünstig herzustellen und zu betreiben.

Was ist an dieser Wunschvorstellung realistisch? Welche Chancen gibt es vor allem für die Erfüllung der Umwelt- und Sicherheitsanforderungen? Gibt es Zielkonflikte zwischen der erwünschten Dynamik für zügige Fahrt einerseits und dem sparsamen Benzinverbrauch andererseits? Kann ein Auto überhaupt gleichzeitig groß und bequem, schnell und sicher sein und andererseits in Herstellung und Betrieb sparsam mit den Rohstoffen umgehen?

Was bedeutet «Nachhaltige Mobilität»?

Die aus der Forstwirtschaft abgeleitete Forderung «Nachhaltigkeit» kann auf das menschliche Wirtschaften und sinngemäß auch auf

den Verkehr übertragen werden. Seitdem die Weltkommission für
Umwelt und Entwicklung von 1987, nach ihrer Vorsitzenden Gro
Harlem Brundtland auch Brundtland-Kommission genannt, und der
Erdgipfel von Rio 1992 das Ziel der Nachhaltigkeit jeglicher Entwicklung in aller Munde gebracht haben, sind unzählige Definitionen auch für «Nachhaltige Mobilität» versucht worden. Im Grundsatz geht es um zeitliche und räumliche Verallgemeinerbarkeit, also
nichts anderes als die Kantsche Forderung, daß das eigene Verhalten daran zu messen sei, ob es für alle geeignet ist.

Im Hinblick auf das Auto ist dies klar zu verneinen – zumindest
in seiner heutigen Form. Eine Übertragung unserer Mobilität auf alle
Menschen der Erde ist genausowenig möglich wie die unbegrenzte
zeitliche Dauerhaftigkeit der Autonutzung. Die begrenzten Ressourcen und die begrenzte Aufnahmefähigkeit der Atmosphäre würde
beides nicht zulassen. Wenn das Automobil im nächsten Jahrtausend eine massenhafte Zukunft haben will, muß es gegenüber dem
heutigen Stand wesentlich besser, vor allem umweltschonender
werden. Heute ist es, gemessen an dem Zweck, Menschen von einem
Ort zum anderen zu befördern, eine rohstoffverschwendende Fehl-
konstruktion. Die Natur hätte sich nie ein Wesen mit derart schlechter Energieeffizienz geleistet, nur etwa fünf Prozent der im Erdöl enthaltenen Energie werden für die Transportleistung ausgenutzt (siehe
Abbildung 1).

Das liegt an zwei Faktoren: Zum einen wird die im Erdöl ent-
haltene Energie nur zu etwa 15 bis 20 Prozent in Fahrzeugbewegung
umgesetzt, zum anderen werden mehr als eine Tonne Automasse
bewegt, um ein bis zwei Personen, also 70 bis 150 Kilogramm Nutz-
last, zu befördern. Die Anforderungen an die Wirtschaftlichkeit, die
Umweltverträglichkeit und die Sozialverträglichkeit des Autos steigen in dem Maße, wie die Zahl der Fahrzeuge auf der Erde zunimmt.
Der Materialaufwand für die Herstellung und der Energieaufwand
im Betrieb waren für unseren Heimatplaneten so lange unkritisch,
wie nur eine begrenzte Anzahl von Fahrzeugen existierte.

So wie vor etwa achtzig Jahren die wenigen Autos für die globale Stoff- und Energiebilanz unwichtig waren, so gilt es auch heute
für die relativ wenigen Autos in den bevölkerungsreichen Entwicklungsländern Asiens, Afrikas und Südamerikas (außer in den dorti-

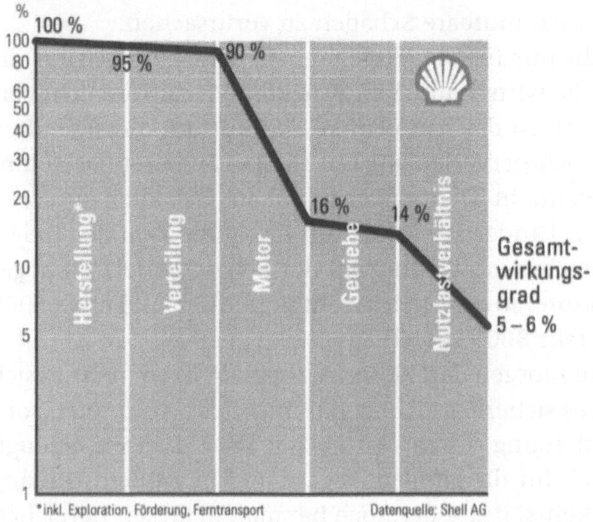

Abbildung 1

gen Großstädten). Dort entfallen auf tausend Einwohner zumeist weniger als fünfzig Autos, die Bestandsdichte liegt damit um mehr als ein Zehntel unter den deutschen und mehr als ein Fünfzehntel unter den US-amerikanischen Werten. Bereits dies führt dazu, daß Außenhandelsdefizite aufgrund der Auto- und Ölimporte für die Oberschicht anfallen. Nun sind allerdings diese Länder mit einem hohen Bevölkerungswachstum gesegnet (beziehungsweise geschlagen), und auch dort werden die allermeisten Menschen den Wunsch haben, ein Auto zu besitzen und zu fahren. Dies wird die ökonomischen und die ökologischen Probleme der Länder rapide ansteigen lassen. Es ist leicht auszurechnen, wie stark die Rohstoffvorräte der Erde dadurch ausgeplündert würden und wie hoch die Summe der Emissionen werden würde, wenn die Motorisierung weltweit unsere Werte erreichen sollte. Klar ist: Die Belastungen wären bei weitem zu hoch. Die globale Zukunft des Autos wird davon abhängen, wie stark seine Ressourcen effizient genutzt und seine Umweltverträglichkeit verbessert werden. Je sparsamer, leiser und sauberer das Auto sein wird, desto mehr Vehikel können auf der Erde herumfahren, ohne unzumutbare Schäden zu verursachen.

Dies gilt nicht nur für die ökologischen, sondern auch für die sozialen und für die wirtschaftlichen Aspekte. Wir dürfen nicht vergessen, immer noch ist das Auto ein Werkzeug zum massenhaften Totschlag und zur Körperverletzung mit allzuoft anhaltender Behinderung. Auch wenn in Deutschland und in fast allen anderen hochmotorisierten Ländern der Erde mit Erfolg die Zahl der Todesopfer im Verkehr ebenso wie die Zahl der Schwerverletzten abgesenkt werden konnte, so sind gleichwohl in Deutschland etwa 8000 Verkehrstote im Jahr 8000 zuviel!

Das Auto von morgen darf keine so hohen Risiken mehr in sich tragen. Dabei ist es sicherlich richtig, daß nicht das Auto tötet, sondern seine Handhabung durch den Fahrer die Gefahren erzeugt. Nur: Dies gilt auch für die giftigen Abgase und in großem Umfang auch für den Verkehrslärm – dennoch hat man in diesen Bereichen technische Vorschriften entwickelt und umgesetzt, die Verbesserungen erzwangen. Dabei geht es im Falle der Verkehrssicherheit nicht nur um den Insassenschutz durch Gurte und Airbags und durch eine Sicherheitszelle; hier haben Gesetzgeber und Autoindustrie Erhebliches getan. Es geht vielmehr auch um die Sicherheit der Fußgänger und Radfahrer, für die Lösungen gefunden werden müssen. Allerdings darf ein Rückgang von Unfallzahlen nicht länger dadurch erkauft werden, daß die schwächeren Verkehrsteilnehmer einfach aus dem Straßenraum verdrängt werden. Die Städte werden nur dort lebenswert sein, wo die Automassen zurückgedrängt werden. Je schneller und aggressiver die Fahrzeuge sind, desto eher ist die Grenze der Unverträglichkeit für die Anwohner erreicht. Bei «zivilisierter» Autotechnik wäre die Schmerzgrenze weniger schnell erreicht als mit Autos heutiger Bauart.

Kommen wir schließlich zu den wirtschaftlichen Aspekten. In der Wunschliste zum Auto von morgen am Eingang des Kapitels war gefordert, daß das Auto kostengünstig zu erwerben und im Unterhalt sein solle, eine nur allzu verständliche Forderung. Aus der Sicht der Autokäufer scheinen gegenwärtig die Anschaffungskosten akzeptabel zu sein, denn der Neuwagenmarkt boomt wie selten zuvor, und die Auftragsbücher der Autohersteller sind voll. Dabei sind es nicht einmal die preiswertesten oder sparsamsten Modelle, welche die Verkaufslisten anführen. Gefragt sind die Ausführungen mit etwas mehr Hubraum, mit etwas mehr Motorleistung und mit manchen Extras in der Ausstattung. Die durchschnittlich gezahlten Preise sind in den vergangenen Jahren munter geklettert, in allen Fahrzeugklassen werden größere Motoren, Klimaanlagen und Breitreifen auf Alufelgen mit deftigen Zuschlägen angeboten – und gekauft. Offensichtlich ist die Zahlungsbereitschaft für das Auto recht hoch.

Eine hohe Zahlungsbereitschaft scheint aber auch für Autos mit niedrigem Kraftstoffverbrauch zu existieren. Dieselmodelle verstärken ihre Marktanteile, obwohl für sie in den Preislisten deutliche Aufschläge verlangt werden. Trotz der erheblich niedrigeren Besteuerung des Dieselkraftstoffes, dessen Tankstellenpreis deshalb im Vergleich zu Benzin um ein Drittel niedriger liegt, amortisiert sich der Mehrpreis für die meisten Autofahrer kaum. Dennoch steigt der Anteil dieser Modelle – ein Indiz für ein ökologisches Kaufverhalten, selbst wenn es in der Summe mehr kostet?

Diese Erklärung vermag jedoch nicht zu überzeugen, wenn man die Reaktionen autofahrender Menschen und ihrer Interessenverbände auf Diskussionen um Benzinpreiserhöhungen verfolgt; dort scheint es wiederum, als ob die Taschen der Autofahrer leer wären. Wahrscheinlich ist beides richtig: Für den Kauf auch teurer Neuwagen gibt es eine sehr zahlungskräftige Klientel, die nicht auf die Mark schaut. Gleichzeitig gibt es aber in unserer gesamtwirtschaftlichen Lage eine verschärfte Empfindlichkeit gegenüber einem weiteren Griff des Staates in die privaten Brieftaschen, um das Steuersäckel zu füllen. Dieses Mißtrauen hat sicherlich seine Berechtigung, wenn man die stark gestiegenen Belastungen der Arbeitnehmer in den vergangenen zehn bis fünfzehn Jahren sieht.

In wirtschaftlicher Hinsicht muß das Auto von morgen also im Kauf und im Unterhalt erschwinglich bleiben, dieses ist allerdings nur die eine Seite der Medaille. Autos kosten nicht nur ihre Besitzer viel Geld, sondern verursachen auch Ausgaben von dritter Seite, besonders Ausgaben der Kommunen, der Länder und des Bundes.

Seit langem wird darum gestritten, ob der deutsche Autofahrer die «Melkkuh der Nation» ist, also mehr in das Steuersäckel einzahlt, als für seine Belange ausgegeben wird oder nicht. Soweit es sich allein um Straßenbau handelt, könnte Klage durchaus angebracht sein, denn Kraftfahrzeug- und Mineralölsteuer bringen mehr in die öffentlichen Kassen, als für Straßenbau ausgegeben wird. Das war übrigens über lange Zeit in den fünfziger und sechziger Jahren genau umgekehrt; bezieht man diese aus dem allgemeinen Steueraufkommen getätigten Verkehrsausgaben in eine Bewertung mit ein, schiebt der Autoverkehr immer noch einen gewaltigen Berg ungedeckter Baukosten vor sich her.

Volkswirtschaftliche Kosten des Automobils

Der eigentliche Stolperstein für die Wirtschaftlichkeit des Autoverkehrs liegt jedoch weder in den Ausgaben der privaten Haushalte noch in dem Bereich Straßenbau. Die eigentlichen Belastungen stammen aus dem Bereich, den die Finanzwissenschaftler als «externe Kosten» bezeichnen. Damit sind diejenigen Kosten gemeint, die von dem Autoverkehr verursacht werden, aber von den Fahrzeughaltern oder -lenkern nicht bezahlt werden (siehe Abbildung 2). Zu dieser Kostenkategorie gehört der Teil der Unfallfolgekosten, der nicht durch die Auto-Haftpflicht abgedeckt wird, die Gesundheitsschäden durch Autoabgase und Lärm, die Waldschäden und die Korrosion an Bauwerken, die Auslöschung von Tier- und Pflanzenarten (soweit der Kraftfahrzeugverkehr dazu beiträgt), die volkswirtschaftliche Abhängigkeit von Rohölimporten, die Überdüngung von Seen und vieles mehr.

All diese volkswirtschaftlichen Schäden tauchen in keiner Kalkulation der Verkehrskosten auf. Wir können die Verursacherkette jedoch noch weiter verfolgen: Externe Kosten des Autofahrens sind auch die Folgen von Tankerunfällen, die Verschmutzung der Nordsee durch die Leckagen der Bohrtürme – all dies kostet Geld, sei es bei einer sofortigen Beseitigung oder in Form von verschlechterten Nutzungsmöglichkeiten der Naturschätze in den nächsten Generationen. Für viele dieser Schäden gibt es noch keine zuverlässigen

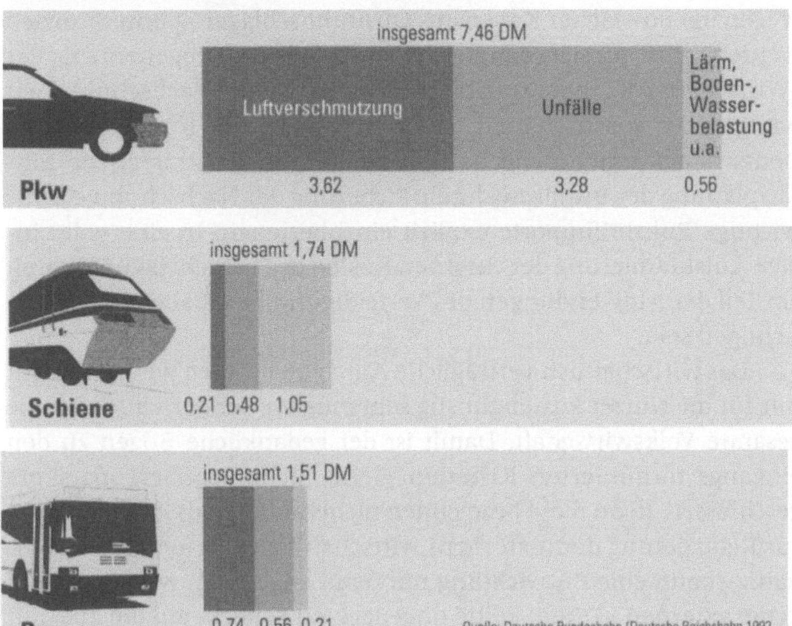

Abbildung 2

Schätzwerte oder Berechnungsverfahren. Wie soll man denn die Tatsache in Mark und Pfennig ausdrücken, daß eine bestimmte Tier- oder Pflanzenart nicht überleben wird, oder daß in hundert Jahren unsere Nachfahren kein Erdöl mehr zur Verfügung haben werden? In den Preiskalkulationen der Erdölförderländer taucht der Faktor, daß die Quellen nach einigen Jahrzehnten versiegt sein werden, ebenfalls nicht auf. Der heutige Finanzbedarf der entsprechenden Länder läßt sie ihre Bodenschätze ohne Rücksicht auf die nächsten Generationen ausbeuten und zu günstigen Marktpreisen anbieten.

Unsere private Haushaltskasse und auch die Gesamtwirtschaft profitieren von der Tatsache, daß Erdöl billig ist. Ähnliches gilt für viele der knappen Rohstoffe, die wir für die Herstellung und Betrieb unserer Verkehrsmittel brauchen. Auch Ölimporte haben ihre exter-

33

nen Kosten: Unsere gesamte Volkswirtschaft ist verwundbar geworden, sie hängt buchstäblich am Tropf der Rohölexporteure. Wenn wegen irgendwelcher Krisen die Ölzufuhr schlagartig unterbrochen werden sollte, passiert das gleiche wie bei einem Drogenentzug: der (Wirtschafts-)Körper kollabiert. Um derartige Nachschubkrisen weitgehend auszuschalten, sieht sich auch die Bundesrepublik Deutschland zunehmend dazu veranlaßt, in die strategische Einsatzplanung der Bundeswehr die Sicherung der Nachschubwege für wichtige Rohstoffimporte explizit einzubeziehen. In eine vollständige Aufsummierung der externen Kosten des Verkehrs würde somit ein Teil der Aufwendungen des Verteidigungshaushaltes zu berücksichtigen sein.

Das wirtschaftlich verträgliche Auto von morgen wird also nicht nur für die Nutzer kostengünstig sein müssen, sondern auch für die gesamte Volkswirtschaft. Damit ist der gedankliche Bogen zu den eingangs formulierten Kriterien «leise, sicher, sauber, sparsam» geschlossen, denn diese bezeichnen nichts anderes als Ansatzpunkte zur Reduzierung der (externen) wirtschaftlichen Lasten. Als «nachhaltig» kann eine Entwicklung nur dann angesehen werden, wenn keine externen Kosten, keine ungedeckten Schecks auf die Zukunft mehr zum Funktionsprinzip des Systems gehören. Im Verkehr ist das aber gegenwärtig der Fall. Vieles muß verändert werden, damit Ökologie, soziale Verträglichkeit und wirtschaftliche Effizienz besser im Einklang miteinander stehen – in der Technik, aber auch in der Verkehrspolitik.

Wir beschäftigen uns in diesem Buch vorwiegend mit der Technik für das Auto der Zukunft. Welche der Wünsche und Zielvorstellungen sind realistisch, wie sind sie zu verwirklichen?

Wünsche und Zielkonflikte

Wie die Anforderungen an das Auto der Zukunft konkret und zahlenmäßig aussehen, werden wir in den folgenden Kapiteln erläutern. Klar ist: Wünschen kann man vieles, manche Wünsche müssen aus Sachgründen unerfüllt bleiben, und Prioriäten müssen gesetzt werden. Das Drei-Liter-Auto bringt einen Schritt hin zu mehr

Klimaverträglichkeit und zur Einsparung von Energieressourcen, viele der weiteren beschriebenen Probleme läßt es jedoch ungelöst. Wir wollen diskutieren, wie wichtig die Anforderungen im einzelnen sind und vor allem, in welchem Umfang sie denn überhaupt erfüllbar sind. Dabei werden mancherlei Zielkonflikte deutlich werden, ähnlich wie man Zielkonflikte als Autofahrer heute schon kennt. So ist jedem klar, der einmal systematisch den Kraftstoffverbrauch seines Autos gemessen hat, daß schnelles Fahren und günstiger Kraftstoffverbrauch einander ausschließen. Schnellfahren kostet eben nicht nur bei der Bahn einen Zuschlag. Auch ist den meisten von uns klar, daß Fahrzeuggröße, Komfort und Bequemlichkeit mehr Gewicht verursachen, das ebenfalls den Benzinverbrauch hochtreibt. Wir werden die technischen Zusammenhänge im einzelnen später erläutern. Möglicherweise wird den Autokäufern bereits mit Blick auf die Modellauswahl beimLieblingshersteller und dessen Kraftstoffverbräuchen deutlich geworden sein, daß ein hubraumstärkerer Motor, der bessere Beschleunigungswerte und höhere Fahrgeschwindigkeiten verspricht, vor allem im Stadtverkehr erheblich durstiger ist als ein hubraumkleineres Modell. Man vergleiche einmal die Normverbräuche des VW Golf mit ansteigender Motorisierung zwischen 1,4 und 2,8 Litern Hubraum. Ein einfacher Golf verbraucht im Stadtzyklus 7,8 Liter Benzin pro 100 Kilometer, das hubraumstärkste Modell schon 12,5 Liter, mit Allradantrieb werden es dann stolze 14,1 Liter, also fast das Doppelte.

Für den Entwicklungsingenieur sind Zielkonflikte nichts Neues, er muß sich ständig mit widerstreitenden Anforderungen herumschlagen. Wenn ein Motor bei niedrigen Drehzahlen hohes Drehmoment hat, wirkt er bei hohen Drehzahlen etwas lahm – und umgekehrt. Dies liegt an der Auslegung der Nockenwelle, genauer: an den Ventilsteuerzeiten. Mit variablen Steuerzeiten versucht man jetzt, dieses Dilemma anzugehen, vergleichbare Optimierungsentscheidungen sind jedoch fortlaufend von der Kolbenringbestückung bis zu der Getriebeauslegung und den Reifenbreiten notwendig.

Ähnlich wie der Entwicklungsingenieur bei der Suche nach dem Kompromiß werden wir im Rahmen dieses Buches die technischen Möglichkeiten und Widersprüche aufzeigen. Soviel sei hier bereits verraten: Das Auto von morgen wird sich von den Gesetzen der Physik genausowenig lösen können wie das Auto von heute. Das bedeutet, daß hinsichtlich vieler hochgesteckter Ziele Kompromisse notwendig sind. In Teilbereichen werden auch wir nicht zu einem endgültigen Urteil kommen können, sondern müssen uns auf die Beschreibung der Konfliktlage beschränken. Teilweise sind sich nämlich Ingenieure und Wissenschaftler selbst nicht einig, welche Konzepte welche Eigenschaften haben werden und wie bestimmte Zukunftstechnologien aus heutiger Sicht zu beurteilen sind. Die Meinungen sind unter anderem dann gespalten, wenn es um alternative Antriebe und alternative Werkstoffe geht.

Drei-Liter- gleich Öko-Auto?

Ist das Drei-Liter-Auto ein Auto von morgen, ein nachhaltiges, zukunftsverträgliches Konzept? Es scheint gegenwärtig eine von Politikern und Autoherstellern gepflegte Zielvorstellung zu sein, ein Auto mit drei Litern Kraftstoffverbrauch pro hundert Kilometer auf dem Markt zu sehen. Von den Grünen wie von der Bundesregierung wird dies gefordert, von der Autoindustrie in Aussicht gestellt. Zwar betreiben die Hersteller ein wenig Kosmetik, wenn zum Beispiel bereits eine Drei vor dem Komma im Kraftstoffverbrauch zum Glanz eines «Drei-Liter-Autos» auszureichen scheint. Aber das Ziel ist doch insgesamt akzeptiert. Ist damit alles klar, sind damit alle Hausaufgaben für die Zielvorgabe Nachhaltigkeit erledigt?

Nein, keineswegs. Erstens: Was nützt es in ökologischer oder in wirtschaftlicher Hinsicht, wenn nicht die Standard-Pkw mit hohen Jahresfahrleistungen sparsam werden, sondern irgendwelche Stadtautos, die nur einen unwesentlichen Teil des Marktes ausmachen? Ist es nicht viel wichtiger für die Energiebilanzen, wenn der Benzindurst der S-Klasse halbiert wird, als wenn ein Kompaktwägelchen 3,x Liter verbraucht? Wir wollen nach dem Kapitel über die technischen Möglichkeiten (s. S. 97) in einer abschließenden Bilanz auch diese politischen Fragen behandeln.

Zweitens: Abgase, Lärm, Flächenverbrauch, Unfälle usw. Die Belastungen der Umwelt durch das Auto sind vielschichtig, wie die Abbildung 3 zeigt. Dies sind Fragen, die auf der Tagesordnung

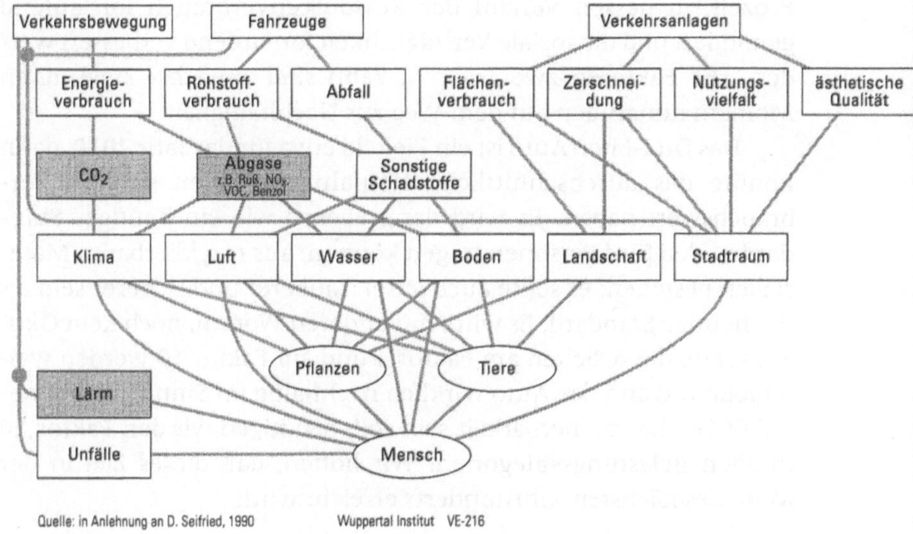

Abbildung 3

bleiben, auch wenn der Drei-Liter-Verbrauch Realität geworden sein sollte. Im folgenden Kapitel wird das Spektrum dieser Anforderungen dargestellt. Diese Anforderungen führen dann zu dem Zielbild einer anderen Verkehrspolitik, denn das Drei-Liter-Auto löst nur einen Teil der Forderungen ein. Wieviel kann denn die Technik, wieviel muß eine andere Verkehrspolitik zum Klimaziel beitragen?

Fassen wir die Anforderungen an den Kraftstoffverbrauch eines verträglichen Autos von morgen zusammen: Kurzfristig, etwa bis 2010, sollte der Kraftstoffverbrauch aller im Markt befindlichen Fahrzeugkategorien halbiert werden. Mittelfristig, also etwa bis 2020 oder 2025, sollte der Kraftstoffverbrauch nochmals um die Hälfte reduziert werden, also gegenüber heute um den Faktor vier. Langfristig, also bis etwa zum Jahre 2050, sollte der Energieverbrauch um den Faktor zehn verringert werden. Die hier beispielhaft für den

Kraftstoffverbrauch formulierten Zielwerte gelten sinngemäß auch für die anderen Rohstoffe, die für Bau und Betrieb der Automobile benötigt werden. Nachhaltige Entwicklung ist ein kontinuierlicher Prozeß, in dessen Verlauf der Ressourcenverbrauch fortlaufend gemindert und die soziale Verträglichkeit fortlaufend verbessert werden. Die Faktoren zwei, vier ... zehn sind zunächst Ziele, dann Momentaufnahmen auf dem Weg zur Nachhaltigkeit.

Das Drei-Liter-Auto ist ein Zielbild etwa für das Jahr 2010, dann könnte das durchschnittliche Neufahrzeug einen solchen Verbrauchswert haben. Es wird dann ebenso wie ein heutiges Standardmodell fünf Personen tragen können, aus rezyklierbaren Materialien bestehen; es sollte auch leiser, sauberer und sicherer sein als der heutige Standard. Es wird, mit anderen Worten, noch kein Ökoauto sein, die Arbeiten am Faktor 4 und am Faktor 10 werden weitergehen. Wenn das Auto wirklich nachhaltig im Sinne einer generellen Verallgemeinerbarkeit sein soll, benötigen wir den Faktor 10 in allen Belastungskategorien. Wir hoffen, daß dieses Ziel in der Mitte des nächsten Jahrhunderts erreicht wird.

2 Wie sauber ist sauber genug?

Auch von dem Auto mit weniger als drei Litern Kraftstoffverbrauch werden saubere Abgase verlangt. Wie weit ist man bei der Lösung des Abgasproblems gekommen? Welche umweltseitigen Herausforderungen gibt es darüber hinaus noch?

Seit fast dreißig Jahren werden die Schadstoffemissionen von Benzin-Pkw im Fahrbetrieb durch Grenzwerte beschränkt; nur die fortlaufende Verschärfung der Vorschriften erzwang die notwendigen technischen Verbesserungen für geringeren Ausstoß bei den jeweils neu in den Verkehr gelangenden Automobilen. Zuerst sahen die Experten in Forschungsinstituten und Behörden das Kohlenmonoxid als größtes Gesundheits- und Umweltrisiko an. Entsprechend maß man die Konzentration dieses Gases im Leerlauf und während des Stadtfahrbetriebs im Auspuff.

Der klassische Schadstoff: Kohlenmonoxid

Kohlenmonoxid (CO) hatte schon jahrzehntelang immer wieder Todesopfer gefordert, vor allem das Gas aus defekten Öfen vergiftete Menschen in geschlossenen Räumen. Kohlenmomoxid verursacht inneres Ersticken, weil es sich an den roten Blutkörperchen anlagert und dadurch den Transport des lebenswichtigen Sauerstoffs unterbindet. In niedrigen Konzentrationen kann es zu Konzentrationsstörungen und Kopfschmerzen führen, in höheren Konzentrationen zu Bewußtlosigkeit und Tod. Hohe CO-Konzentrationen im Blut werden übrigens durch das Zigarettenrauchen verursacht, die Sauerstoff-Unterversorgung bestimmter Bereiche des Herzens infolge des Rauchens beruht auf dem gleichen Mechanismus wie die Schädigung durch CO aus den Autos. Heute ist der Kohlenmonoxidgehalt selbst in Straßenschluchten mit hohem Verkehrsaufkommen und schlechter Durchlüftung unkritisch, zumindest gilt dies für Länder mit modernem Kraftfahrzeugbestand. In den Metropolen der Schwellen- und Entwicklungsländer sowie im Ostblock dagegen ist der CO-Ausstoß der Pkw heute noch ein ähnlich akutes Problem wie bei uns zu Beginn der siebziger Jahre.

Wie ist man nun dem CO-Emissionsproblem zu Leibe gerückt? Zum Verständnis sind ein wenig Chemiekenntnisse hilfreich: CO entsteht in großen Mengen dann, wenn die Verbrennung des Kohlenstoffs unvollständig erfolgt. Kohlenstoff mit dem chemischen Formelzeichen C ist in allen fossilen Brennstoffen enthalten, also in Kohle, Erdöl und Erdgas. Im Erdöl und Erdgas sind an das Kohlenstoffatom Wasserstoffatome angelagert, wobei das Verhältnis der Zahl der Wasserstoffatome zu der Zahl der Kohlenstoffatome die Flüchtigkeit des Kraftstoffes charakterisiert. Wenn beispielsweise pro Kohlenstoffatom vier Wasserstoffatome kommen, handelt es sich um die Verbindung CH_4, also Methan, der Hauptbestandteil von Erdgas. Wenn viele Kohlenstoffatome untereinander verbunden sind und nur etwa doppelt so viele Wasserstoff- wie Kohlenstoffatome vorhanden sind, beispielsweise bei der Verbindung C_8H_{18} (Oktan), handelt es sich bereits um einen typischen flüssigen Kraftstoff, wie er in Pkw-Motoren eingesetzt wird. Wenn nun die Verbrennungsluft im Motor knapp wird, wenn also der Motor «fett» eingestellt ist, reicht der vorhandene Sauerstoff nicht aus, um alle Kohlenstoffatome zu dem ungiftigen Endprodukt Kohlendioxid umzuwandeln, sondern ein Teil verbleibt in der giftigen Zwischenphase Kohlenmonoxid. (Das ungiftige Kohlendioxid hat sich dann sehr viel später als maßgeblicher Verursacher des Klimaproblems herausgestellt, wie wir an anderer Stelle erläutern werden.)

Magerkur als Lösung

Die technische Abhilfe zur Verminderung der Kohlenmonoxidemission erwies sich als relativ einfach: Man erhöhte das Verhältnis von Luftmenge zu Kraftstoffmenge im Motor. Dies wird als mageres Gemisch bezeichnet. Dadurch war es möglich, eine praktisch vollständige Verbrennung aller Kohlenstoffatome zu erreichen, d. h. eine weitgehende chemische Umsetzung des C zu CO_2. Technisch verbirgt sich hinter der Gemischabmagerung eine sehr genaue Vergasereinstellung mit Langzeitstabilität, um das magere Gemisch auch zuverlässig einzuhalten. Zahlreiche Verbesserungen an der Zündung und im Brennraum waren erforderlich, damit ein gleichmäßiger Motorlauf und eine ruckfreie Beschleunigung gewährleistet werden konnten. Der Grund für die frühere Vorliebe für fetteren Betrieb war keineswegs Gedankenlosigkeit gewesen, sondern der Wunsch nach gleichmäßiger und zuverlässiger Zündung und nach einem guten Drehmoment. Dies konnte mit den beschriebenen Verbesserungen schließlich auch im mageren Gemischbereich erreicht werden.

Ein angenehmer Nebeneffekt der Gemischabmagerung bestand für die Autofahrer darin, daß – bereits lange vor jeglichen Gedanken an eine Energiekrise – die Autos sparsamer wurden, denn in jedem unvollständig verbrannten Molekül steckte ja schließlich Energie, die bis dahin zum Auspuff herausgeblasen wurde und damit ungenutzt verlorenging. Parallel zu der Absenkung der CO-Emissionen konnte der Ausstoß an Kohlenwasserstoffen (HC) verringert werden, allerdings in einem etwas geringeren Umfang. Der Sammelbegriff Kohlenwasserstoffe steht für eine unübersehbar große Vielfalt an Kombinationen von Kohlenstoff- und Wasserstoffatomen, von denen einige giftig sind. So kann z. B. Benzol Blutkrebs auslösen. Weil eine differenzierte Analyse der Einzelsubstanzen zu aufwendig und zu teuer wäre, prüft und bewertet man nur die Summenemissionen an HC – in der Erwartung, daß Maßnahmen zur allgemeinen Verringerung der HC-Emissionen auch die schädlichen Einzelsubstanzen reduzieren.

Die gleichzeitige Verbesserung der Schadstoffemission und des Kraftstoffverbrauches war nach etwa zehn bis fünfzehn Jahren Entwicklung zu immer mageren Gemischen ausgereizt. Statt zehn Prozent Kraftstoffüberschuß wie zu fetten Zeiten hatte man Anfang der achtziger Jahre etwa zehn Prozent Luftüberschuß erreicht, als das nächste Abgasproblem Schlagzeilen machte: die Stickoxide. Diese Substanzen bewirken Schäden im Atemsystem des Menschen, fördern die Ozonbildung und sind an dem sauren Regen beteiligt – ein vielfacher Schadstoff also, dessen hohe Emissionen dringend verringert werden mußten. Hier zeigte sich erstmalig der Zielkonflikt für die Motorenentwickler zwischen Schadstoffminderung und Verbrauchsminderung, denn hohe Stickoxidemissionen entstehen bei hohen Verbrennungsraumtemperaturen, die wiederum für eine gute Energieausnutzung erforderlich sind. Um die Stickoxidbildung zu reduzieren, muß man die Verbrennungstemperatur absenken, was unweigerlich den Kraftstoffverbrauch verschlechtert. Aufgrund der Abmagerung war nun zwar der Verbrauch etwas verbessert, aber der Stickoxidausstoß erhöht worden. Dies zeigte sich etwa 1980. Das Stickoxidproblem war für die Autohersteller nicht so einfach zu lösen wie vorher das CO-Problem. Die Umweltpolitiker forderten zwar rasche Verbesserungen, aber im Grunde konnte die Industrie sicher sein, daß keine radikalen Vorschriften eingeführt würden. Derartige Regelungen unterliegen dem europäischen Harmonisierungszwang, und der dauerte bereits damals viele Jahre.

Es hätte sicherlich noch lange im langsamen Konvoitempo der Europabürokraten weitergehen können, wenn nicht das Waldsterben «dazwischengekommen» wäre und in Deutschland die Schlagzeilen gefüllt hätte. Je nach Expertenfraktion wurde für das Waldsterben entweder überwiegend der saure Regen verantwortlich gemacht, der sich in der Luft aus den Schwefeldioxid- und den Stickoxidabgasen von Kraftwerken bzw. Automobilen bildet, oder aber das Ozon, an dessen Bildung ebenfalls die Stickoxide beteiligt sind. In jedem Fall verlangte das Problem nach einer raschen, wirksamen Absenkung der Stickoxid-Emissionen aus den Auspuffanlagen der Kraftfahrzeuge. Nach Berechnungen des Umweltbundesamtes lag damals der Anteil des Kraftfahrzeugverkehrs an allen Stickoxid-Emissionen Deutschlands bei mehr als 50 Prozent. Es war also durchaus angebracht, wirksame Maßnahmen im Verkehr zu ergreifen!

Der Katalysator: Meilenstein der Abgasreinigung

Um wirklich durchgreifende Verbesserungen zu erzielen, gab es nur
eine technische Lösung: die Abgasnachbehandlung mittels Katalysatoren. Diese Strategie war auch über die Labors der Automobilindustrie hinaus bekannt, denn bereits in der ersten Hälfte der siebziger Jahre hatten sowohl die Vereinigten Staaten als auch Japan
ihre Abgasgesetze so verschärft, daß für die Autohersteller der Einbau von Katalysatoren zwingend erforderlich war. Durch ein bereits
1970 der Firma Bosch erteiltes Patent für eine genaue Gemischregelung mittels einer sogenannten Lambda-Sonde hielt dann ab Mitte
der siebziger Jahre auf den Märkten der USA und Japans ein technisches Konzept Einzug, das auch noch heute den Stand der Abgasreinigung charakterisiert. Es handelt sich um den geregelten Drei-
Wege-Katalysator, also die Kombination eines sowohl die Stickoxide
reduzierenden als auch Kohlenmonoxid und Kohlenwasserstoffe
oxidierenden Katalysator. Der Sauerstoffsensor im Abgas (Lambda-
Sonde) steuert die Gemischbildung so, daß der Katalysator optimale
Reinigungsbedingungen hat. Kohlenmonoxid, Kohlenwasserstoffe
und Stickoxide können um mehr als 95 Prozent verringert werden,
wenn man die modernsten Verfahren der Regelung und Vorheizung
anwendet.

Durch Initiative der damaligen Bundesregierung wurde die EG-
Bürokratie 1984/85 veranlaßt, den technologischen Sprung auch
mittels Abgasgrenzwerten festzuschreiben. Die Steueranreize der
Bundesregierung und einiger anderer EG-Staaten taten ein übriges,
um dem Konzept zum Durchbruch zu verhelfen. Binnen weniger
Jahre kam in Deutschland praktisch kein Benzin-Pkw mehr ohne
diese Abgasreinigungs-Einrichtungen auf den Markt. (Für Diesel
gab es allerdings nur laschere Anforderungen.)

Über die Dauerhaltbarkeit der Katalysatoren gab es immer wieder Diskussionen. Wichtigste Voraussetzung für eine lange Wirksamkeit ist die Verwendung von unverbleitem Benzin. Mit Steuer-
anreizen sorgte der Gesetzgeber zunächst dafür, daß der bleifreie
Sprit an der Tankstelle billiger war als der verbleite. Bereits dies
bewirkte ein weitverbreitetes Umschwenken der Kunden. Nachdem
allen Zweiflern klar geworden war, daß auch Altfahrzeuge ohne

Katalysator mit bleifreiem Sprit gefahren werden können (vorausgesetzt, die Oktanzahl stimmt), stand der Einstellung des Verkaufs bleihaltigen Kraftstoffes nichts mehr im Wege.

Die Entwicklung hin zu weitgehend abgasentgifteten Benzin-Pkw steht vielen Ostblockländern und Entwicklungsländern noch bevor. Auch für diese Länder gibt es keine bessere technische Lösung, als bleifreies Benzin einzuführen und die Grenzwerte so zu verschärfen, daß nur noch Katalysatorfahrzeuge neu auf den Markt kommen. Insofern ist der von den USA und Japan in den siebziger Jahren und von der EG in den achtziger Jahren beschrittene Weg zur Abgasentgiftung nach wie vor vorbildlich. Viele weitere Länder haben sich seither weltweit den US-Regelungen angeschlossen.

Ist der Dieselmotor umweltfreundlich?

Bei dem Dieselmotor liegen die Probleme anders, der Diesel hat es sowohl leichter als auch schwerer als sein benzinbetriebener Bruder. Als noch das Kohlenmonoxid im Mittelpunkt der Aufmerksamkeit stand, galt der Diesel als Saubermann, denn er produziert erheblich weniger Kohlenmonoxid als ein Benziner. Auch der Ausstoß von Kohlenwasserstoffen ist geringer. Selbst für die Stickoxide galt zu Beginn der achtziger Jahre, als das Thema Waldsterben auf die Tagesordnung kam, daß der Diesel-Pkw Vorteile hat; das stimmte auch im Vergleich zu Benzinern ohne Katalysator. Damals wurden aber auch alle Pkw-Dieselmotoren nach dem Prinzip der indirekten Einspritzung betrieben, also als Vorkammermotoren (Daimler-Benz) oder Wirbelkammermotoren (vor allem VW, aber auch zahlreiche andere Hersteller). Die Stickoxidemissionen von Diesel-Direkteinspritzern sind dagegen ungünstiger als bei den Kammer-Konstruktionen, der Verbrauch ist aber günstiger. Gegenüber modernen Benzinmotoren mit Dreiwege-Katalysatoren ist der Diesel klar im Nachteil, wenn es um die Schadstoffe geht. Zwar ist in den vergangenen 10 Jahren vieles verbessert worden, vor allem bei den Stickoxiden sind Benzinmotoren viel sauberer.

Dieselruß als Krebsrisiko

Das eigentliche Kernproblem bei den Dieselmotoren liegt jedoch in der Rußpartikelemission, die bei Benzinern praktisch bei Null liegt. Dabei geht es allerdings nicht um das sichtbare Ärgernis der Rußwolke beim Start oder bei der Bergfahrt schwerer Lkw – beides ist auf schlechte Wartung oder veraltete Motoren zurückzuführen. Noch in den sechziger und siebziger Jahren hatte man den Rußausstoß von Dieselfahrzeugen als rein optisches Problem betrachtet und die Rauchtrübung begrenzt, um keine Verkehrsgefährdung für nachfolgende Fahrzeuge zuzulassen. In den siebziger Jahren hat sich jedoch bestätigt, daß Dieselmotoremissionen in Tierversuchen Krebs erzeugen. Die Ähnlichkeit von Rußpartikel-Inhaltsstoffen und entsprechenden Zigarettenqualm-Partikeln führte dann zu der Überlegung, daß Dieselabgase auch ein Risiko für die menschliche Gesundheit sind. Heute hat die Wissenschafterkannt, daß die teilchenförmigen Bestandteile des Dieselabgases ein Krebsrisiko sind. Die Teilchen bestehen überwiegend aus Kohlenstoff, also Ruß, und verschiedenen Kohlenwasserstoffverbindungen. Nach neueren Forschungen scheint die Krebsentstehung weitgehend unabhängig von der chemischen Zusammensetzung der Rußinhaltsstoffe abzulaufen, vielmehr soll die Zahl und Größe der Partikel entscheidend sein. Wenn dies zutrifft, wären die gesetzlichen Vorschriften zur Messung und zur Begrenzung der Dieselabgase untauglich zur Gefahrenabwehr, denn diese richten sich auf die Gesamtmasse der aus dem Motor ausgestoßenen Rußpartikel. Den Forschungsergebnissen zufolge verursacht hingegen besonders die Zahl der sehr kleinen Partikel ein hohes Risiko, nicht die Masse der großen. Hier besteht noch viel Forschungsbedarf. Festgehalten werden soll hier vor allem, daß der Diesel aus der Sicht der Gesundheitsforschung alles andere ist als ein Saubermann.

Unstreitig ist, daß sowohl die Benzinmotoren als auch die Dieselmotoren in den vergangenen Jahrzehnten ständig sauberer geworden sind. Für die Benzinmotoren mit geregeltem Drei-Wege-Katalysator ist bereits der Faktor 10 bis 20 (Reinigung um 90 bis 95 Prozent) im Vergleich zu den Modellen Ende der siebziger, Anfang der achtziger Jahre genannt worden, natürlich bei gut funktionierender

Technik. Über die Dauerhaltbarkeit der Katalysatorwirkung besteht unter den Experten insofern Einigkeit, als man zwar eine gewisse kontinuierliche Alterung, aber keine drastischen Wirkungsabfälle erwartet. Auch Katalysatorfahrzeuge im Alter von fünf oder zehn Jahren sind somit grundsätzlich immer noch erheblich sauberer als Pkw ohne Kat.

Um eine möglichst große Wirksamkeit der Minderungstechnik zu gewährleisten, sind die regelmäßigen Abgasuntersuchungen (AU) eingeführt worden, bei denen die vorschriftsmäßige Funktion geprüft und die fehlerhaften, schmutzigen, hoch emittierenden Fahrzeuge identifiziert werden sollen. Das in Deutschland angewandte Verfahren mit der Messung in zwei Leerlauf-Zuständen ist allerdings ein sehr grobes Prüfverfahren, das nach Meinung von Experten bei weitem nicht alle Übeltäter identifizieren kann. Der Grund: In Deutschland wird nur im Leerlauf, nicht unter Motorbelastung geprüft. In den meisten US-amerikanischen Bundesstaaten wird ein fortentwickeltes Prüfverfahren angewendet, bei dem Katalysatorschädigungen und andere Fehler von Fahrzeugen im Feld zuverlässiger erkannt werden.

Obwohl sicherlich bei den Dieselmotoren das Dieselruß-Krebs-Problem nach wie vor ungelöst ist, kann man doch der Autoindustrie erhebliche technische Fortschritte zuerkennen. Noch vor etwa 15 Jahren galt ein Partikel-Ausstoß – nach US-amerikanischer Meßnorm – von 0,6 Gramm pro Meile als Stand der Technik, die wenige Jahre später wirksam werdende Verschärfung auf 0,2 Gramm pro Meile löste bei den Diesel-Pkw-Herstellern blankes Entsetzen aus. Allgemein herrschte dann – so um 1983 – die Einschätzung vor, daß man Rußfilter haben müsse, um diesen strengen Grenzwert zu erreichen. Binnen kurzer Zeit machte die Motorenentwicklung jedoch so große Fortschritte, daß der Grenzwert von 0,2 g auch ohne Rußfilter eingehalten werden konnte. Das gleiche Spiel zwischen klagenden Autoherstellern und fordernden US-amerikanischen Umweltbehörden fand wieder statt bei der Verschärfung auf 0,08 Gramm pro Meile: Klagen über die Unmöglichkeit der Erfüllung dieser Anforderungen, Ankündigung des Einsatzes von Rußfiltern, wenig später dann eine Erfolgsmeldung der Motorenentwickler, daß auch dieser Grenzwert in der Serienproduktion erfüllt werden könne.

Aufgrund der neuen Erkenntnisse über die gesundheitlichen Gefährdungen durch besonders kleine Partikel sind allerdings die bisherigen Schritte möglicherweise in eine falsche Richtung gegangen. Um die Partikelzahl zu begrenzen, wird zunächst das Prüfverfahren geändert werden müssen. Es werden sicherlich neue Grenzwerte erlassen werden, welche den Gang der technischen Entwicklung verändern dürften. Wir sind grundsätzlich zuversichtlich, daß die technische Entwicklung auch für die geforderte Reduzierung der Partikelzahl eine Lösung bringen wird – sie könnte in der Einführung des Rußfilters bestehen.

Weiterer Fortschritt durch verschärfte gesetzliche Anforderungen

Die Entwicklung bei der Schadstoffverminderung aus dem Auspuff geht bei allen Schadstoffen weiter. Die EG konnte feststellen, daß der von den Deutschen initiierte Sprung zu einer neuen Abgasminderungstechnik durch verschärfte Grenzwerte bei der europäischen Automobilindustrie Wunder wirkte. Die Forderungen wurden technisch problemlos bewältigt, darüber hinaus machte dieser heilsame Zwang zur Innovation die Hersteller auf dem Weltmarkt sogar konkurrenzfähiger. Dies veränderte wiederum das Verhandlungsklima zwischen Industrie und Politik, als es um 1990 um die weiteren Verschärfungsschritte bei den Abgasvorschriften ging. Zwar argumentierte die Automobilindustrie wieder mit dem «klassischen Dreisatz» (1. Es ist nicht nötig. 2. Es geht nicht. 3. Es ist zu teuer.), aber es ging nun wohl eher um Übergangsfristen und Sonderregelungen (für Diesel etwa) als um totale Blockaden. Die Autoindustrie hatte erkannt: Wenn die Abgase sauberer werden, verringert das die Angriffsflächen für die grundsätzliche Kritik am Auto.

Die neuen Grenzwertanforderungen, allgemein als EURO 2 bezeichnet, und die bereits beschlossenen Anforderungen EURO 3 ab dem Jahr 2000 machen der Industrie kaum Probleme, man verbessert die Katalysatoren und die Einspritzanlagen, das reicht dann zum Bestehen. Weder Automobilhersteller noch die politische Ebene haben heute einen Dissens darüber, daß diese Schadstoffminderungen realisierbar sind. Euro 4 ist in den Anforderungen klar, dieser Schritt wird wohl um 2005 kommen. Danach, so sagt das Umweltbundesamt, werde das Schadstoffproblem des Verkehrs weitgehend gelöst sein, zumindest nach der Umsetzung dieser Regelungen in den Bestand, also nach 2010. Allenfalls könne man an eine EURO-5-Stufe für Diesel denken, aber sauberer müsse das Auto dann nicht mehr werden. Der Idee des Nullemissionsautos mit alternativem Antrieb, welche die kalifornischen Behörden fordern, erteilt der zuständige Abteilungsleiter Dr. Axel Friedrich eine klare Absage: «Unnötig und viel zu teuer; es ist am effizientesten, konventionelle Motoren mit modernster Abgasreinigung auszurüsten. So wie es für EURO 3 und EURO 4 verlangt wird.»

Katalysator als Ersatz für Kurswechsel der Verkehrspolitik

Die Erfolge der Schadstoffminderungspolitik der Bundesregierung und der EU sind nicht zu leugnen. Gleichzeitig trifft es jedoch auch zu, daß mit den technologischen Innovationen die Auseinandersetzung mit den *grundsätzlichen* Problemen des Autoverkehrs ein Stück weiter nach hinten verlagert worden ist. Bereits in den achtziger Jahren wurde als Antwort auf das Problem des Waldsterbens eine Revision der gängigen Verkehrspolitik verlangt mit dem Ziel, die Fahrzeugkilometer und damit die Schadstoffemissionen zu reduzieren. Mehr Güter auf die Schiene, ÖPNV statt Auto, so lauteten die Forderungen schon damals. Das Wachstum des Kraftfahrzeugverkehrs war so stark, daß sich die Umweltsituation fortlaufend verschlechterte, obwohl doch die Vorschriften für die Schadstoffreduzierungen bei den Einzelfahrzeugen wirksam waren. Die gesamte Richtung der Verkehrsentwicklung, so die Kritiker, sei aber verkehrt.

Auf eine Richtungsänderung in der Verkehrspolitik zielte auch 1983 ein maßgeblich vom Umweltbundesamt getragener Vorstoß zur Einführung von Geschwindigkeitsbegrenzungen. Auf Autobahnen sollte Tempo 100 gelten, die Tempolimits auf sonstigen Außerortsstraßen wurden von 100 auf 80 km/h gesenkt, um Stickoxidemissionen zu reduzieren. Dieser Vorstoß löste damals erhebliche Aufregungen in der Automobilindustrie und der Autofahrerlobby aus, da (auch) damals die freie Fahrt ohne Tempolimit als Dogma angesehen wurde. Zwischenzeitlich haben sich die Mehrheitsverhältnisse in der Bevölkerung eher in Richtung auf eine Befürwortung von Tempolimits auf Autobahnen verschoben, wenngleich die Tendenz eher in Richtung 120 km/h geht. Der Versuch einer Einführung des Tempolimits wurde damals jedoch von der Bundesregierung mit Verweis auf die weit wirksamere Einführung von Katalysatoren abgeblockt, wenngleich beides sich gegenseitig natürlich nicht ausschließt! Das Beispiel der USA zeigt, daß Geschwindigkeitsbegrenzungen und fortschrittliche Technologie durchaus zueinander passen. Mäßige Fahrgeschwindigkeiten tragen im übrigen dazu bei, den Alterungsprozeß des Katalysators über eine längere Zeit zu erhalten; bei häufigen hohen Geschwindigkeiten treten schädliche hohe Abgastemperaturen auf.

Sei's drum: Bis heute haben wir kein allgemein gültiges Tempolimit auf Bundesautobahnen. Das vom Bundesverkehrsministerium und dem ADAC verbreitete Argument, demzufolge auf mehr als 95 Prozent der Straßen Tempolimits gelten und der kleine Rest doch nicht mehr viel ausmachen würde, ist irreführend: Es kommt auf die Menge der gefahrenen Kilometer bei den jeweilgen Geschwindigkeiten an! Der Großteil der Pkw-Kilometer wird auf Autobahnen ohne Tempolimit gefahren. Ob dies in den nächsten Jahren im Zuge der EU-Harmonisierung geändert wird, ist nicht vorauszusagen. Auf der einen Seite ist durch die erfolgreiche Katalysatoreinführung tatsächlich das Potential von Tempolimits zur Stickoxidminderung erheblich geringer geworden. Auf der anderen Seite bestehen natürlich die Argumente für ein Tempolimit (die Energieeinsparung, der Gewinn an Verkehrssicherheit, weniger Lärm) nach wie vor.

Wir werden im Zusammenhang mit den Fragen der technischen Auslegung von Kraftfahrzeugen und dem daraus resultierenden Energieverbrauch die Frage der Reisegeschwindigkeit näher beleuchten. Festgehalten sei an dieser Stelle, daß Deutschland das einzige (hochmotorisierte) Land der Welt ohne eine allgemeine Geschwindigkeitsbegrenzung ist! Eine Temporeduzierung als «soziale Innovation», so ist unsere Überzeugung, würde auch neue technische Optionen für eine nachhaltige Mobilität eröffnen.

Das Lärm- und Flächenproblem

Neben den Schadstoffemissionen war es der Verkehrslärm, der in den vergangenen Jahrzehnten fortlaufend im Visier der Umweltjuristen und der Ingenieure lag – allerdings mit nur wenig Erfolg. Die Pkw sind zwar etwas leiser geworden, vor allem was das Motorengeräusch angeht, insgesamt leidet die Bevölkerung aber unter dem Verkehrslärm, heute nicht viel weniger als vor zwanzig Jahren. Die Wirkungscharakteristik des Lärms und die Meßverfahren bringen es mit sich, daß sich Verbesserungen bei den einzelnen Fahrzeugen kaum in einer Verbesserung der Gesamtsituation an einer vielbefahrenen Straße auswirken. Ein Beispiel: Ein durchschnittlicher Pkw verursacht bei beschleunigter Vorbeifahrt in Stadtverkehrsgeschwindigkeiten ein Fahrgeräusch von etwa 75 dB(A) (das Kürzel steht für die Lärmpegeleinheit Dezibel, bewertet nach einer bestimmten Kurve der frequenzabhängigen Hörempfindlichkeit des Menschen), zwei Fahrzeuge dieses Typs verursachen 78 dB(A). Eine Verdoppelung der Fahrzeugzahlen oder des Lärms der einzelnen Autos macht also lediglich eine Erhöhung um drei dB(A). Umgekehrt macht auch eine Halbierung der Fahrzeugzahlen bzw. der Lärmemission am Einzelfahrzeug relativ wenig für die gesamten Lärm-Meßwerte aus.

Als technische Entwicklung wurden zunächst bei Lkw die Motoren eingekapselt, die Hersteller von Diesel-Pkw zogen damit später nach. Die resultierende Verbesserung von drei bis fünf dB(A) in den vergangenen 10 bis 15 Jahren ist jedoch bei den betroffenen Anwohnern von Straßen nicht angekommen. Maßgeblich dafür waren zunächst die gestiegenen Fahrzeugzahlen durch die allgemeine Verkehrszunahme, dann aber auch die Tatsache, daß bei Fahrgeschwindigkeiten ab etwa 40 bis 50 km/h nicht mehr die Motorengeräusche, sondern die Rollgeräusche der Reifen auf der Fahrbahn die Lärmbelastungen verursachen. In diesem Bereich gibt es keine wirksamen gesetzlichen Vorschriften. Erst kürzlich hat das Umweltbundesamt wieder einen Anlauf unternommen, auch den Reifenlärm auf den Fahrbahnen zum Gegenstand der Vorschriften zu machen und damit Lärmreduzierungen zu erzwingen. Seit August 1997 gibt es ein Umweltzeichen für lärmarme und kraft-

stoffsparende Reifen, so daß aufmerksame Käufer sich entsprechend
orientieren können.

Technisch nicht lösbar ist auch der Flächenverbrauch durch das
Auto. Der Irrglaube, daß kürzere bzw. kleinere (Stadt-)Autos entscheidend weniger Platz beanspruchen, gilt nur für das Parken (und
das auch nur, wenn die Anlagen darauf ausgerichtet sind). Das
hauptsächliche Problem in den Städten sind eher Staus und über-
volle Straßenräume, die aufgrund des Flächenbedarfs der *fahrenden*
Autos entstehen. Hier braucht ein 2,5 Meter langes Auto praktisch
ebensoviel Fläche wie ein 4,5 Meter langes, nämlich bei Tempo 40
rund 50 Quadratmeter.

Altautos auf den Müll? Recycling schließt Stoffkreisläufe

Mit den Luftschadstoffen und dem Lärm sind die Bereiche genannt,
in denen umweltpolitische Initiativen in Deutschland bzw. in Europa
gesetzliche Regelungen erreicht und damit technische Verbesserungen für den Pkw erzwungen haben. Ein neues Feld der Umwelt-
gesetzgebung ist das Recycling von Altautos. Die Ziele derartiger
Regelungen sind zweifach: Zum einen geht es darum, die anfallen-
den Abfallmengen zu reduzieren, d. h. im Falle der Altautos einen
möglichst großen Anteil der Materialien auszubauen und wieder in
einen Produktionsprozeß zurückzuschleusen.

Zum anderen sollen Rohstoffe und möglichst auch Energien
eingespart werden. Die Bewertung einer Recyclingbilanz ist nicht
immer einfach, da zu den theoretischen Verwertungsmöglichkeiten
auch immer die zusätzlich verursachten Aufwendungen berücksichtigt werden müssen. Wenn ein Auto demontiert wird und die
Materialien zu verschiedenen Orten der Weiterbearbeitung transportiert werden müssen, können erhebliche Verkehrs- und damit
Energieaufwände erforderlich werden. Schließlich ist noch die Art
der Wiederverwertung zu berücksichtigen. Die meisten Kostenvor-
teile ergeben sich bei dem sogenannten *Produktrecycling*, wenn also
ein Bauteil – geprüft und gegebenenfalls aufgearbeitet – in seiner
ursprünglichen Funktion wiederverwendet werden kann. Beispiele
dafür sind Austauschmotoren, -lichtmaschinen und -anlasser. Diese

Teile z. B. aus Unfallautos zu nutzen, ist ökologisch vernünftig und sichert Arbeitsplätze. Der Einsatzbereich für diese Produkte wird allerdings mit zunehmendem Alter des verschrotteten Fahrzeuges immer enger, da neuere Modelle dann häufig veränderte technische Anforderungen haben.

Neben dem Produktrecycling steht die *stoffliche Wiederverwertung* an zweiter Stelle der Recyclingprioriäten. Das bedeutet, die verwertbaren Teile werden in ihre stofflichen Ausgangszustände zurückgeführt und neue Produkte daraus hergestellt. Am bekanntesten ist im Automobilbereich das Einschmelzen der Stahlkarosserien und anderer Bauteile, wodurch im Vergleich zu der Herstellungskette Eisenerz → Eisen → Stahl Erhebliches an Kosten und an Energie gespart werden kann. Beim stofflichen Recycling kommt es darauf an, die Werkstoffe möglichst sortenrein aus den Altfahrzeugen zu gewinnen, um eine hohe Qualität der Materialien für das neue Produkt zu gewährleisten. Wir werden im weiteren Verlauf dieses Buches im Zusammenhang mit dem Recycling von Aluminiumkarosserien auf diesen Punkt zu sprechen kommen. Die Sortenreinheit ist insbesondere bei dem Kunststoffrecycling ein Problem, ohnehin ist es bei diesem Materialbereich zumeist nicht möglich, aus Altmaterialien Ausgangsstoffe hoher Qualität für die Herstellung neuer Produkte zu gewinnen. Hier kommt es im Recyclingkreislauf zu einer Verringerung der Stoffqualität, die neuen Ausgangsstoffe aus wiederverwendeten Materialien sind dann nur mehr für Produkte mit geringeren Anforderungen geeignet (Down-Cycling). Ein bekanntes Beispiel dafür ist die Herstellung von Parkbänken aus Kunststoff oder Lärmschutzwänden aus Materialien, aus denen vorher hochwertige Produkte wie Innenraumverkleidungen herstellt worden waren. Dennoch ist trotz der Qualitätsverschlechterung auf der neuen Stufe des Recyclingkreislaufes auch diese Form der stofflichen Wiederverwertung anzustreben. Auf der nächsten und letzten Stufe der Wiederverwertung kommt die *thermische Nutzung* in Frage, d. h. der Einsatz in Müllverbrennungsanlagen zur Energiegewinnung. Dieser Schritt ist beispielsweise für all diejenigen Kunststoffe sinnvoll, für die hinsichtlich der stofflichen Wiederverwertung kein ökonomisch und ökologisch vernünftiges Verfahren existiert.

Die verschiedenen Stufen der Wiederverwertung von Teilen ausgedienter Autos müßten in einem umfassenden Gesamtkonzept optimiert werden, damit auch insgesamt Systemvorteile erreicht werden können. Es macht wenig Sinn, für ein Produktrecycling oder für eine stoffliche Wiederverwertung riesige Transportstrecken zurückzulegen oder einen großen Energieaufwand zum Sortieren, Reinigen usw. zu betreiben. Durch Produktkettenanalysen «von der Wiege bis zur Bahre» werden gegenwärtig für viele wichtige Produkte bzw. Materialien in der Autoherstellung die günstigsten Nutzungs- und Recyclingstrukturen ermittelt. Die Audi-Aluminium-Karosserie des A 8 dient als Beispielfall für eine ausführliche Analyse der Einsparmöglichkeiten und der dann anzuwendenden Recyclingstrategien (siehe auch Kapitel 9).

Bei manchen für das Auto wichtigen, aber seltenen Materialien zeichnet sich jedoch ab, daß auch bei einer vollständigen Wiederverwertung bereits mittelfristig ein Engpaß in der globalen Versorgung auftreten könnte. Beispielsweise ist hier das Platin zu nennen, das für die innere Beschichtung von Katalysatoren benötigt wird, um dort die giftigen Schadstoffe Kohlenmonoxid, die Stickoxide und Kohlenwasserstoff-Verbindungen in ungiftige Substanzen umzuwandeln. Wenn im Verlauf der weltweiten Motorisierungsentwicklung alle Fahrzeuge mit Katalysatoren ausgerüstet werden sollten, wird dieser Engpaß bereits in wenigen Jahren auftreten. Platin und auch andere Edelmetalle mit katalytischer Wirkung werden nicht nur im Fahrzeugbereich, sondern in vielen Funktionen in der chemischen Industrie und der Verfahrenstechnik eingesetzt. Auch die von Daimler-Benz vorgestellte Brennstoffzelle, die in Kapitel 15 ausführlich dargestellt wird, benötigt diesen wertvollen Werkstoff. Bei allen Szenarien über technische Entwicklungsstrategien könnte sich die Knappheit dieser oder anderer Ressourcen als Engpaßfaktor herausstellen; darauf muß rechtzeitig durch die Arbeit an Ersatztechnologien reagiert werden. Hier wird wieder einmal deutlich, daß die Ressourcen bzw. die Umwelt – und nicht die Technik – uns Grenzen für die Motorisierung setzten.

Energie- und Ressourceneffizienz als globale Strategie

Im Verlauf der Produktlinienanalysen «von der Wiege bis zur Bahre», d. h. von der Gewinnung des Erzes aus dem Boden bis hin zum Recycling, muß unbedingt verfolgt werden, welche Umweltbelastungen durch die Herstellung der einzelnen Fahrzeugbauteile entstehen. Dabei ist nicht nur an die Luftemissionen beispielsweise bei dem Lackiervorgang zu denken – hier haben die Hersteller durch die Optimierung der Lackzusammensetzung und durch Filter bereits vieles geleistet –, auch geht es nicht nur um giftige Abwässer, beispielsweise aus der Galvanik, wo Oberflächen von Motorenteilen chemisch beschichtet werden. Nein, die neue Herausforderung des Umweltschutzes in der Produktion liegt nunmehr in einer konsequenten Reduzierung des Energieverbrauches und der Stoffmengen. Nachdem über mehrere Jahrzehnte hinweg relativ umfassend die für Mensch und Natur giftigen Substanzen analysiert und bekämpft worden sind und nachdem diese Probleme nach Ansicht maßgeblicher Umweltexperten in Kürze weitgehend – in den reichen Ländern – gelöst sein werden, stellen viele Ökologen heute die *globalen Massenströme* in den Mittelpunkt der Aufmerksamkeit. Deren ökologische Belastungen gehen dabei nicht von toxischen Wirkungen aus. Es handelt sich sogar zum überwiegenden Anteil um Stoffe, die ungiftig sind. Auch die großmaßstäbliche Bewegung von Sand und Steinen, etwa zur Gewinnung von Erzen oder Braunkohle, verändert das ökologische Gleichgewicht einer Region und ist daher nicht unproblematisch. Für alle im Automobilbau verwendeten Materialien, vom Stahlblech für die Karosserie bis zum Schaumstoffteil im Armaturenbrett oder den Mikrochips in der Fahrzeugelektronik werden verstärkt die «ökologischen Rucksäcke» erforscht, das heißt die Energiemengen und bewegten Materialströme, die innerhalb der gesamten Produktionskette aufgewendet wurden. Der Massenrucksack eines Autos ist etwa zehnmal so groß ist wie die Masse des fertigen Fahrzeuges. Neuere Untersuchungen aus dem Wuppertal Institut zeigen für einzelne Stoffe und Bauteile jedoch noch erheblich drastischere Verhältnisse zwischen bewegten oder sonstigen beteiligten Materialmengen einerseits und dem fertigen Bauteil andererseits. So muß beispielsweise für die Aufbereitung von einem Gramm

Platin für den Katalysator in den Förderregionen, zum Beispiel in Brasilien, tonnenweise Erdboden bewegt werden. Dies zerstört die gewachsenen Ökosysteme, die natürliche Bodenfruchtbarkeit usw. Auch wenn die rein massenmäßige Betrachtung sicherlich eher ein grober Maßstab für Umweltbelastungen ist und eine umfassende ökologische Bewertung Bestandsaufnahmen vor Ort erforderlich machen würde, muß doch die Tatsache an sich erschrecken, daß für den Gesundheits- und Umweltschutz in unserem hochmotorisierten Land großflächige Naturzerstörung in einem «Entwicklungsland» verursacht wird.

Umfassende Bewertungsverfahren in der Entwicklung

In der systematischen und umfassenden Bewertung jedes einzelnen Schrittes bei der Förderung von Rohstoffen und den verschiedenen Veredelungsschritten, den Aufwendungen bei den Zulieferbetrieben und schließlich im Automobilwerk werden gegenwärtig die Grundlagen gelegt für die vergleichende Bewertung verschiedener Autokonzepte, Werkstoffe und Herstellungsverfahren. Erst die gesamten Stoffstrombilanzen, Energiebilanzen und Bewertung der toxischen Emissionen ermöglichen es, die ökologische Verträglichkeit eines Automobils in seiner Herstellungsphase zu beurteilen. Zusammen mit den bereits erwähnten Belastungen während der Nutzungsphase – hier haben wir bereits besonders auf den Kraftstoffverbrauch, die Auspuffemissionen, den Lärm und den Flächenverbrauch hingewiesen (s. S. 39) – sowie mit den Strategien zur Abfallverwertung ist schließlich eine ökologische Bewertung des gesamten Autolebens möglich.

Gibt es überhaupt eindeutige Maßstäbe, welche Materialien «besser», weil umweltverträglicher sind? Leider nein. Denn trotz all der geschilderten Ökobilanzen gibt es immer noch eine ganze Reihe ungeklärter Fragen. Zunächst einmal sind bestimmte Daten schlicht noch nicht erhoben worden. Die Verfolgung der Produktionsprozesse eines bestimmten Autobauteils, einer Kunststoffverkleidung, des Fensterglases oder einer Achsaufhängung über die vorgelagerten Prozeßschritte hinaus bedeutet bereits für das Stadium zwischen

Autozulieferer zu dem liefernden Betrieb eine unwahrscheinlich starke Ausdifferenzierung. Man muß sich nur vergegenwärtigen: Jedes Bauteil besteht aus vielen verschiedenen Komponenten. Lackierung, Beschichtung, Formgebung bedeuten alle einen mit Energie- und Materialaufwand verbundenen Bearbeitungsschritt. Jeder dieser Arbeitsschritte muß dann rückwärts zu dem jeweils unterschiedlichen Vorproduzenten zurückverfolgt werden – eine gigantische Aufgabe, als deren Folge letzten Endes die gesamte produzierende Industrie weltweit durchleuchtet werden würde. Genau dies wird zur Zeit versucht. Es reicht nicht, die Produktionsprozesse nur in Deutschland zu analysieren. Auch wenn wir glauben, ein in Deutschland hergestelltes Automodell gekauft zu haben, führen die Produktionslinien der Zulieferketten rund um den Globus. Eine Aluminiumproduktion in Kanada ist selbst wiederum mit anderen Verfahren und einer anderen Energieerzeugung verbunden als eine solche in der Schweiz. Ein mit Steinkohle aus Südafrika oder aus dem Ruhrgebiet, mit Wasserkraft aus Schweden oder Kernkraft aus Rußland produzierter Stahl muß mit jeweils unterschiedlichen Rucksäcken kalkuliert werden. All diese Komplexität führt dazu, daß die Grundlagen für die beschriebenen umfangreichen Bewertungsverfahren noch nicht bereitstehen.

Die dargestellten Wissenslücken werden, so ist zu hoffen, in den kommenden Jahren gelöst werden. Doch auch dann noch wird die ökologische Bilanzierung und Bewertung noch Unsicherheiten aufweisen. Wie bewertet man Schadstoffemissionen, die beispielsweise für Amphibien giftig sind, im Vergleich zu den Abraumbergen bei der Braunkohleförderung? Wie ist der Energieverbrauch für die Produktion von Aluminium-Karosserien im Vergleich zu den Risiken der Kernkraft zu berechnen? Man kann die ökologischen und sozialen Belastungen nicht in gleichen Einheiten ausdrücken – Strahlenschäden, giftige Abwässer und Klimagase lassen sich nicht einfach addieren und auch nicht gegeneinander abwägen. Letztlich wird über die gesellschaftliche und politische Akzeptanz darüber entschieden, wie die einzelnen Faktoren in der Ökobilanz zu gewichten sind. Das führt zu der Schwierigkeit, daß die Wissenschaftler zwar alle relevanten Daten aus der Produktion, der Nutzungsphase und der Abfallverwertung beispielsweise für den Vergleich von

Stahl-Karosserien, Aluminium-Karosserien und Kohlefaser-Verbundwerkstoffen bereitstellen können, aber sie werden wegen der individuellen Bewertungsspielräume wohl nie zu einem eindeutigen Urteil gelangen.

Dieses ernüchternde Zwischenergebnis darf uns aber nicht davon abhalten, die ökologischen Bilanzierungen durchzuführen und die Ergebnisse offenzulegen. Nur so läßt sich ein fairer Wettbewerb zwischen den verschiedenen Lösungsstrategien zum Wohle der Gesellschaft und der Umwelt erreichen.

Grenzen der ökonomisch-ökologischen Bilanzierung

Die oben erwähnte, wenig optimistische Äußerung zu den Grenzen der Bewertung und der Vergleichbarkeit verschiedener Autokonzepte wird bei Wirtschaftswissenschaftlern auf Kritik stoßen. Es gehört zu dem Selbstverständnis dieser Berufsgruppe, alle Größen in Geld auszudrücken. In dieser universellen Einheit würden sich dann – siehe oben – die Kosten für vergiftete Fische, Schäden an der menschlichen Gesundheit und am Klima in Geldsummen bewerten («monetarisieren») und addieren lassen. Verschiedene Karosserie-Konzepte könnten dadurch hinsichtlich ihrer Umweltwirkungen in Mark und Pfennig miteinander verglichen werden. In der Zunft der Ökonomen ist dieses Verfahren nichts Ungewöhnliches, und auch bei der Bewertung beispielsweise von Unfallrisiken oder bei der Abwägung zwischen Tempolimits einerseits und Zeitgewinnen andererseits können diese Methoden angewendet werden. Das Problem, wieviel ein toter Fisch oder eine lärmbelastete Familie nun «wert» sei, wie hoch also der wirtschaftliche Schaden ist, läßt sich wiederum nur sehr willkürlich entscheiden.

Wenn infolge von Kraftfahrzeugabgasen ein Bauwerk korrodiert und ganz bestimmte Kosten aufgewendet werden müssen, um z. B. Schutzschichten zu erneuern, dann ist die Kostenkalkulation relativ klar. Wenn durch Stickoxidabgase aus Deutschland, die in die höheren Luftschichten gelangen, skandinavische Seen versäuert werden und als Folge der Fischbestand schrumpft, läßt sich vielleicht auch noch der betriebswirtschaftliche Verlust der skandinavischen

Fischer abschätzen. Nicht mehr eindeutig wird die Bewertung allerdings ausfallen hinsichtlich der Schadenskosten bei Veränderungen der Ökosysteme, der Bedeutung eines Waldes als Erholungslandschaft oder auch der Amputation eines Beines bei einem Bergmann oder Verkehrsunfallopfer. Alle von Ökonomen gefundenen Näherungslösungen, mit denen das Nichtzählbare doch gezählt werden soll, können allenfalls interessante Anregungen für weitere Diskussionen geben, ein Anspruch auf Richtigkeit, eine Bemessung der «wahren Kosten» muß Illusion bleiben.

Vieles im Bereich der Ermittlung der Umwelt- und Sozialkosten des Verkehrs ist unbestritten, so zum Beispiel die Tatsache, daß Verkehrslärm den Wert einer Wohnung vermindert und daß dadurch auftretende Vermögensschäden berechnet werden können. Egal, ob man eine Rechnung mit der Zahlungsbereitschaft, den Vermeidungskosten oder den Schadensbeseitigungskosten versucht, den Wert der Umwelt zu bestimmen kann nie mehr als ein Diskussionsbeitrag sein. Ähnliches gilt auch für die Berechnung der volkswirtschaftlichen Schäden aus Unfällen. Nicht nur, daß zwischen Spanien und Schweden die Kostenansätze für einen Verkehrstoten weit auseinandergehen (zwischen etwa DM 60.000,– und rund DM 2.000.000,–), auch verschiedene Studien für die Situation in Deutschland kommen diesbezüglich zu unterschiedlichen Ergebnissen! Schließlich herrscht sogar Uneinigkeit zwischen den Experten über die Bewertung von Fahrzeit und Fahrzeitunterschieden, zum Beispiel wenn es um Stauungen oder um die Vor- und Nachteile einer Neubaustrecke geht. Derartige Bewertungsansätze für Fahrzeiteinsparungen durch eine Autobahn werden sehr fragwürdig, wenn man sich folgendes vor Augen führt: Untersuchungen aus *verschiedenen* Ländern zur Mobilität zeigten, daß die durchschnittliche Zeit, die ein Mensch am Verkehr teilnimmt, über mehrere Jahrzehnte hinweg konstant geblieben ist. Bei diesem Wert von täglich etwa *einer* Stunde bei mobilen Personen handelt es sich scheinbar um eine Art von anthropologischer oder gesellschaftlicher Konstante!

Wenn dies so ist, wenn also in der langjährigen Entwicklung trotz Erhöhungen der Reisegeschwindigkeiten keine Fahrtzeit eingespart wird, bleibt die Schlußfolgerung, daß die zurückgelegten

Distanzen entsprechend zunehmen. Man unternimmt also *weitere* Fahrten, wenn ein hohes Reisetempo möglich ist. Die akzeptierte Distanz von der Wohnung zur Arbeitsstelle drückt sich eher in Minuten als in Kilometern aus, höhere Geschwindigkeiten machen größere Entfernungen akzeptabel. Wie soll unter diesen Umständen eine «richtige» Bewertung von Geschwindigkeit und Reisezeit erreicht werden? Offensichtlich müssen ökonomische Bewertungsansätze auch hier unbefriedigend bleiben.

Die vorstehenden Betrachtungen über ökologische und ökonomische Bilanzierungen können hier nicht weiter vertieft werden. Diese sollten auf die Subjektivität aller Bewertungsversuche aufmerksam machen. Sie sind so angelegt, daß oftmals Unvergleichbares miteinander verglichen werden soll. In Kapitel 9 (Audi-Aluminium-Karosserie, s. S. 161) wird ein Teil dieser Problematik nochmals zur Sprache kommen, wenn es nämlich um die Abwägung zwischen Energieaufwand in der Produktion und im Betrieb geht.

Genauso, wie sich die Autokäufer nicht einig sind, welches denn nun das «beste» Modell ist – wenn es eines gäbe, würden alle das gleiche kaufen! –, genauso gibt es auch bei den Umweltexperten unterschiedliche Meinungen, die wohl nicht unter einen Hut zu bringen sind. Lassen Sie uns trotzdem den Versuch unternehmen, die Autotechnik von heute und die Perspektiven der Technik von morgen ökologisch zu bewerten, auch wenn dieser letztlich auch subjektiv geprägt ist.

Das beste Ökoauto ist eines, das nicht gebaut wurde und nicht gefahren wird. Jenseits dieser eindeutigen Position beginnen Abwägungen und individuelle Gewichtungen. Wie sauber ist sauber genug? Wir gewichten gesundheitsschädliche Abgase hoch und werden bei dem (klimaverträglicheren) Drei-Liter-Auto keine Verschlechterung gegenüber der EURO 3- und EURO 4-Entwicklung akzeptieren. Grundsätzlich sehen wir auch keine Notwendigkeit, für die Einführung sparsamer Autos Kompromisse beim Lärm, bei der Recyclingquote und bei der Verkehrssicherheit hinzunehmen. Es gibt vielmehr Synergieeffekte zwischen verschiedenen Zielen, die genutzt werden können, etwa Ressourcenschonung durch Leichtbau, Verbrauchs- und Lärmminderung durch schmalere Reifen, Sicherheits- und Verbrauchsvorteile durch Temporeduzierung usw.

Die Grundsatzposition des Drei-Liter-Zieles gegenüber den anderen Zielen lautet damit: Das sparsame Fahrzeug soll in den anderen Bewertungskategorien nicht schlechter abschneiden.

3 Weniger ist mehr: Alternativen zur Autoflut

Den Verkehr würde niemand als Umweltproblem bezeichnen, wenn es nicht Millionen und Abermillionen Pkw gäbe, wenn nicht die schweren Lkw in dichten Kolonnen über die Autobahnen ziehen würden und wenn nicht der Luftverkehr ein Massenphänomen geworden wäre. Wir haben oben bereits dargestellt, mit welchen Abgasvorschriften und Umweltauflagen die Verträglichkeit der einzelnen Fahrzeuge so weit verbessert worden ist, daß die Gesamtbilanz zumindest in Teilbereichen einigermaßen erträglich bleibt. Wir hatten berichtet, daß mit den bereits eingeleiteten gesetzlichen Regelungen für die Abgasgrenzwerte EURO 3 und EURO 4 das Problem Autoabgase weitgehend seinen Schrecken verloren hat; mit Ausnahme weiterer Verminderungsschritte beim Diesel dürften nach der Umsetzung von EURO 4 kaum noch weitergehende Vorschriften nötig werden – aus heutiger Sicht. Bisher sind allerdings immer dann neue Probleme aufgetaucht, wenn man ein altes endgültig gelöst wähnte ...

Wir hatten die Unfälle genannt, den Lärm und den Kraftstoffverbrauch mit den CO_2-Emissionen. Hier läßt sich noch vieles technisch verbessern – das ist schließlich das Thema dieses Buches. Und dennoch: Selbst wenn alle ingenieurtechnischen Verbesserungen und Erfindungen in die Serienmodelle umgesetzt würden, steht man doch vor der Feststellung, daß ein fortlaufendes Ansteigen des Kraftfahrzeugverkehrs irgendwann alle technischen Verbesserungen zunichte macht und nur die Belastungen übrigbleiben.

Notwendige Reduzierung des durchschnittlichen Kraftstoffverbrauches

(schematisch, 1987 = 100 %)

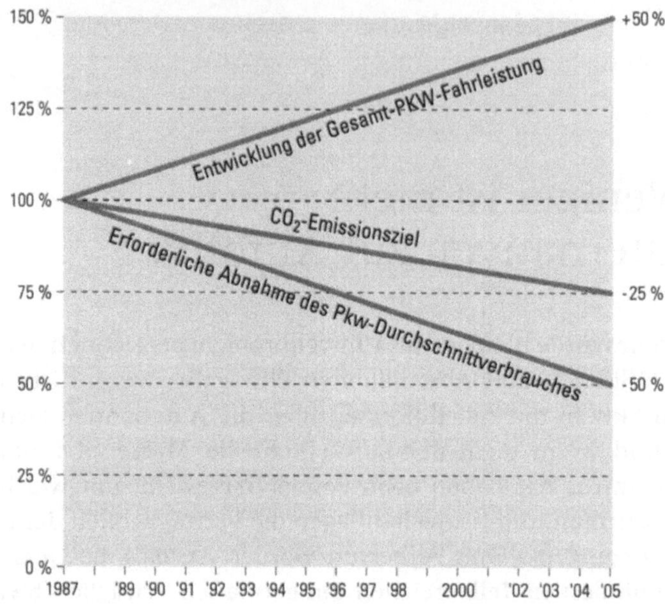

Abbildung 4

Stellt sich die Frage: Wie stark wird der Verkehr noch anwachsen? Und wenn man akzeptiert, daß die oben skizzierten ökologischen Probleme und die sozialen Belastungen eben nicht durch technische Patente vermieden werden können, sondern sich etwa proportional zu dem Kraftfahrzeugbestand oder der Gesamtfahrleistung entwickeln, dann führt dies zu der Frage: Wie kann man durch politische Entscheidungen, das heißt letztlich durch einen gesellschaftlichen Konsens, ein über alle Verträglichkeitsgrenzen hinausgehendes Verkehrswachstum vermeiden?

Obwohl dieses Buch sich im Schwerpunkt um fahrzeugtechnische Fortschritte und Perspektiven kümmert, spielt doch das verkehrliche Umfeld für die Fahrzeuge der Zukunft eine wesentliche

Rolle. Wir hatten bereits die Hypothese aufgestellt, daß technische Optimierung um so stärker stattfinden muß, je *mehr* Fahrzeuge sich im Verkehr befinden – dies ist die logische Folgerung aus der Forderung nach Einhaltung von Belastungsobergrenzen. Im Verlauf der folgenden Kapitel werden wir am Beispiel des Kraftstoffverbrauches und der zulässigen Klimaemissionen eine Größenordnung für verträgliche Emissionsmengen ableiten, die dann auf der einen Seite die Entwicklung der technischen Optionen soweit als möglich erfordert und auf der anderen Seite – wenn die Möglichkeiten der Technik ausgereizt sind oder wenn infolge irgendwelcher Hemmnisse das technisch Optimale eben nicht Anwendung finden kann – die Verkehrsmengen zur Disposition stellt.

Angesichts der stetig steigenden Gesamt-Fahrzeugleistung wäre – ohne Beschneidung dieser Trends – eine Halbierung des mittleren Kraftstoffverbrauchs durch technische Effizienzsteigerungen vonnöten (siehe Abbildung 4). Je später wir damit anfangen, desto drastischer müssen die Einsparmaßnahmen ausgelegt sein.

Mit dem Verkehrswachstum umgehen

Dies hört sich nun für manchen nach Bevormundung oder Reglementierung an. Tatsächlich ist eine Regelung der Verkehrsmengen aber nichts Neues, wir erleben und akzeptieren sie jeden Tag. Durch Ampelschaltungen werden Verkehrsströme unterbrochen, werden für einen Teil der Autofahrer Wartezeiten erzwungen, damit das ganze System besser funktioniert. Durch die notwendigerweise begrenzte Zahl von Parkplätzen in einer Innenstadt ist auch der Zielverkehr dorthin begrenzt. Wenn die zulässige Parkdauer nicht limitiert wäre oder wenn keine Parkgebühren erhoben würden, dann gäbe es einen erheblich größeren Ansturm von Fahrzeugen in die Innenstadt, woraufhin die Zufahrtsstraßen verstopfen würden – ebenfalls eine Mengensteuerung. Auch auf Bundesebene wird heute bereits durch politische Eingriffe die Autonutzung gebremst. Weil Kraftfahrzeugsteuern erhoben werden, überlegt sich mancher die Anschaffung eines Zweitautos. Die Lenkungswirkung der Kraftfahrzeugsteuer hat sich besonders nach der jüngst eingeführten Sprei-

zung zwischen abgasentgifteten und alten Fahrzeugen gezeigt –
leider zeigte sich aber auch die Gefahr von «Mitnahmeeffekten», da
die Förderbedingungen zu lasch sind.

Wohin es dagegen führt, wenn die Kraftfahrzeugsteuer für
ältere Fahrzeuge aus sozialen Überlegungen reduziert oder gar abgeschafft wird, zeigen Beispiele aus Italien, Portugal oder Mexiko. Dort
hält manch einer einen alten Pkw in Reserve, der dann natürlich
auch genutzt wird. Man könnte also mit Fug und Recht behaupten,
daß durch unsere jährliche Kraftfahrzeugsteuer der Fahrzeugbestand geringer gehalten und damit Verkehrsnachfrage gedämpft
wird. Gleiches gilt natürlich auch für die Höhe der Mineralölsteuer,
welche ja die Benzinkosten kräftig in die Höhe treibt. Ohne Zweifel
dämpft dies das Autofahren und läßt es für einen Teil der Bevölkerung zu teuer werden. Wenn bei uns das Benzin weitgehend
steuerfrei wäre wie in den USA, hätten wir mit Sicherheit eine sehr
viel höhere jährliche Pkw-Fahrleistung in unserem Straßennetz.

Staatlich-politischer Einfluß auf das Pkw-Verkehrswachstum
wird also auch heute bereits ausgeübt; wenn das weitere Verkehrswachstum stärker gedämpft werden soll, müssen gesetzliche Regelungen nicht etwa neu erfunden, sondern lediglich verändert
werden. Und so wie es heute unstreitig ist, daß Abgas- und Lärm-
vorschriften, Tempolimits innerorts und auf Außerortsstraßen, Fahr-
verbote und vielfache weitere gesetzliche Vorschriften zulässig sind,
wird man kaum eine Veränderung all dieser Vorschriften als
unzulässig oder mobilitätsbehindernd einstufen können.

Verkehrspolitik der Zukunft zielt ja auch nicht etwa darauf ab,
das Autofahren durch Steuern oder andere gesetzliche Eingriffe
generell zu teuer zu machen oder grundsätzlich zu behindern, sondern darauf, es auf das *rechte Maß* zurückzuführen. Und wenn das
rechte Maß, das heißt ein durch Umweltziele oder andere politische
Festlegungen vereinbarter Zielwert, durch die Nachfrageentwick-
lung überschritten wird, steht die Frage nach den politischen Instrumenten zur Beantwortung an. Daran ist nichts Dramatisches, und
selbst ein Literpreis für Benzin von drei oder fünf Mark schafft keine
grundsätzlich neue Situation, sondern ist vielmehr eine Akzentver-
schiebung gegenüber heute. Dabei setzen wir voraus, daß die höheren Benzinpreise nicht über Nacht eingeführt würden, sondern erst

langfristig und in Abstimmung mit der Einführung verbrauchs-
sparender Technik.

Verkehrspolitische Ansätze und Instrumente

Wenn die ökologischen und sozialen Grenzen des Kraftfahrzeugverkehrs es gebieten, das Verkehrswachstum zu dämpfen, dann
steht neben der Frage der geeigneten Instrumente auch die Frage
der Durchsetzbarkeit an. In einer freiheitlichen Gesellschaft läßt
sich nur in Ausnahmefällen ein Fahrverbot erlassen, dies geht allenfalls für kleine städtische Bereiche. Die Politik beziehungsweise der
Gesetzgeber können auch keine Verordnungen erlassen, mehr die
Bahn und weniger das Auto zu verwenden. Dies ist ebenso ausschl-
ließlich von den privaten Verkehrsteilnehmern zu entscheiden, wie
die Transportart eines Gutes von dem beauftragenden Unternehmen bestimmt wird. Es wäre kaum vorstellbar, die Versendung
bestimmter Güter zwischen einem Unternehmen in Hamburg und
seinen Kunden im süddeutschen Raum per Bahn zu erzwingen.
Verkehrsvermeidung und Verkehrsverlagerung können nicht ange-
ordnet werden, sondern sie ergeben sich als Folgen der individuellen Entscheidungen vieler einzelner, die sich am Verkehr betei-
ligen.

Wenn aus übergeordneten Gründen Verkehrsvermeidung oder
Verkehrsverlagerung angestrebt wird, so muß die Politik die Rahmenbedingungen für die individuellen Entscheider so beeinflussen,
daß für die Privatleute und für die Unternehmen die *Verkehrsalternativen attraktiver* werden. Auch eine Optimierung des Verkehrsab-
laufes kann nur begrenzt «von oben» erzwungen werden, aber es
können Informationen und Hinweise den Autofahrern so vermittelt
werden, daß sie sich in einer bestimmten Richtung in ihrem Verhalten den Optimierungsvorschlägen anpassen. Schließlich können
auch technische Verbesserungen an den Fahrzeugen im Verkehr
von dem Gesetzgeber nicht direkt erzwungen werden, vielmehr
kann er nur die zulassungsrechtlichen Vorschriften und die Kfz-
Steuern so ausgestalten, daß für Käufer und Fahrzeughalter die Nutzung sauberer Fahrzeuge attraktiv wird.

Verkehrsspirale: Zunahme des Autoverkehrs

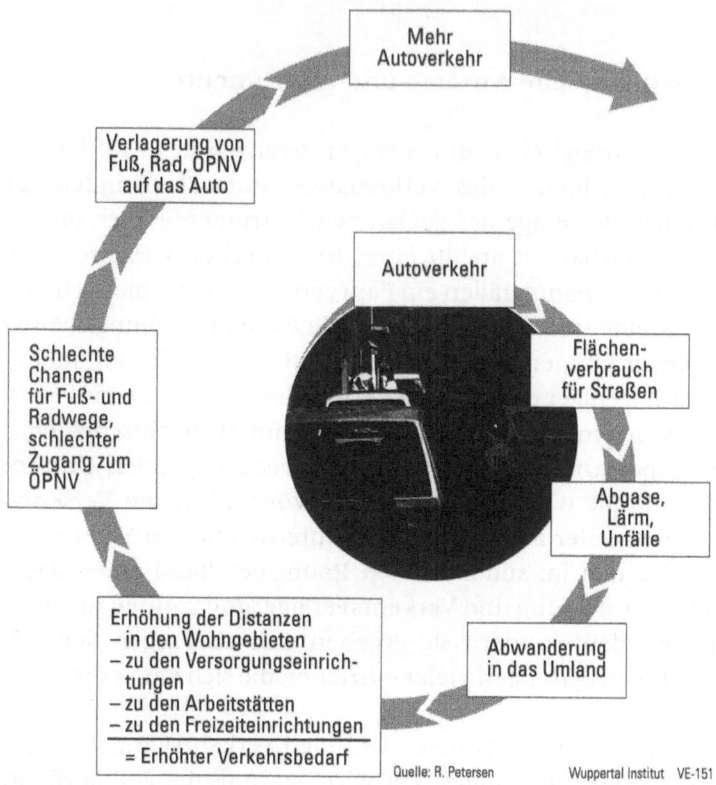

Abbildung 5

Fassen wir zunächst zusammen: Auch bei einer angenommenen weitreichenden Fortentwicklung der Fahrzeugtechnik wird das Verkehrswachstum nicht unbegrenzt zunehmen dürfen, ohne daß Belastungsgrenzen überschritten werden. Dies können ökologische Grenzen sein, dies können jedoch auch funktionale Grenzen sein, typisches Beispiel hierfür ist das Auftreten von Stauungen (siehe Abbildung 5). Wenn aber, so haben wir dargelegt, die Begrenzung des Verkehrswachstums im Grundsatz nichts Neues ist, dann ist auch das Nachdenken über Instrumente und Einwirkungsmöglichkeiten legitim.

Wie läßt sich Verkehr beeinflussen?

Das Ziel einer Begrenzung oder Reduzierung der ökologischen, sozialen und ökonomischen Belastungen aus dem Verkehr läßt sich rein logisch nur dadurch erreichen, daß entweder weniger Verkehr stattfindet, daß dieser Verkehr auf insgesamt schonenderen Verkehrsträgern abgewickelt wird, der Verkehrsablauf verbessert wird oder daß die technischen Eigenschaften der Autos verbessert werden. Damit haben wir das Thema des vorliegenden Buches, die technische Optimierung, in ein Gesamtsystem verkehrspolitischer Strategien eingeordnet. In der verkehrs- und umweltpolitischen Diskussion spricht man von den vier Vs:

- Verkehrsvermeidung
- Verkehrsverlagerung
- Verkehrsablauf-Optimierung
- Verkehrsmittel-Optimierung

Aus allen politischen Parteien hat Anfang der neunziger Jahre die Bundestags-Enquetekommission zum Schutz der Erdatmosphäre (die «Erste Klimakommission») Unterstützung erhalten für ihre Berichte und ihre Empfehlungen (zumindest für die einstimmig verabschiedeten Teile), in denen stets die vorgenannten großen Vs enthalten waren. Auch den Parlamentariern und den Experten der Kommission war klar, daß diese Strategieansätze nicht in Form von direkten Vorschriften für die Verkehrsteilnehmer wirksam werden können, sondern daß die Aufgabe der Politik vielmehr auf einer mehr indirekten Ebene liegt, nämlich in der bereits angesprochenen Gestaltung der Rahmenbedingungen.

Bei näherer Betrachtung stellt man nun allerdings fest, daß die Einwirkungsmöglichkeiten der Politik bzw. des Staates auf das Verhalten von Autofahrern und Autokäufern ziemlich begrenzt sind. Um ein erwünschtes Verkehrsverhalten zu unterstützen und einem unerwünschten Verkehrsverhalten entgegenzuwirken, gibt es im Prinzip nur die Möglichkeit, die Autofahrer an der Geldbörse zu packen, technische Vorschriften für Bau und Zulassung der Fahrzeuge zu erlassen, mehr Bahnstrecken oder weniger Straßen zu bauen, damit die Reisegeschwindigkeiten zu beeinflussen und schließlich mittels Werbung und Information auf die Einstellungen und das Handeln der Verkehrsteilnehmer Einfluß zu nehmen. Die Einwirkungsmöglichkeiten können dabei stets nach zwei Richtungen hin ausgeprägt werden, entweder in Richtung auf ein Erleichtern der erwünschten Verhaltensweisen oder ein Erschweren der unerwünschten Verhaltensweisen. In der verkehrspolitischen Diskussion muß man nun noch konkreter werden und die Instrumente genauer benennen.

Mit Steuern steuern?

Welche Kosten sollen beeinflußt werden und in welchem Umfang? Die Benzinpreise sind bereits angesprochen worden, sie können durch die Bundesregierung mittels einer Anhebung der Mineralölsteuer verändert werden. Damit würde das Tanken teurer, die Autofahrer würden zurückhaltender mit dem Gasfuß umgehen, also langsamer und wohl auch weniger Kilometer fahren. Mittelfristig würden die Autofahrer sich verstärkt für kraftstoffsparende Modelle interessieren, wenn man erwartet, daß die Preissteigerungen weitergehen oder sogar noch verstärkt werden. Man kann die Kosten für das Autofahren aber auch über die Kraftfahrzeugsteuer verändern, auch dazu hat die Bundesregierung die rechtliche Kompetenz (mit Zustimmung der Länder). Wie man an der letzten Kfz-Steuerreform sieht, kann es aber auch manch unangenehme Überraschungen geben. So waren sich Bund und Länder einig in dem Bemühen, steuerliche Anreize für Pkw mit niedrigen Abgaswerten zu geben, um diese beschleunigt in den Markt einzuschleusen. Auch das Drei-Liter-Auto (das laut gesetzlicher Definition nicht mehr als 90 Gramm Kohlendioxid pro Kilometer emittieren darf, das sind allerdings 3,8 Liter Benzin bzw. 3,4 Liter Diesel) wurde mit einem Steuervorteil versehen, allerdings blieb diese Regelung ziemlich wirkungslos, da der gleiche Steuervorteil bereits mit einer unaufwendigen technischen Verbesserung im Schadstoffausstoß erreichbar ist.

Da liegt nun aber auch das Problem bzw. die Wurzel der unangenehmen Überraschung für die deutschen Finanzminister: Bei der Festlegung der Steuersätze und der anderen Bedingungen war davon ausgegangen worden, daß die fortschrittliche Abgasstufe EURO 3 nur von relativ wenigen Fahrzeugen im Bestand erreicht werden würde und daß daher das Steueraufkommen deutlich höher sein würde, als es sich später herausstellte. Mehr als eine Milliarde D-Mark Mindereinnahmen gegenüber dem Stand vor der Kfz-Steuerreform und gegenüber den Erwartungen der Finanzminister sind seither zu beklagen. Mit anderen Worten: Mit der Kfz-Steuerreform haben Bund und Länder das Autofahren in Deutschland *zusätzlich* mit einer Milliarde D-Mark subventioniert. (Viele Experten sind der Meinung, daß das Autofahren noch in vielfach höherem Ausmaß subventioniert wird, und verweisen auf die Umwelt- und Sozialkosten.)

Als weitere politische Einwirkungsmöglichkeit auf die Kosten des Autofahrens ist schließlich die Mehrwertsteuer zu nennen, die ja durchaus nach bestimmten Kriterien beim Autokauf variiert werden könnte. Heute ist dies nicht der Fall, heute gibt es lediglich einen allgemeinen Mehrwertsteuersatz von 16 Prozent und einen ermäßigten Steuersatz für wenige Ausnahmen, wie Grundnahrungsmittel oder Bücher. Warum sollte man jedoch nicht ein extrem sparsames Auto mit 5 Prozent Mehrwertsteuer, ein normales mit 20 Prozent oder ein spritschluckendes mit 50 Prozent Mehrwertsteuer beim Kauf belegen? Das wäre sicherlich ein hervorragender Anreiz und könnte auf der einen Seite die Kosten von Kraftstoffspartechnologien für die Käufer kompensieren helfen und auf der anderen Seite vor allem bei großen und schweren Fahrzeugen einen verstärkten Anreiz zur Optimierung seitens der Hersteller geben.

In den europäischen Ländern werden Steuern und Abgaben auf den Autoverkehr nach sehr unterschiedlichen Kriterien festgelegt. Zwar gibt es innerhalb der EU vereinbarte Mindeststeuersätze für Benzin und Dieselkraftstoff – beim Dieselkraftstoff liegen sie erheblich niedriger –, bei der konkreten Ausgestaltung aller Steuerarten haben jedoch die nationalen Regierungen nach wie vor einen großen Ermessensspielraum. Auch bei den Kraftfahrzeugsteuern gibt es sehr unterschiedliche Konzepte und Abgabenhöhen innerhalb der EU und anderen Ländern. Die Kfz- oder Jahressteuer für das Halten eines Pkw ist in verschiedenen Ländern regional, teilweise sogar kommunal differenziert (Schweiz, Spanien, USA), in Belgien ist sie sogar an die steigende Teuerungsrate angekoppelt. Häufig wird der Steuersatz nach der Kraftstoffart Benzin oder Diesel unterschieden (Belgien, Deutschland, Frankreich, Finnland, Italien, Niederlande, Portugal, Schweden). Wie bereits erwähnt, gibt es teilweise Steuernachlässe für ältere Fahrzeuge aus sozialen Gründen (Finnland, Italien, Portugal). Nur nach Schadstoffemissionen wird bisher wenig differenziert (neben Deutschland noch Österreich, Italien und Großbritannien). In Großbritannien ist übrigens die Jahressteuer für alle Pkw-Größen einheitlich.

Daneben gibt es noch weitere nationale Besonderheiten, auf die wir hier nicht in vollem Umfang eingehen können. In Kapitel 19 und 20 (s. S. 307), in denen es über Empfehlungen für Politikstrategien geht, werden wir darauf zurückkommen. Im Vorgriff darauf sei noch auf das dänische Beispiel verwiesen. Bei unserem nördlichen Nachbarn wird eine Kaufsteuer erhoben, die ein Vielfaches des Kaufpreises ausmachen kann. Ein Pkw der unteren Mittelklasse mit einem Nettopreis von beispielsweise 21.000,– DM (ohne Mehrwertsteuer) kostet den dänischen Halter dann nicht weniger als 46.000,– DM. Dies dürfte wesentlich mit dazu beigetragen haben, daß die Bestandsdichte in Dänemark trotz vergleichbarer Wohlstands- und Einkommensverhältnisse deutlich niedriger liegt als beispielsweise in Deutschland, Belgien oder den Niederlanden.

Förderung der Alternativen zum Auto

Die weiteren verkehrspolitischen Instrumente zur Beeinflussung des Verkehrsverhaltens, insbesondere zur Förderung einer Verkehrsverlagerung auf die Alternativen, bestehen vor allem in einer Qualitätsverbesserung bei den öffentlichen Verkehrsmitteln durch Investitionen in Schienennetze, Zuschüsse zum Kauf moderner Lokomotiven und Wagen, Zuschüsse zur Beschaffung von Niederflurbussen und

-straßenbahnen usw. Diese Wege sind in den vergangenen Jahrzehnten auch alle gegangen worden; sowohl aus dem Bundeshaushalt als auch aus den Länderhaushalten sind erhebliche Investitionsmittel in den öffentlichen Verkehr geflossen, um ihn als attraktive Alternative zum Kraftfahrzeugverkehr zu positionieren. Auch die Kommunen, vor allem die Großstädte, haben durch den Defizitausgleich bei ihren öffentlichen Verkehrsunternehmen dazu beigetragen, Mobilitätsalternativen für die Autofahrer zu schaffen bzw. den nicht autofahrenden Menschen ihre Mobilität zu sichern. Von der Unterstützung des Bundes hat in den vergangenen Jahrzehnten übrigens überwiegend die Bahn profitiert.

Die Erfolge der Förderpolitik des öffentlichen Verkehrs sind aber durchaus zwiespältig. Verfolgt man die Entwicklung der Verkehrsleistungen im öffentlichen Verkehr, so ist diese über die vergangenen Jahrzehnte im großen und ganzen konstant. Die Fahrgastzahlen des Öffentlichen Personennahverkehrs (ÖPNV) in verschiedenen Städten sind sogar in den vergangenen Jahren deutlich angestiegen, was neben den genannten Investitionen wohl vor allem auf attraktive Monatstickets und eine allgemeine stärkere Dienstleistungsorientierung zurückzuführen ist. Die Fahrgastzahlen und die zurückgelegten Kilometer im öffentlichen Verkehr sagen jedoch nicht viel über die Entwicklung der ökologischen Verträglichkeit des Verkehrs aus. Sie wird nämlich maßgeblich von dem Ausmaß an Kraftfahrzeugkilometern bestimmt. Ein Anstieg an Fahrgastzahlen in den öffentlichen Verkehrsmitteln besagt nicht unbedingt, daß diese ihr Auto haben stehen lassen, daß also Pkw-Nutzung und Pkw-Emissionen abgenommen haben. ÖPNV-Fahrten können auch Zusatzfahrten sein – von Menschen etwa, die jetzt mit dem günstigen Monatsticket im Stadtzentrum einkaufen statt wie bisher im Wohnquartier. Bis auf wenige Sonderfälle muß man leider davon ausgehen, daß mit all den Investitionen und Subventionen für die öffentlichen Verkehrsmittel keine Reduzierung der Pkw-Fahrleistung erreicht worden ist. Man kann allenfalls hoffen, daß die Attraktivitätsverbesserung der Alternativen zu einer gewissen Dämpfung des Verkehrszuwachses beigetragen hat.

Wo liegt nun die Ursache für den vergleichsweise bescheidenen Erfolg dieser Politik? Hier kommen wir zu einem Phänomen, das möglicherweise unserem politischen System immanent ist. Die Einflußnahme widerstreitender Interessengruppen bringt es mit sich, daß von der Politik diese dann auch alle bedient werden, d. h. neben der ÖPNV-Lobby dann auch die Autolobby, die Bahnlobby, die Binnenschiffahrt usw. In bezug auf den Autoverkehr haben die parallel zu den ÖPNV-Investitionen vorgenommenen Verbreitungen der Autobahnen in den Ballungsgebieten und der Bau neuer Entlastungsstraßen dazu geführt, daß eben nicht nur Bahnen und Busse attraktiver wurden, sondern daß auch der private Autoverkehr dann wieder besser lief. Diese Art von Parallelförderung hat zwar die Wünsche der entsprechenden Lobby befriedigt, letztlich aber nicht zu einer wirksamen *Verschiebung* zwischen den Verkehrsträgern im Sinne des Strategieansatzes «Verkehrsverlagerung» geführt, sondern zu einer *Verkehrsausweitung*.

Auf die öffentlichen Verkehrsmittel umgestiegen sind Autofahrer in den Großstädten und in den Ballungsräumen nur in dem Umfang, in dem das verbesserte ÖPNV-Angebot zusammentraf mit Parkplatzknappheit, Stauungen auf den Zugangswegen usw. Und auch dort stellt man fest, daß viele Autofahrer lieber des Morgens 10 Minuten im Stau stehen als umzusteigen. Dies weist darauf hin, daß die Reisezeiten der öffentlichen Verkehrsmittel entweder noch lange nicht konkurrenzfähig sind oder daß viele Autofahrer über die Alternativen nicht Bescheid wissen. Damit sind wir bei dem Ansatz, über Informationen und Werbung die Entscheidungen von Autofahrern und Käufern zu beeinflussen. Ehrlicherweise muß man konstatieren, daß alle Appelle aus Sonntagsreden und Aufrufen zu jährlichen Umwelttagen an die Autofahrer, häufiger ihr Fahrzeug stehen zu lassen und sich per Bus, Bahn oder Fahrrad zu bewegen, ziemlich wirkungslos geblieben sind. Wen sollte auch ein solcher Appell erreichen?

In einer auf das Automobil ausgerichteten Verkehrsumwelt, in einem maßgeblich von der Autowerbung geprägten Meinungsklima, in einer Verbändelandschaft mit dem ADAC als mitgliederstärkstem Verein Europas kann von seiten der Politik doch wohl nicht ernsthaft erwartet worden sein, daß die Bürgerinnen und Bürger ihre Mobilität umorientieren. Haben sich denn die Politiker überhaupt selbst jemals in dieser Richtung vorbildhaft verhalten?

Der einzige prominente Politiker, an den wir uns erinnern können, der regelmäßig in öffentlichen Verkehrsmitteln gesehen wurde, war der damalige Münchener Oberbürgermeister und spätere Bundesjustiz- und Bauminister Dr. Hans Jochen Vogel. Bei allen anderen scheint es zur Aura der herausgehobenen Bedeutung zu gehören, in großen Limousinen zügig vor einen verglasten Eingang gefahren zu werden, auf daß nach Möglichkeit nicht mehr als fünf Schritte zu gehen sind. Wichtig für unser Thema der umweltschonenden und kraftstoffsparenden Pkw scheint uns ebenfalls zu sein, daß die Meinungsbildner und Entscheidungsträger typischerweise in Fahrzeugen transportiert werden, deren Verbrauch im Stadtverkehr man wohl bei 20 Liter auf 100 Kilometer ansetzen muß!

Positive Bilder für die Mobilität der Zukunft

Die vorstehende Diskussion der verkehrspolitischen Einwirkungsmöglichkeiten und Instrumente wird wahrscheinlich nur für politisch Engagierte und für Experten der Szene spannend sein, für das breite Publikum jedoch eher abschreckend. Für die Bürgerinnen und Bürger wird eher von Interesse sein, wie denn eine mögliche alternative Verkehrswelt aussehen könnte. Welches Bild haben Umweltbewegte von der Verkehrszukunft, wenn sie eine Dämpfung des Autoverkehrs verlangen? Ein solches Leitbild kann zunächst mit einigen grundsätzlichen Eigenschaften belegt werden. Zu einem ökologisch verträglichen Verkehr gehört danach die höhere Wertschätzung des nahräumlichen und langsamen Verkehrs gegenüber der heute üblichen Priorisierung für den schnellen Fernverkehr. Das ökologisch orientierte Mobilitätsbild würde einen stärkeren Vorrang und vor allem auch mehr Platz in den Städten für Radfahrer und Fußgänger gegenüber dem Autoverkehr durchsetzen. Im Bereich der öffentlichen Verkehrsmittel würde man mehr Wert legen auf eine gute Flächenerschließung durch Busse und Straßenbahnen sowie enge Zeittakte und weniger Wert legen auf hohe Spitzengeschwindigkeiten der Fahrzeuge. Die verschiedenen Systemkomponenten des öffentlichen Verkehrs wären dicht miteinander vernetzt, ein integraler Taktfahrplan würde nicht nur IC- mit Regionalzügen und mit Nahverkehrszügen verbinden, sondern auch S-Bahnen mit kommunalen Busnetzen und darunter neu installierten Stadtbusnetzen. Viele Schweizer Gemeinden haben heute bereits ihr ÖPNV-System in eine solche Richtung weiterentwickelt.

Zu dem ökologischen Mobilitätsbild der Zukunft gehört dann auch ein anderer Umgang mit dem Auto als heute. Die allgemein zulässige Fahrgeschwindigkeit innerorts würde auf 30 km/h reduziert, weil dann für Radfahrer eine Mitbenutzung der Fahrbahnen fast ohne Gefährdung möglich wäre, was das Radverkehrsnetz schlagartig und ohne weitere Investitionen auf ein Vielfaches vergrößern würde. Bei einem Unfall bedeutet eine Aufprallgeschwindigkeit von 50 km/h, daß ein Fußgänger mit hoher Wahrscheinlichkeit tödliche Verletzungen erleidet, während bei Aufprall mit Tempo 30 dies fast ausgeschlossen ist. Überall dort, wo sich im Straßenraum Fußgänger, Radfahrer und Autos gleichermaßen bewegen, darf auch die Autogeschwindigkeit keine gefährlichen Werte erreichen. Als anzustrebendes Reisetempo auf Autobahnen sind von Umweltseite bereits seit Jahrzehnten die Zahlen 100 km/h oder auch 120 km/h vorgeschlagen worden, uns scheint ein Tempolimit von 90 bis 100 km/h auf Autobahnen ausreichend und sinnvoll zu sein. Dies hat vor allem zum Ziel, die automobiltechnische Entwicklung auf die am häufigsten benutzten niedrigeren Geschwindigkeiten zu konzentrieren (s. Kapitel 19). Die Geschwindigkeitsbegrenzung sollte in Form einer bauartbedingten Höchstgeschwindigkeit auch technisch umgesetzt, d. h. eine Überschreitung dieses Höchstwertes mit Geschwindigkeitsbegrenzern technisch vermieden werden (wie heute «bereits» bei 250 km/h). Damit wäre gleichzeitig das Hauptargument gegen ein Tempolimit hinfällig, nachdem dieses entweder nicht beachtet würde oder aber eine erhebliche Intensivierung der polizeilichen Überwachung erforderte. Zweifellos ist es nicht notwendig, Radarfallen und Geschwindigkeitsbegrenzungen massiv auszudehnen, wenn man dieses Problem erheblich effizienter mit Fahrzeugtechnik lösen kann. Dies gilt im übrigen nicht nur für die absolute Höchstgeschwindigkeit, also für die Geschwindigkeitsgrenze auf Autobahnen, sondern auch für die Einhaltung eines innerörtlichen Tempolimits. Mit relativ konventionellen Telematikanwendungen könnte ohne teure Aufpflasterung und Fahrbahnverschwenkungen sowie ohne

Polizeiüberwachung so die Einhaltung der stadtverträglichen Geschwindigkeit bewirkt werden. Wir gehen auf diese Konzepte im letzten Kapitel dieses Buches ein, wo es um die politische Strategie zur Flankierung des Drei-Liter-Autos geht.

Autotechnik von morgen

Kommen wir jetzt zu den automobiltechnischen Besonderheiten in dem dargestellten Bild einer ökologischen Verkehrswelt. Die Autos der Zukunft in einem Verkehrsumfeld der Zukunft sind auf niedrigere Fahrgeschwindigkeiten optimiert, was immense Möglichkeiten der Energieeinsparung und der Lärmminderung eröffnet. Ohne daß ein heute erreichter Sicherheitsstandard verlassen werden muß, können bei niedrigen Geschwindigkeiten erheblich leichtere Fahrzeuge realisiert werden, wodurch zum einem der direkte Energieverbrauch abnimmt und zum anderen Motorhubraum und maximale Motorleistung erheblich niedriger ausgelegt werden können. Dadurch kann ein sich selbst verstärkender Zyklus der Kraftstoffeinsparung in Gang gesetzt werden, der dem Trend der vergangenen Jahrzehnte entgegengesetzt sein könnte (siehe Abbildung 6).

Bislang führten steigende Anforderungen an Komfort und Crashsicherheit zu mehr Fahrzeuggewicht, wodurch für gleiche oder sogar bessere Fahrleistungen dann eine erheblich stärkere Motorausstattung notwendig wurde. Dieser Motor mußte dann wiederum schwerer sein, die Elemente der Kraftübertragung und der Radaufhängung bis hin zu den Felgen und den Reifenbreiten massiver, d. h. stärker auf die höheren Motorleistungen dimensioniert. Durch die hohe Fahrgeschwindigkeit mußte auch mit sehr viel höheren auf das Fahrgestell einwirkenden Kräften gerechnet werden. Weil die hubraumbezogene Kraftfahrzeugsteuer seit den fünfziger Jahren im Verhältnis zum Einkommen um über 90 Prozent billiger wurde, konnten die Hubräume immer größer und die Motoren schwerer werden.

Die Reduzierung des Geschwindigkeitsniveaus öffnet dagegen das Tor zu einer anderen Entwicklungsrichtung, die man ebenfalls als einen selbstverstärkenden Zyklus, in diesem Fall in Richtung

Abwärtsspirale des Kraftstoffverbrauchs durch Gewichtsreduzierung

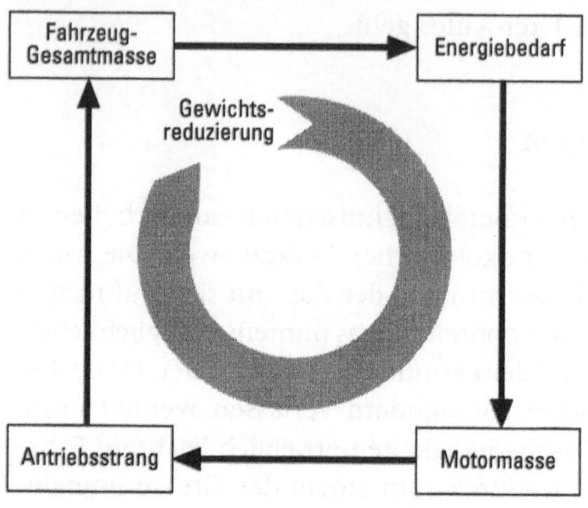

Abbildung 6

Energieeinsparung und mehr Umweltschutz, bezeichnen kann. Durch die geringere Fahrzeugmasse und durch schmalere Reifen kann der Fahrzeuglärm vermindert werden, das Wegfallen von Beschleunigungs- und Geschwindigkeitsspitzen infolge der Geschwindigkeitsregelung führt insgesamt zu einer Homogenisierung des Verkehrsflusses. Auch Geschwindigkeitsbegrenzungen im Autobahnnetz und auf dichtbefahrenen Außerortsstraßen haben mehrfache Vorteile: Es ist in der Öffentlichkeit kaum bekannt, daß die optimale Kapazitätsauslastung einer Autobahn bei einem Geschwindigkeitsbereich von 60 bis 70 km/h liegt. Fahren die Kfz in diesem Geschwindigkeitsbereich gleichmäßig, so werden Stauungen weitestgehend vermieden, die dagegen bei Tempo 100 oder 120 km/h, insbesondere aber bei höheren Fahrgeschwindigkeiten unweigerlich verursacht würden. Besonders kritisch sind hohe Geschwindigkeitsdifferenzen. So erzeugen entgegen landläufiger Meinung nicht nur langsame Fahrzeuge auf der dichtbefahrenen

Autobahn Staus, sondern ebenfalls bereits einzelne schnelle Fahrzeuge, die durch ihre Fahrmanöver stark aufschaukelnde Reaktionen verursachen können, in deren Folge später 30 oder 50 Fahrzeuge urplötzlich Stop-and-go fahren müssen.

Auch ohne Auto mobil bleiben!

Das skizzierte ökologische Zielbild, die gedachte Zukunftsvision eines verträglichen Verkehrsmodells, vor dessen Hintergrund wir die fahrzeugtechnische Optimierung im weiteren diskutieren und bewerten wollen, wäre unvollständig ohne die Erwähnung der Stadtgestalt und der Raumentwicklung. Manches ist in den vergangenen Jahrzehnten über die zerstörerische Gewalt der automobilorientierten Planung der sechziger und siebziger Jahre geschrieben worden. An den Statistiken ablesbar ist, daß die Wohnbevölkerung weitgehend aus den Innenstädten vertrieben worden ist und daß heute überwiegend nur noch Büronutzung und teure Geschäfte die Mietbelastung tragen können. Die Suburbanisierung, d. h. die Siedlungsentwicklung in das Umland der großen Städte hinein, hat die Menschen vom Kraftfahrzeug abhängig gemacht. Andererseits wiederum war die Massenmotorisierung auch eine Voraussetzung dafür, daß viele Haushalte in das Umland, vor allem auch in Eigenheime ziehen konnten. Dort war Wohneigentum noch erschwinglich und wurde vom Staat auch massiv finanziell gefördert, mit dem Auto und mit dem fortwährend ebenfalls mit Staatsmitteln ausgebauten Autostraßennetz konnten die Entfernungen zwischen Wohnort und Arbeitsort überwunden werden.

Die Siedlungen draußen sind oft mit öffentlichen Verkehrsmittel nur schlecht zu erreichen, in jedem Fall ist für die dortigen Bewohner die Nutzung der Busse im Vergleich zu der Nutzung des eigenen Pkw unbequemer und meist auch zeitaufwendiger. So ist es nicht verwunderlich, daß in diesen Wohnlagen auch die Ausstattung mit Zweitwagen in dem Maße vorgenommen wurde, wie dies die Einkommensentwicklung erlaubte. In den verbliebenen Wohnvierteln der Städte – die ihrerseits oft genug durch Eingemeindungen versuchten, ihre geflüchteten Einwohner wiederzugewinnen – sind die kleinen, wohnungsnahen Läden und Dienstleistungseinrichtungen geschlossen worden zugunsten großer Supermärkte bzw. anderer Einrichtungen, die zu Fuß nicht mehr erreichbar sind. So verlagerte sich auch das Einkaufen, der Arztbesuch oder der Kontakt mit Freunden zunehmend auf das Auto und überspannte einen größeren Entfernungsbereich als in den städtischen Wohnlagen. Die Zentralisierung von Schulen ist ein weiteres Beispiel: Mehr als ein Drittel der Schüler wird oft mit dem Pkw gebracht.

Wieviel Autoverkehr verträgt die Stadt?

Das ökologische Zielbild kann sicherlich nicht darin bestehen, eine nostalgische Stadtstruktur aus der Zeit vor dem Automobil zu beschwören. Das Auto wird auch in der Stadt der Zukunft eine Rolle spielen, und umgekehrt wird das verträglichere Auto von morgen selbstverständlich seine Funktion auch im städtischen Teil der zukünftigen ökologischen Mobilität haben. Es könnte allerdings mengenmäßig einen erheblich geringeren Anteil der Alltagsmobilität abdecken, wenn durch integrierte Nutzungskonzepte Wohnen und Arbeiten wieder stärker miteinander verschränkt und ebenfalls wohnungsnahe Einkaufs- und Dienstleistungseinrichtungen wieder stärker installiert würden. In Heidelberg hat man beispielsweise ein Modell der dezentralen Stadtverwaltung mit Anlaufstellen für die Ausstellung von Pässen und eine Großzahl weiterer Routinetätigkeiten entwickelt, bei denen den Bürgerinnen und Bürgern viele Wege in das entfernte Stadtzentrum erspart bleiben. So kann Verkehrsvermeidung praktiziert werden, ohne daß dies in eine Bevormundung ausartet.

Ohnehin ist es eine Grundanforderung an alle ökologischen Zukunftsvisionen, daß sie nicht den Menschen aufgezwungen werden sollten, vielmehr muß es das Ziel sein, daß die Menschen an diesen Zukunftsbildern Gefallen finden und in ihnen Vorteile für sich entdecken. Das muß nicht für alle Teile der Bevölkerung gleichermaßen gelten. Das überaus große Interesse vieler junger Haushalte an autofreien Wohnprojekten signalisiert, daß dies für eine bestimmte Gruppe eine attraktive Alternative ist. Sie möchten – auch für ihre Kinder – den Vorteil der Lärm- und Abgasfreiheit und der geringeren Verkehrsgefährdung vor der Haustür nutzen und sind dazu bereit, ihre Mobilität zu Fuß, per Fahrrad oder per ÖPNV zu organisieren, in eine Carsharing-Gruppe für individuelle Autonutzung einzutreten oder aber ihr eigenes Fahrzeug außerhalb des Siedlungsbereiches irgendwo abzustellen und damit einen gewissen Zugangsweg in Kauf zu nehmen. Es ist erfreulich, daß diese Initiativen von vielen Stadtverwaltungen und auch von Wohnungsgenossenschaften unterstützt werden.

Für andere Menschen wird das Auto weiterhin wichtig sein. Insgesamt rechnen wir damit, daß durch die raumplanerischen Strategien der Nutzungsmischung und Nutzungsverdichtung einerseits, durch dann verbesserte Möglichkeiten für einen guten ÖPNV und für eine verstärkte Nutzung des Fahrrades andererseits etwa die Hälfte aller innerstädtischen Autofahrten entfallen kann. Dann wäre man bei einer Verkehrsdichte wie etwa vor 15 Jahren. Wann eine solche Veränderung realistisch ist? Sicherlich in einem weit längeren Zeitraum als den genannten 15 Jahren. Die stattgefundene Verdoppelung ist nämlich nicht nur eine Folge von raumstrukturellen Veränderungen, sondern natürlich auch eine Folge von individuellen Entscheidungen und Veränderungen im Lebensstil. Die räumlichen Parameter können wohl einfacher verändert werden als die individuellen Entwicklungen.

Das Ziel einer Halbierung des Autoverkehrs in den Städten mutet im Lichte der heute wirkenden Trends utopisch an. Wir halten es aber durchaus für möglich, daß eine solche Verkehrsstruktur erreicht wird! Für eine Stadt wie Bochum beispielsweise bedeutet dies nichts anderes, als daß sie sich in ihrer inneren Nutzungsstruktur und in der Qualität des öffentlichen Verkehrs den Verhältnissen von Zürich oder Basel annähern müßte. Ist dies denn so unrealistisch? Wir denken, daß dies innerhalb von 25 Jahren möglich sein kann. Die Bürger Bochums werden ein städtisches Leben wie in Zürich wahrscheinlich sehr genießen!

4 Wer im Glashaus sitzt, sollte den Motor drosseln

Seit etwa 20 Jahren weiß es die deutsche Politik, spätestens seit 10 Jahren auch die Öffentlichkeit: Durch die massenhafte Verbrennung von Kohle, Mineralöl und Erdgas sowie durch eine Reihe weiterer industrieller und landwirtschaftlicher Aktivitäten gefährdet die Menschheit das globale Klimagleichgewicht der Erde. Jährlich sind es etwa 24 Milliarden Tonnen Kohlendioxid (CO_2), die aus Schornsteinen und Auspuffanlagen in die Erdatmosphäre gelangen. Hinzu kommen zwischen vier und sechs Milliarden Tonnen Kohlendioxid aus Waldbränden, vor allem aus der Brandrodung in tropischen Wäldern. Insgesamt sind das riesige Mengen, die von den Menschen zusätzlich zu den natürlichen Kreisläufen freigesetzt werden. Sie bewirken Veränderungen, deren Konsequenzen die Wissenschaft gegenwärtig noch nicht voll übersehen kann.

Durch die Erhöhung der Konzentration an Kohlendioxid in der Erdatmosphäre, aber auch durch die Anreicherung weiterer Klimagase (z. B. Methan und Lachgas) erhöht sich die Absorptionsfähigkeit der Atmosphäre für langwellige Wärmestrahlung. Dies ist die Art der Strahlung, die von der Erdoberfläche als Reflexion der Sonneneinstrahlung abgegeben wird. Die Sonneneinstrahlung im Bereich des sichtbaren Lichtes passiert ungehindert die Atmosphäre, nicht aber die in den Infrarotbereich verschobene reflektierte Strahlung. Dadurch, daß die Wärmestrahlung in der Atmosphäre in zunehmenden Maße aufgefangen wird, kann der Infrarotanteil nicht zurück in den Weltraum strahlen. Die Folge: Die Erde erwärmt sich.

Der *natürliche Treibhauseffekt* mit der vorindustriellen Konzentration an Treibhausgasen hatte dafür gesorgt, daß die Erde eine für die Entwicklung des Lebens günstige Temperatur erreichte. Im Verlauf ihres Wachstums nehmen Pflanzen Kohlendioxid aus der Atmosphäre auf und spalten den Sauerstoff ab, der Kohlenstoffanteil wird in die Zellwände der Pflanzen eingebaut. Wenn das Holz verbrannt wird oder wenn es nach dem Absterben des Baumes zerfällt, bildet sich wiederum Kohlendioxid, das in die Atmosphäre steigt. Dies ist der natürliche Kreislauf. Wenn dieser Pflanzenkreislauf ausgeglichen ist, erhöht sich die Kohlendioxidkonzentration in der Atmosphäre nicht. Wenn allerdings die Menschheit in einem relativ kurzen Zeitraum die über *Jahrmillionen* im Untergrund angesammelten fossilen Kohlenstoffverbindungen Kohle, Erdöl und Erdgas freisetzt, steigt die Kohlendioxidkonzentration in der Atmosphäre an, und das Treibhaus Erde heizt sich auf. Weil die momentanen Kohlendioxid-Emissionen weit höher sind als die Absorptionsfähigkeit der Pflanzenwelt für dieses Gas, bekommen wir ein Klimaproblem.

Etwa ein Viertel der von Menschen erzeugten CO_2-Emissionen kommt aus dem Verkehr. 80 Prozent des motorisierten Verkehrs und 80 Prozent des Energieverbrauches im Verkehr verursachen die Wohlstandsstaaten (OECD-Länder); mit den höchsten verkehrsbedingten Klimaemissionen sind vor allem die Vereinigten Staaten zu nennen, weiterhin Kanada, Neuseeland, Australien, Japan und die Länder der Europäischen Union. Innerhalb der EU ist der Benzinverbrauch pro Kopf vor allem in Skandinavien sehr hoch, dichtauf folgen dann allerdings bereits Deutschland, Belgien und die Niederlande. Luxemburg hat in dieser Beziehung in Europa eine Spitzenstellung, allerdings ist dies auch auf den Tanktourismus aus den Nachbarländern zurückzuführen, denn die Autofahrer werden mit niedrigeren Benzinpreisen angelockt. Neben den vorgenannten größeren Staaten sind es die arabischen Ölförderländer, die einwohnerbezogen in ihren Emissionen noch sehr hoch liegen. Die armen Staaten der Welt mit ihren geringen Kraftfahrzeugdichten weisen demgegenüber geringe einwohnerbezogene Klimaemissionen auf (siehe Abbildung 7).

Autos nehmen in den Industrieländern rascher zu als die Bevölkerung

Bezugsjahr: 1990

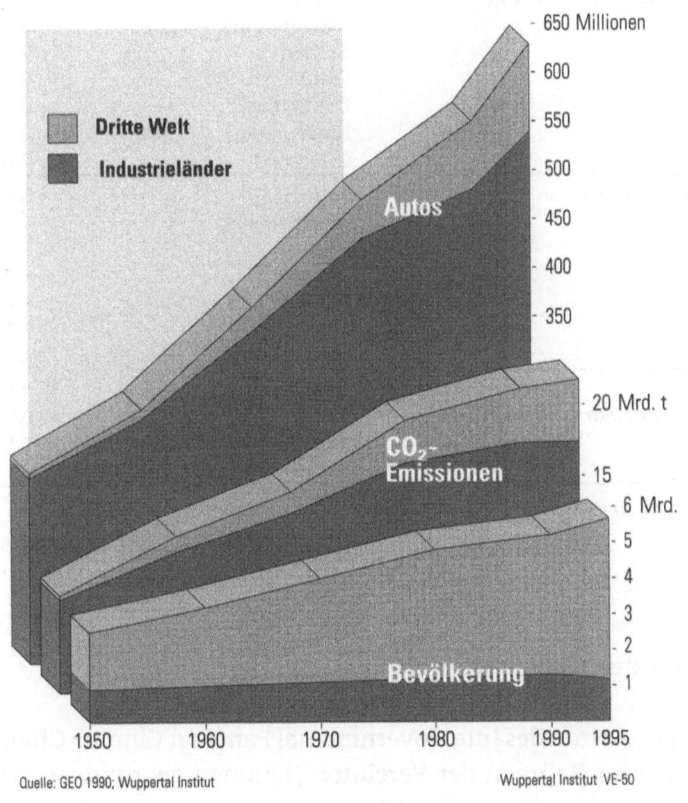

Abbildung 7

Tabelle 1: Die «Good Guys» und die «Bad Guys»

		Kilotonnen (kt) CO_2 pro Person und Jahr durch Verkehr
Bad Guys >3 kt/Person/Jahr	USA	5,8
	Kanada	4,8
	Australien	3,9
	Neuseeland	3,1
2-3 kt/Person/Jahr	Norwegen	2,9
	Schweiz	2,6
	Dänemark	2,6
	Finnland	2,6
EU 15 Durchschnitt = 2.1 kt	Schweden	2,5
	Großbritannien	2,4
	Belgien	2,3
	Frankreich	2,2
	Deutschland	2,2
	Niederlande	2,1
	Österreich	2,0
1-2 kt/Person/Jahr	Italien	1,8
	Griechenland	1,7
	Irland	1,7
	Japan	1,7
	Rußland	1,6
	Mexiko	1,2
	Portugal	1,1
Good Guys <1 kt/Person/Jahr	Tschechien	0,8
	Polen	0,7
	Rumänien	0,5
	Türkei	0,5

Quelle: Schipper et al. 1993

Gefahren des Klimawandels

Die Klimaexperten des Intergovernmental Panel on Climate Change
(IPCC), ein im Rahmen der Vereinten Nationen gegründetes Gre-
mium zur Behandlung der Klimafrage, prognostizieren einen
Anstieg der globalen Durchschnittstemperatur um 2,5° C bis zum
Jahre 2100 – wenn die gegenwärtigen Emissionstrends anhalten.
Was diese Mittelwertangabe für die Klimaentwicklung in den ver-

schiedenen Regionen der Erde bedeutet, vermag noch niemand mit Sicherheit zu sagen. In jedem Fall zeigen die Modellrechnungen, daß örtlich die Temperaturschwankungen wesentlich drastischer ausfallen, und es zeichnet sich ab, daß vor allem die Häufigkeit und die Schwere von Stürmen zunehmen wird. Wie hoch der Meeresspiegel ansteigen wird, darüber wird seit geraumer Zeit ebenfalls diskutiert. Selbst wenn es nur «unerhebliche» 30 bis 50 Zentimeter sein sollten, genügt bereits ein geringer Anstieg des Wasserspiegels, damit große Landflächen durch das eindringende Salzwasser für die Landwirtschaft unbrauchbar werden. Verschiedene Inselgruppen und auch große Teile Bangladeschs dürften dann akut gefährdet sein. Zu den befürchteten Veränderungen zählen Einschränkungen der landwirtschaftlichen Nutzfläche sowie allgemein ein erheblicher Druck auf die Ökosysteme. In den vergangenen zehntausend Jahren hat die Erde keine Phase mit einer so schnellen Erwärmung erlebt, wie sie uns bevorsteht.

Die Staaten der Erde haben auf der UN-Konferenz über Umwelt und Entwicklung von 1992 in Rio eine Klimarahmenkonvention vereinbart, in der sie sich zu ihrer Verantwortung zum Schutz der Erdatmosphäre bekennen. In der Nachfolgekonferenz in Kioto im Dezember 1997 ist dies noch einmal bekräftigt und in Richtung auf konkrete Minderungsvereinbarungen ausgebaut worden. Alle Staaten sind sich einig, daß vor allem die Industriestaaten mit ihrem hohen Pro-Kopf-Ausstoß zu Minderungsschritten aufgefordert sind. Vor allem auf Druck der Vereinigten Staaten ist jedoch in Kioto auch festgehalten worden, daß ebenfalls die Entwicklungs- und Schwellenländer längerfristig in Minderungsschritte einsteigen müssen. Aufgrund ihres noch sehr geringen Pro-Kopf-Ausstoßes wäre es jedoch nicht gerecht, heute bereits auch von ihnen Schritte zur Emissionsreduzierung zu verlangen. Wohl aber sollten sie bereits beginnen, den Zuwachs der Klimaemissionen in ihren Ländern dadurch zu dämpfen, daß effiziente Verkehrstechnik und -organisation sowie verkehrssparende Strukturen früh eingeführt werden.

Die Industriestaaten, und das heißt im Bereich Verkehr die hochmotorisierten Länder, müssen eine Vorreiterrolle einnehmen bei der Entwicklung von Strategien zur Emissionsminderung und bei

Ziele zur Reduktion der Kohlendioxidemissionen in Deutschland

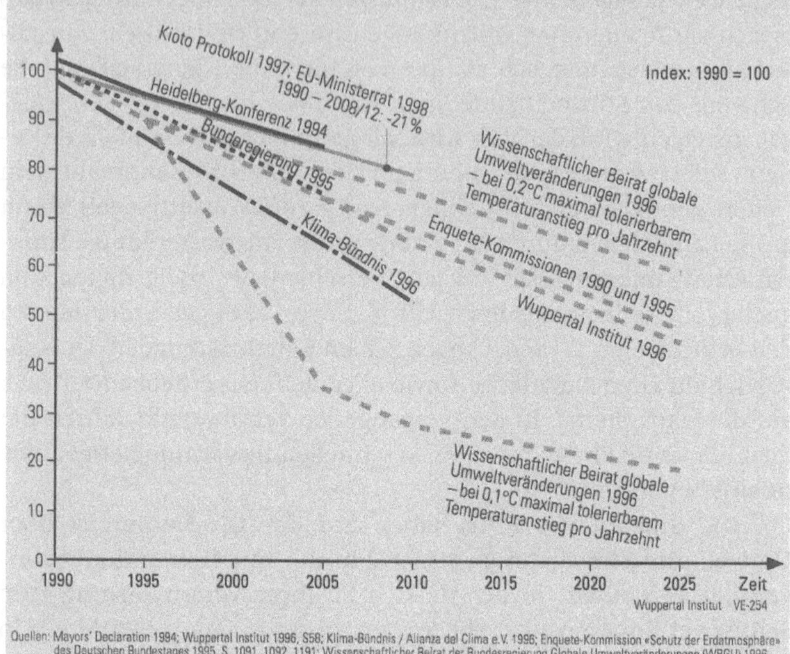

Abbildung 8

der Realisierung von konkreten Minderungsschritten, denn sie verursachen die meisten Emissionen. Sie realisieren diejenigen Verkehrskonzepte, welche dann von den übrigen Ländern kopiert werden.

In Deutschland existiert eine Reihe von verschiedenen Klimaschutz-Zielen, die von verschiedenen Gremien mit unterschiedlichem Verbindlichkeitsgrad beschlossen wurde (siehe Abbildung 8).

Technische Alternativen im Verkehr

Kohlendioxid-Emissionen sind nach dem gegenwärtigen Stand der Technik nicht mit Abgasfiltern oder Katalysatoren zu verringern. Es gibt keine Technologien, die als Zusatzeinrichtung in Pkw, Lkw oder Flugzeuge eingebaut werden könnten und damit Treibhausemissionen eliminieren. Vielmehr besteht der einzige gangbare Weg darin, den Energieverbrauch, genauer den Verbrauch an fossilen, kohlenstoffhaltigen Energieträgern zu vermindern. Eine Verringerung des Benzinverbrauchs um 25 Prozent bei einem Pkw bedeutet eine Verringerung des Kohlendioxid-Ausstoßes von ebenfalls 25 Prozent, bei Halbierung des Verbrauchs sind es dann entsprechend 50 Prozent weniger Treibhausgase. Das Drei-Liter-Auto schadet dem Klima dann nur noch halb soviel wie eines mit sechs Litern Verbrauch.

Ein weiterer Weg besteht darin, von einem kohlenstoffreichen Energieträger auf einen kohlenstoffarmen Energieträger umzusteigen. Die Bezeichnung «C-reich» oder «C-arm» bezieht sich auf die Kohlenstoffmasse im Verhältnis zum Energieinhalt. Geht man von Kohle auf Mineralöl und dann weiter auf Erdgas über, so bedeuten diese Schritte eine Verringerung des Kohlendioxid-Ausstoßes je Energieinhalt. Für den Kraftfahrzeugverkehr praktische Bedeutung hätte der Umstieg von Benzin oder Dieselkraftstoff auf Erdgas, das pro Energieeinheit weniger Treibhausgase emittiert. Allerdings würde ein solcher Schritt von Automobilherstellern, Mineralölgesellschaften und Autofahrern gleichermaßen ungern unternommen, weil Erdgas im Unterschied zu Benzin oder Dieselkraftstoff nur in teuren Drucktanks oder bei Tiefsttemperaturen zu speichern ist. Dies verkompliziert die Fahrzeugkonstruktion, den Tankvorgang und auch die Kraftstoffverteilung. Die Tanks sind deutlich schwerer als heutige Benzin- oder Dieseltanks, was die Fahrzeugmasse ungünstig beeinflußt und die Reichweite ebenfalls.

Erdgas hat allerdings neben der geringeren Emission an Klimagasen bei der Verbrennung auch noch den Vorteil, daß viel weniger von den giftigen Schadstoffemissionen, also Kohlenmonoxid, Kohlenwasserstoffe und Stickoxide gebildet werden. Setzt man Erdgas in Verbindung mit einem Dreiwege-Katalysator ein, um in Stadtbussen oder im innerstädtischen Lieferverkehr den Dieselkraftstoff mit seiner Rußbildung zu ersetzen, so hat man umweltseitig einen nahezu perfekten Antrieb. Allerdings ist der Dieselmotor, das muß aber auch gesagt werden, in seiner Energieausnutzung, d. h. in seinem Wirkungsgrad immer noch günstiger als Erdgas.

Beim Klimaschutz geht es also vor allem um eine Senkung des Energieverbrauches. Erdgas kann, wie dargestellt, nur mit Abstrichen als Alternative in Frage kommen. Theoretisch gäbe es noch kohlenstoffgünstigere Energieträger, nämlich nachwachsende Rohstoffe. Wenn man sich den natürlichen Kreisprozeß von CO_2-Aufnahme im Verlauf der Photosynthese und CO_2-Freisetzung bei der Verbrennung vor Augen führt, könnte man Pflanzenöle oder Alkoholtreibstoffe in Motoren verwenden, ohne der Atmosphäre zusätzliches Kohlendioxid zuzuführen. Leider sind diese Alternativen jedoch rein theoretischer Natur. Am ehesten noch sind die Schritte zur Nutzung von Rapsöl bzw. des darauf basierenden Kraftstoffes Rapsölmethylester gediehen, der auch als Biodiesel verkauft wird. Dessen Herstellung ist jedoch gegenwärtig so teuer, daß er allenfalls gegenüber dem besteuerten Dieselkraftstoff dann konkurrenzfähig ist, wenn man ihn nicht besteuert und den Anbau hoch subventioniert. Ohnehin wäre in Europa nur Platz für Rapsfelder, um 5 Prozent des Dieselkraftstoffes ersetzen zu können. Das Umweltbundesamt hat darüber hinaus noch weitere Einwände gegen eine Rapsölproduktion großen Maßstabs, vor allem befürchtet man hohe Düngereinträge, die dann wiederum zur Bildung des Treibhausgases Distickstoffoxid führen.

Das Klimaproblem ist deswegen eine Herausforderung für die Industrieländer, weil es sie zwingt, von einem lange eingeübten Verschwendungsverhalten Abschied zu nehmen. Billiges Öl ist die Basis der Massenmotorisierung, es ist auch das Schmiermittel einer mittels Lkw in extremer Weise arbeitsteilig organisierten Wirtschaft. Immer häufiger und immer weiter werden Güter innerhalb der Produktionsprozesse transportiert. Über immer größere Distanzen werden Waren zu den Kunden gebracht. Dieses Verkehrswachstum darf nicht unbegrenzt ansteigen, da unser Wirtschaften an ökologische Grenzen stößt. Das Klimaproblem zwingt uns, die brüchigen Fundamente dieser Wirtschaftsorganisation zu erkennen. Weil es sich um ein globales Problem handelt, sind Lösungsstrategien erforderlich, die sowohl dem ökologischem Ziel Genüge tun als auch wirtschaftlich attraktiv sind. Andernfalls würden die Wirtschaftsegoismen der verschiedenen Länder eine Schrittmacherrolle im Klimaschutz bestrafen.

Klimaschutz für eine zukunftsfähige Wirtschaft

Bei der sehr unterschiedlichen Interessenlage der verschiedenen Länder der Erde ist es absolut unwahrscheinlich, daß alle Mitglieder der Staatengemeinschaft Schritte unternehmen werden, die ihre Wettbewerbsfähigkeit und ihren Wohlstand beeinträchtigen würden – zumal wenn für das einzelne Land kein unmittelbarer Handlungsdruck besteht. Anders als bei lokal wirksamen Schadstoffemissionen, deren Schadenswirkungen unmittelbar bei der eigenen Bevölkerung eintreten, liegt die Klimabedrohung fern und ist von den einzelnen Staaten zudem nur in geringem Umfang beeinflußbar. Wenn das globale Ziel erreicht werden soll, ist also ein Anreizmechanismus erforderlich, der neben den angestrebten ökologischen auch noch handfeste *eigene* Vorteile verspricht.

Wir behaupten, daß die Einsparung von Energie, und insbesondere die Einsparung von Energie im Verkehr, eine solche Kombination von Vorteilen verspricht. Dies steht, wie wir wissen, im Widerspruch zu der allgemeinen Einschätzung zum Umweltschutz, vor allem natürlich in der momentanen Wirtschaftssituation. Ökologische Anliegen werden vornehmlich als Kostenfaktoren angesehen, und die kann man sich nur in wirtschaftlich rosigen Zeiten leisten. Unter den heutigen Bedingungen müsse man damit erst einmal aufhören und sparen. Wir behaupten dagegen, daß die Herausforderung der Energieeinsparung bzw. der Veränderung des Verkehrssystems hin zu erheblich weniger Verbrauch von fossiler Energie die notwendigen Innovationsvorgänge in Wirtschaft und Gesellschaft in Gang setzt. Es handelt sich dabei um eine «Strukturmodernisierung». In bezug auf die Wettbewerbsfähigkeit der deutschen Wirtschaft und auf die Arbeitsplätze bedeutet dies, daß eine durchgreifende technische und organisatorische Erneuerung des Verkehrssystems gerade in der jetzigen schwierigen wirtschaftlichen

Situation wichtige Impulse setzt. Wirtschaftlicher Aufschwung ist eine Folge kollektiver Zuversicht, daß die Herausforderungen der Zukunft zielgerichtet angegangen werden und daß die Stagnation, das «Weiterwursteln» in überholten Denkkategorien überwunden werden kann.

Als Begründung für diese optimistische Einschätzung verweisen wir zunächst auf die in einer Reihe von Studien nachgewiesene wirtschaftlich positive Bedeutung des «klassischen» Umweltschutzes. Die in den vergangenen 20 Jahren in allen Bereichen der industriellen Produktion realisierte Ausstattung mit Abluft- und Abwasserreinigungsanlagen hat dem deutschen Anlagenbau zu einem Platz in der Weltspitze dieser Branchen verholfen. Nachdem der technische Fortschritt erreicht und in unseren Anlagen demonstriert worden war, trafen plötzlich Aufträge aus dem Ausland in großer Zahl ein. Die aufstrebenden Märkte in den Schwellen- und Entwicklungsländern benötigen diese Reinigungstechnologien, um akute Umweltkrisen bekämpfen zu können. Durch strenge Umweltanforderungen hier wurden und werden weitere Innovationen für die Weltmärkte vorbereitet; Stillstand im Umweltschutz bedeutet Kompetenzverlust. Japan und die USA waren in der Kraftfahrzeugtechnik durch strenge Anforderungen erfolgreich. Die Innovationen der Zukunft sind das effiziente Auto in einem effizienten Mobilitätssystem.

Wir verweisen außerdem auf die positiven betriebswirtschaftlichen Erfahrungen mit Öko-Audits. Dieses Instrument wird zwar von (heute nahezu allen) erfolgreichen Unternehmen als Beleg für soziale und ökologische Verantwortung herangezogen, der handfeste wirtschaftliche Vorteil für die Unternehmen selbst liegt doch darin, daß eine konsequente Bestandsaufnahme der Produktionsprozesse, eine konsequente Suche nach Einsparmöglichkeiten von Rohstoffen, innovative Recyclingkonzepte sowie Abwärmenutzung sich in Mark und Pfennig auszahlen. Hier ist eindeutig eine Synergiewirkung zwischen Ökologie und Ökonomie sichtbar geworden.

Als weiteres Indiz für die wirtschaftlichen Vorteile einer ökologischeren Entwicklung können wir die sogenannten externen Kosten anführen. An anderer Stelle (s. S. 32) haben wir bereits die Mechanismen beschrieben, die zu sozialen bzw. ökologischen Belastungen führen und die sich in volkswirtschaftlichen Schäden manifestieren.

Aus der Sicht eines einzelnen Betriebes mag es naheliegen, Geld zu sparen und die Umwelt zu verschmutzen, dies erhöht jedoch die gesamtgesellschaftlichen Kostenaufwendungen! Reinigungskosten, Flächensanierung, Neuausweisung von Gewerbe- und Siedlungsflächen – diese Erschließungsleistungen müssen vom Staat finanziert werden, der dazu entweder die Steuereinnahmen erhöhen muß oder aber auf dem Kapitalmarkt mit dem Kapitalbedarf der Unternehmen konkurriert. Für ein einzelnes Unternehmen mag es noch vorteilhaft sein, sich unkooperativ zu verhalten, für die Gesamtheit unserer Unternehmen bedeutet dies jedoch Nachteile. Diese resultieren, um es noch einmal zu wiederholen, aus dem Umstand, daß eine nachträgliche Sanierung und Schadensbeseitigung stets für die Allgemeinheit vielfach teurer wird als ein vorbeugender Umweltschutz.

Im Verkehrsbereich bedeutet die These von einer auch wirtschaftlich lohnenden, ökologisch verträglicheren Verkehrsstruktur unseres Landes, daß Verkehrsvermeidung wirtschaftlich attraktiv ist, daß Verkehrsverlagerung für die Unternehmen und die privaten Haushalte kostengünstiger wird, daß eine ökologisch optimierte Organisation der Verkehrsabläufe sich auch in Kostenreduzierungen auszahlt und daß schließlich die forcierte Entwicklung von ressourcensparenden Technologien bzw. Fahrzeugkonzepten der deutschen Autoindustrie und den deutschen Autofahrern Vorteile bringt. Nur wenn hier in Deutschland ein Markt für kraftstoffsparende neue Technik entsteht, erwerben unsere Unternehmen das Know-how und erreichen die Stückzahlen, um auf den internationalen Märkten bestehen zu können. Denn es ist sicher: Die Länder der dritten Welt werden in den kommenden Jahrzehnten eher sparsame und umweltverträgliche Pkw benötigen als Sportwagen oder energieverschwendende Luxuslimousinen (oder einen Transrapid). Leichtbau bei großer Stabilität, Sparsamkeit und Robustheit bei maßvollen Geschwindigkeiten, Langlebigkeit der Bauteile dürften die Trümpfe in jenen Ländern sein. Gegenwärtig favorisiert die Verkehrspolitik hierzulande eher die GTI- und Alpina-Entwicklung, die jedoch kaum für eine weltweit vervielfältigbare, nachhaltige Mobilität stehen. Diese Entwicklung ist global gesehen eine Sackgasse.

Autotechnik für die Exportmärkte der Zukunft

Die expandierenden Märkte der Zukunft, das ist bereits mehrfach betont worden, liegen wie gesagt in den Schwellenländern und den Entwicklungsländern. Bei ihnen besteht ein gewaltiger Nachholbedarf an Motorisierung, der in den kommenden Jahrzehnten schrittweise realisiert werden wird. Heute entstammen die noch relativ wenigen Autokäufer der dortigen Oberschicht, für die auch hohe Kaufpreise und ein relativ hoher Kraftstoffverbrauch kein Problem sind. Aufgrund der relativ niedrigen Kraftstoffpreise in vielen dieser Länder steigen der Pkw-Bestand und die -Nutzung jedoch fortlaufend an. Heute werden dazu überwiegend noch Gebrauchtwagen ohne Abgasentgiftung importiert. Mit der zunehmenden Fahrleistung in diesen Ländern steigt der Energieverbrauch, der in der Regel durch Mineralölimporte bzw. den Import der Produkte Benzin und Dieselkraftstoff gedeckt werden muß. Dies verstärkt das ohnehin bei allen diesen Ländern bestehende außenwirtschaftliche Ungleichgewicht, d. h. die Entwicklungs- bzw. Schwellenländer erhöhen ihre Schuldenlast dadurch, daß die Privatleute in größerem Umfang Auto fahren. Gleichzeitig mehren sich chaotische Verkehrszustände und schlimme Umweltbelastungen.

Es ist nur eine Frage der Zeit, bis in diesen Ländern erhöhte Abgaben auf den Kraftstoff eingeführt und weitere Maßnahmen zur Energieeinsparung erforderlich werden. Ein Zehn-Liter-Auto ist für die Kunden dort und auch für die gesamte Volkswirtschaft des entsprechenden Landes nicht mehr attraktiv, mit einem Drei-Liter-Auto dagegen kann die Motorisierungsentwicklung jedoch ohne diese Probleme ein Stück weit fortgesetzt werden. Die Märkte der Zukunft benötigen – früher oder später – energiesparende Kraftfahrzeuge. Wenn die deutsche Automobilindustrie diese Kraftfahrzeuge nicht rechtzeitig entwickelt – und das tut sie nur, wenn die Modelle auf dem Heimatmarkt Absatz finden –, dann wird sie auf den prosperierenden Märkten der Zukunft nicht vertreten sein.

Diese Zukunftschancen hat die amerikanische Regierung im übrigen auch erkannt.Vor etwa drei Jahren hat sie das Programm «Partnership for a New Generation of Vehicles» (PNGV) zusammen mit den drei großen Autoherstellern General Motors, Ford und

Chrysler ins Leben gerufen. Darin werden mit Milliardenförderung der amerikanischen Bundesregierung Lösungen für das amerikanische Zukunftsauto zum Stichjahr 2005 entwickelt. Ein wichtiger Eckpunkt des Zielkataloges: Der Kraftstoffverbrauch eines durchschnittlichen Pkw, der als amerikanischer Mittelklasse-Pkw mit 5 bis 6 Sitzen konzipiert ist, darf im dort geltenden Fahrzyklus nicht schlechter als umgerechnet 2,89 Liter auf 100 km/h liegen. Die Initiative ging übrigens nicht von einer Umweltschutzbehörde oder dem Energieministerium aus, sondern von dem Department of Commerce, d. h. dem Wirtschaftsministerium. An erster Stelle der Begründungen steht dort: «Mit dieser Initiative wird die globale Wettbewerbsfähigkeit der amerikanischen Automobilindustrie gestärkt.» Ähnliche gemeinsame Initiativen von Regierung und Automobilindustrie laufen übrigens in Japan. In Deutschland und in der EU werden dagegen zwar vielerlei Einzelaspekte gefördert – Werkstoffe, Antriebe beispielswiese –, aber es existiert kein vergleichbar realistischer Zielkatalog und auch keine solch vernünftige Einschätzung der Zukunftsmärkte.

Energieeinsparung rundum vernünftig

Die vorstehenden ökonomischen Argumente für ein intensiveres Hinarbeiten auf das Ziel der Energieeinsparung sind unseres Erachtens überzeugend. Jenseits der Marktvorteile hat das Klimaproblem jedoch auch einen außenpolitischen Aspekt, ebenso die Ressourcenfrage. Wenn Deutschland als eines der Länder mit hoher Pro-Kopf-Emission an Klimagasen sich seiner Verantwortung für die Reduzierung entzieht, wird es über kurz oder lang isoliert werden. Amerika hat diesen Weg der Ignoranz lange beschritten und ist mit Recht dafür weltweit kritisiert worden. Erst bei der Klimakonferenz in Kioto im Dezember 1997 haben die Vereinigten Staaten eingewilligt, sich zu konkreten Emissionsreduzierungen zu verpflichten. Die Regelung wurde von den EU-Staaten bereits ratifiziert, das internationale Protokoll tritt allerdings erst in Kraft, wenn ein großer Teil der CO_2-Emittenten die Ratifizierung vollzogen hat. Dennoch kann man prognostizieren, daß auf dem in Kioto erreichten Pfad weitergegangen werden wird. Das Klimaproblem und der Energieverbrauch werden auf der internationalen Tagesordnung bleiben.

Am Schluß unserer Überlegungen möchten wir nochmals auf das Argument der begrenzten Energieressourcen hinweisen. Die Begrenztheit der fossilen Energieressourcen bedingt, daß in 50 oder 60 Jahren das Mineralöl verbraucht sein wird. Wenn man sich erst dann nach neuen Energieträgern umsieht, dürfte dies kaum ohne schwere wirtschaftliche Erschütterung abgehen. Aus heutiger Sicht mag dies kein besonderes Erschrecken verursachen. Aber auch heute können jederzeit derartige Erschütterungen verursacht werden. Unsere Volkswirtschaft ist auf den fließenden Ölstrom angewiesen. Wenn dieser Versorgungsstrom abreißt, darauf haben wir bereits an anderer Stelle hingewiesen (s. S. 32), würden die deutsche Wirtschaft und der Wohlstand zusammenbrechen. Um dies zu vermeiden bzw. um den Ölimport zu sichern, wäre die Beseitigung der Ursachen möglicher Versorgungsstörung durch massiven Truppeneinsatz erforderlich. Wäre es nicht für unser aller zukünftiges Wohlergehen statt dessen viel vernünftiger, die Abhängigkeit von derartigen Importen auf ein Minimum zu beschränken? In Deutschland wird dies leider kaum diskutiert, der Schock der Ölkrise von 1973/74 ist offenbar spurlos verflogen. In den Vereinigten Staaten ist dieses Argument jedoch – gegenwärtig noch viel mehr als das Klimaargument – in der Debatte. Wenn die USA die Verkehrsstruktur und den Pkw-Bestand Deutschlands hätten, so wird dort argumentiert, könnte man den Mineralölverbrauch des Verkehrs um 50 Prozent reduzieren und wäre im Krisenfall unabhängig von Importen.

Eine Halbierung des Verbrauchs der Autos bis zum Jahre 2005 ist unser Ziel, danach sollten nur noch Neufahrzeuge auf den Markt kommen, die gegenüber dem Referenzzeitpunkt der Klimaforscher, also 1987/1990, doppelt so effizient sind, d. h. nur noch halb soviel Kraftstoff je Kilometer verbrauchen. Das bedeutet das Drei-Liter-Auto für die Corsa- bis Golf-Klasse, das 3,5- bis 4-Liter-Auto in der unteren Mittelklasse usw. Das Ziel einer Halbierung ist keineswegs utopisch. Wir werden in vielen Kapiteln zeigen, welche Lösungen es gibt. Und es ist auch auf politischer Ebene dieses Ziel: Der Bundesrat beschloß bereits 1992 diese Forderung und bekräftigte den

Beschluß 1996. Es soll – so wörtlich – eine Minderung des Kraftstoffverbrauchs von Pkw (Durchschnitt der Neuzulassungen) um 50 Prozent bis zum Jahr 2005 gegenüber 1990/1991 erreicht werden (nachzulesen in den Bundesrats-Drucksachen 249/92 und 158/96). Von den Bundesländern werden die Ziele im neuen US-amerikanischen Forschungsprogramm als Vorbild genannt, dort sollen – umgerechnet – 2,9 l/100 km für serienreife Modelle 2005 erreicht sein; man denkt in den USA natürlich an 5- bis 6sitzige Limousinen. Konsequenterweise fordern hier in Deutschland mehrere Umweltpolitiker der Länder von der Bundesregierung, sich für CO_2-Grenzwerte der EU von umgerechnet 3,5 l/100 km als Anforderung für alle Autos einzusetzen – einzuführen ab 2010.

Wenn man erst einmal den Energiebedarf so weit reduziert hat, rücken die heute noch zu teuer erscheinenden Energiealternativen in den Mittelpunkt. Ein Fahrzeug, das nur noch ein Viertel des Verbrauchs heutiger Fahrzeuge aufweist, kann dann zum gleichen Preis mit einer Kraftstoffalternative betankt werden, die viermal so teuer sein kann. Das bedeutet: Energiesparen und alternative Energieträger sind keine sich ausschließenden Strategien, sondern voneinander abhängig. Erst wenn die Autos nicht mehr soviel Durst haben, kann man realistisch über den Einsatz der – stets teureren – Alternativen reden.

Nach diesen Überlegungen zu den guten Gründen für eine konsequente Verbrauchsoptimierung der deutschen Autos wollen wir uns in den folgenden Kapiteln der Frage zuwenden, wie die Automobilindustrie auf die beschriebenen Herausforderungen reagiert. Sind dort die Lösungen bereits in der Erprobung oder zumindest auf dem Reißbrett vorhanden?

5   Stand der Technik

Auf der Suche nach dem Drei-Liter-Auto wollen wir uns zunächst das Marktangebot der deutschen Hersteller und die Modelle der Importeure anschauen. Die deutschen Autoproduzenten sind im VDA organisiert, dem Verband der Deutschen Automobilindustrie mit Sitz in Frankfurt. Die Dependancen der ausländischen Automobilhersteller haben sich in dem VDIK organisiert, dem Verband Deutscher Importeure von Kraftfahrzeugen mit Sitz in Bad Homburg. Beide Verbände geben auf Anforderung jeweils ab September eines Jahres eine Kraftstoffverbrauchsliste heraus, in der die serienmäßig produzierten und in Deutschland im folgenden Jahr angebotenen Modelle mit ihren Normverbrauchswerten und weiteren Angaben zu Zylinderzahl, Motorhubraum, Leistung und Fahrzeuggewicht aufgeführt sind.

Was sagen nun diese Listen aus über den Stand der Energiespartechnik auf dem deutschen Pkw-Markt? Die Recherche fördert ans Licht, daß der Normverbrauch der deutschen Modelle im Modelljahr 1998 zwischen 4,4 und 16,9 Liter je 100 Kilometer liegt. In der Hitliste der Sparsamen stehen der VW Polo und der Audi A3 an der Spitze, für diese Fahrzeuge werden Werte von 4,4 bzw. 4,9 angegeben. Beide Spitzenreiter werden von Dieselmotoren angetrieben. Am Ende der Verbrauchstabelle stehen die Mercedes-Modelle S 600 und CL 600, sie verbrauchen etwa pro Fahrstrecke das Vierfache, allerdings ist das Leergewicht des durstigsten Autos mit 2,3 Tonnen auch rund zweieinhalbmal so hoch wie beim VW Polo. Der Motorhubraum, auf zwölf Zylinder verteilt, ist rund dreieinhalbfach so groß, die Motorleistung entspricht dem Sechseinhalbfachen.

Die Modelle der Importeure zeigen ebenfalls ein breiter gestreutes Angebot: Die Spitzenreiter heißen hier SEAT Arosa (SEAT ist die spanische Tochter des VW-Konzerns) mit 4,4 und Citroën AX mit 4,9 Litern Diesel auf 100 Kilometer. Mit über 20 Litern pro 100 Kilometer Benzindurst ist der Chrysler Viper das Schlußlicht. Trotz seines etwa fünffachen Hubraums und seiner vierzehnfachen Motorleistung darf er nur ein gutes Drittel des Gewichts zuladen, das der kleine Seat Arosa transportieren kann – ein Kraftprotz, der vor lauter «Muskeln» kaum etwas tragen kann.

Niedrige Normverbräuche durch praxisferne Fahrzyklen

Was besagt nun die Angabe des Normverbrauches für die Praxis? Wichtig ist zunächst, daß nach den Vorschriften nicht der reale Kraftstoffverbrauch angegeben werden muß, der unter heutigen Verkehrsbedingungen anfällt, sondern daß diese Daten in praxisfernen, *theoretisch festgelegten* Fahrkurven gemessen werden. In der Europäischen Union wird der Verbrauchswert seit 1996 im «Neuen Europäischen Fahrzyklus» (NEFZ) ermittelt, einem Prüfstandstest, mit dem die Fahrzeugbewegungen im Straßenverkehr simuliert werden (siehe Abbildung 9). Die zu absolvierenden Verkehrszustände sind bereits vor über 30 Jahren im Europa-Stadtfahrzyklus europäisch einheitlich festgelegt worden. 1995 wurde der Außerortsfahrzyklus (Extra Urban Driving Cycle, EUDC) angefügt, mit dem Geschwindigkeiten bis zu 120 km/h abgedeckt werden.

Der europäische Stadtfahrtest wurde wie auch das amerikanische oder japanische Prüfverfahren ursprünglich entwickelt, um die Schadstoffemissionen von Kraftfahrzeugen zu messen. Entsprechend der Schadstoffproblematik vor mehr als 20 Jahren, die vor allem in der Anreicherung des giftigen Gases Kohlenmonoxid in den Straßenschluchten der Innenstädte gesehen wurde, simulieren die gängigen Fahrzyklen überwiegend einen dichten Innenstadtverkehr; der europäische Stadtzyklus hat eine Höchstgeschwindigkeit von 50 km/h, daneben erhebliche Standanteile und einen Tempodurchschnitt von weniger als 20 km/h. Typisch für den heutigen deutschen Stadtverkehr ist dies aber nicht.

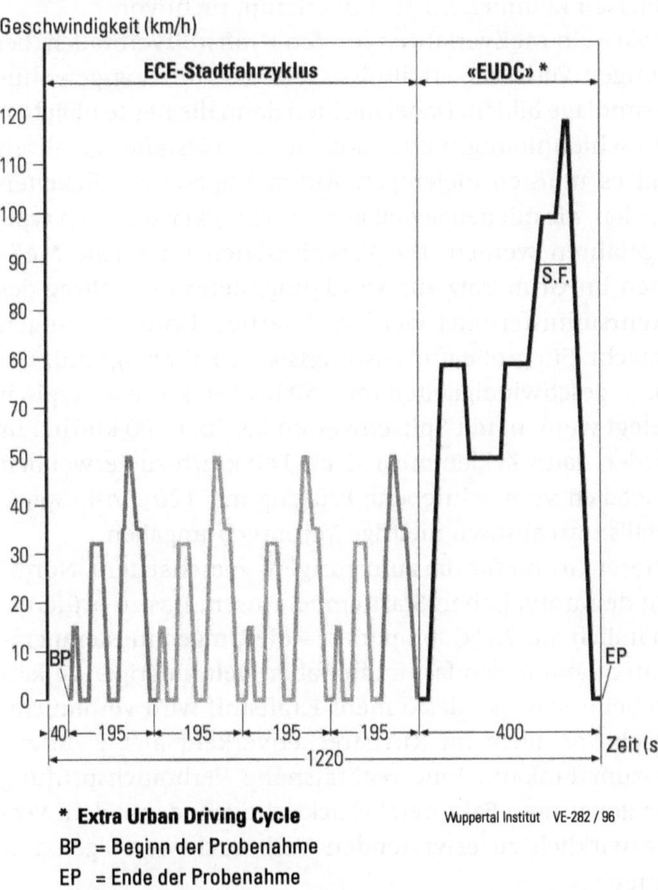

* **Extra Urban Driving Cycle**
BP = Beginn der Probenahme
EP = Ende der Probenahme
S.F. = schwach motorisierte Fahrzeuge
Starttemperatur: 20-25 °C

Abbildung 9

Auch die schnelleren Geschwindigkeitsverläufe im zweiten
Testteil des NEFZ, die den Verkehr auf Bundesstraßen und Autobahnen modellieren sollen, sind nicht typisch für das Geschehen auf
unseren Straßen. Da gibt es ausgesprochen «lahme» Beschleuni-

gungsphasen und nur kurzzeitig eine Tempospitze von 120 km/h. Schnellere Phasen kommen im Text überhaupt nicht vor.

Besser wäre ein Meßverfahren für den Kraftstoffverbrauch, bei dem die heutigen Verkehrsverhältnisse und die Nutzungsgewohnheiten die Grundlage bilden. Dabei müßten dann die heute üblichen stärkeren Beschleunigungswerte auf dem Prüfstand gefahren werden, und es müßten diejenigen Autobahngeschwindigkeiten simuliert werden, die mit den jeweiligen Fahrzeugklassen auch typischerweise gefahren werden. Die Verkehrsdaten für solche Meßfahrten stehen im Grundsatz zur Verfügung, denn im Auftrag des Bundesverkehrsministeriums werden derartige Untersuchungen häufiger gemacht. Für große und leistungsstarke Fahrzeuge müßten dann Autobahngeschwindigkeiten mit 150 bis 160 km/h als typisch zugrunde gelegt werden, mit Spitzenwerten bis über 200 km/h. Für kleinere würden dann Zyklen mit 130 bis 140 km/h zu verwenden sein. Die gesetzlich vorgeschriebene Prüfung mit 120 km/h Spitze ergibt jedenfalls unrealistisch niedrige Verbrauchsangaben.

Ein weiterer Grund für die zu niedrigen, «geschätzten» Normwerte liegt in den untypischen Starttemperaturen. Das zu prüfende Auto wird nämlich auf 20 °C temperiert – die Umgebungstemperaturen in Deutschland liegen fast immer aber weit niedriger. Je kälter das Auto beim Start ist, desto mehr Kraftstoff wird verbraucht. Dies wirkt sich vor allem im Kurzstreckenverkehr aus, z. B. zur Arbeit oder zum Einkauf. Eine realitätsnahe Verbrauchsprüfung müßte all die genannten Faktoren berücksichtigen, damit dem Verbraucher die wirklich zu erwartenden Verbrauchswerte genannt werden können.

Insgesamt muß man davon ausgehen, daß die Normwerte nur einen *ungefähren* Anhalt über den in der Praxis zu erwartenden Kraftstoffverbrauch der Pkw erlauben. Man ist gut beraten, mit 1 bis 1,5 Liter mehr auf 100 Kilometern zu rechnen, als es die VDA- und VDIK-Listen angeben. Das individuelle Fahrverhalten kann diesen Wert allerdings nochmals erhöhen. Jeder Autofahrer bestimmt in einem gewissen Rahmen mit seinem Gasfuß und seiner Gangwahl, wie hoch der Streckenverbrauch seines Autos liegt. Mit steigender Fahrgeschwindigkeit nimmt auch der Leistungsbedarf zu, das bedeutet auch einen höheren Energieaufwand. Zum Energiesparen muß der Autofahrer hohe Fahrgeschwindigkeiten vermeiden und auch die Motordrehzahlen im Auge behalten. Um sparsam auf Touren zu kommen, sollte man beim Beschleunigen das Gaspedal nicht zu zaghaft bedienen und anschließend möglichst frühzeitig in höhere Gänge schalten. Dadurch werden hohe Drehzahlen vermieden, bei denen der Motor nur unnötig Sprit verschwendet und Lärm verursacht.

Der Stuttgarter Motoreningenieur Udo Wollenhaupt hat übrigens ein Schulungsprogramm für Autofahrer unter der Bezeichnung Eco-Drive entwickelt, das verblüffende Erfolge bei der Kraftstoffeinsparung durch verändertes Fahrerverhalten vorweisen kann. Mit Teilnehmern einer Veranstaltung zum Thema Umweltschutz und Verkehr bei der Evangelischen Akademie Bad Boll beispielsweise erzielte Wollenhaupt durch seine Schulung noch Einspareffekte von 20 Prozent und mehr – die Teilnehmer konnten also durch ihr neu erlerntes Fahrverhalten 20 Prozent Benzin sparen. Das bedeutet, daß die Fahrer einen vorher erzielten Durchschnittsverbrauch von beispielsweise 7,5 Liter auf 100 Kilometer ohne nennenswerte Reduzierung des Reisetempos auf 6,0 Liter pro 100 Kilometer verbessern konnten. Der Veranstaltungsbeitrag von DM 80,– war übrigens für die Teilnehmer durch die Kraftstoffeinsparung schon nach weniger als drei Monaten wieder eingefahren.

Diesel vs. Benziner

Laut Normverbrauchsliste des VDA können wir als sparsamstes deutsches Modell auf dem Pkw-Markt 1998 den Spitzenreiter VW Polo SDI küren. Sein Leergewicht wurde unter 1000 Kilogramm gedrückt, der sparsame direkteinspritzende Dieselmotor leistet mit 1,7 Litern Hubraum 44 Kilowatt (60 PS). Sein Verbrauch von 4,4 Litern Dieselkraftstoff auf 100 Kilometer sagt aus, daß pro gefahrenem Kilometer 119 Gramm des Treibhausgases Kohlendioxid ausgestoßen werden. Dieselbe Menge emittiert übrigens ein Benziner, der knapp 5,0 Liter auf 100 Kilometer verbraucht, da Dieselkraftstoff im Vergleich zu Benzin etwa 13 Prozent mehr Kohlenstoff pro Volumeneinheit enthält. Verbrauchsangaben für Dieselfahrzeuge müssen deshalb einen Aufschlag von 13 Prozent bekommen, wenn sie mit Verbrauchsangaben für Benziner verglichen werden. Als Vergleichsmaßstab werden also richtigerweise die Kohlendioxidemissionen herangezogen.

Auch unter Berücksichtigung des 13-Prozent-Aufschlages sind die Dieselfahrzeuge in der Regel immer noch verbrauchsgünstiger, wenngleich nun der Unterschied nicht mehr ganz so eindrucksvoll ausfällt. Die Dieseltechnik hat in der Tat in den vergangenen zehn Jahren enorme Fortschritte gemacht. Konnte man noch bei einem traditionellen Diesel-Pkw mit Vorkammer- oder Wirbelkammermotor im Vergleich zum Benziner etwa 15 bis 20 Prozent Verbrauchsvorteil erwarten, so erhöhte sich mit dem Übergang auf Direkteinspritzung der Vorteil auf 25 bis 30 Prozent. Als sparsamstes Technikkonzept kann heute der Turbodiesel mit Direkteinspritzung gelten, mit dessen Hilfe auch Mittelklassefahrzeuge wie beispielsweise der Audi A4 unter Normbedingungen einen Verbrauchswert von sechs Litern unterschreiten.

Dies liegt natürlich weit jenseits der angestrebten Drei-Liter-Marke. Übrigens hielt bereits 1992 der damalige Audi- und heutige VW-Chef Ferdinand Piëch ein Auto der damaligen Audi 80-Klasse (etwa dem heutigen A4 entsprechend) mit Drei-Liter-Verbrauch bis zum Jahre 2000 für erreichbar. Diese Zielperspektive und Überlegungen zur technischen Realisierung veröffentlichte er in der Schweizer Fachzeitschrift Automobilrevue. Damals schien die Prognose sehr gewagt zu sein, mittlerweile hat sich die Ansicht durchgesetzt, daß dieses Ziel in *technischer Hinsicht* erreicht werden kann. Wieviel leichter das Fahrzeug und wieviel sparsamer der Motor werden muß, klären wir im nächsten Kapitel (s. S. 115).

Verbrauchssenkungen laut Autoindustrie und in der Realität

Werfen wir einen Blick auf das Innovationstempo der deutschen Autoindustrie während der vergangenen Jahre. Der VDA hatte nach der Ölkrise Mitte der siebziger Jahre der Bundesregierung versprochen, daß die deutschen Hersteller den Durchschnittsverbrauch

Entwicklung des mittleren Kraftstoffverbrauchs
der PKW-Kombi-Flotte in Deutschland

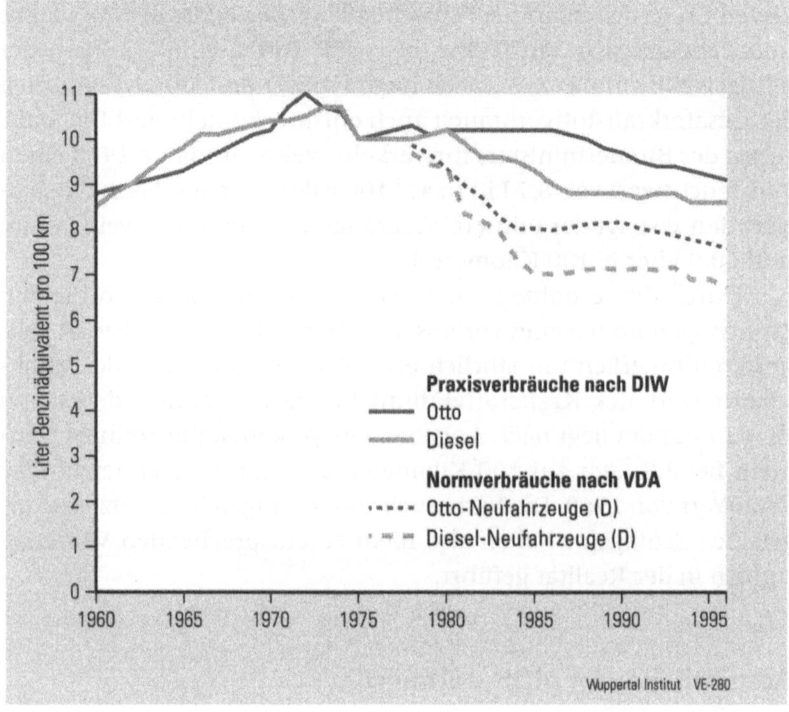

Abbildung 10

ihrer Modelle um 25 Prozent absenken würden. Bereits 1990, so publiziert der VDA in seinen Jahresberichten, wurde dieses Ziel erreicht; durch die technische Weiterentwicklung würde der Kurs der Energieeinsparung fortgesetzt.

Wenn man die VDA-Daten genauer analysiert, sieht man, daß bei den Neuwagen des jeweiligen Modelljahrganges im Mittel eine jährliche Verbesserung des Kraftstoffverbrauchs um 1 Prozent erreicht worden ist (siehe Abbildung 10). Wohlgemerkt: Dies gilt nur für die jeweils verkauften Neuwagen eines Baujahres, nicht für den Gesamtbestand, und bezieht sich auf die Veränderung des Normverbrauches, nicht des tatsächlichen Praxisverbrauches. So erfreulich die gemeldeten Verbesserungen sind: In der Realität geht der Fortschritt leider etwas langsamer voran. Der durchschnittliche Praxisverbrauch des gesamten deutschen Pkw-Bestandes der 60er Jahre unterscheidet sich kaum vom heutigen Durchschnitt. Wegen der mittlerweile auf das Zehnfache angewachsenen Flotte ist natürlich der Gesamtkraftstoffverbrauch auch entsprechend höher! Die Statistiken des Bundesministers für Verkehr weisen im Jahre 1960 einen Verbrauchswert von 8,7 Litern auf 100 Kilometer aus, bis in die siebziger Jahre steigt der mittlere Verbrauch um mehr als zwei Liter an (auf 10,9 Liter je 100 Kilometer).

Durch den erhöhten Anteil von Diesel-Pkw und von kleinen Zweitwagen im Bestand verbessert sich der Durchschnittswert seither kontinuierlich um jährlich etwa 0,1 Liter, der aktuelle Durchschnittswert des Kraftstoffverbrauches des gesamten deutschen Pkw-Bestandes liegt nach Angaben des Verkehrsministeriums nunmehr bei 8,8 Liter auf 100 Kilometer, also immer noch leicht *über* dem Wert von 1960. Die Verbrauchsabsenkungen im gesetzlich festgelegten Prüfzyklus haben also nicht zu entsprechenden Verbesserungen in der Realität geführt.

Fahrverhalten ist nicht normiert!

Die Diskrepanz zwischen den Angaben der Automobilindustrie und denen des Verkehrsministeriums erklärt sich aus der bereits angesprochenen Problematik, daß die Norm-Testbedingungen nicht das tatsächliche Fahrverhalten der Autofahrer im Verkehr wiedergeben. Dieses Verhalten ist gekennzeichnet durch weit stärkere Beschleunigungen und höhere Fahrgeschwindigkeiten, bei dem Test hingegen werden diese Parameter stets *konstant* gehalten.

Es entspricht durchaus der allgemeinen Lebenserfahrung, daß mit höherer Motorleistung auch erheblich dynamischer gefahren wird. Heute übliche Beschleunigungswerte von weniger als 12 Sekunden von 0 auf 100 km/h für ein durchschnittliches Mittelklassefahrzeug waren in den 60er Jahren für Supersportwagen noch ein ehrenvoller Wert. Die häufigere und stärkere Beschleunigung der immer schwerer gewordenen Fahrzeuge treibt den Verbrauch zusätzlich in die Höhe. Dies taucht natürlich nicht in den von der Automobilindustrie herangezogenen Normwerten auf.

Die Differenz zwischen den Normbedingungen und dem Praxisverbrauch wurde zwar durch die Umstellung vom sogenannten «Drittelmix» auf den Neuen Europäischen Fahrzyklus (NEFZ) ab 1996 etwas geringer, der Vorwurf der Praxisferne ist jedoch nach wie vor berechtigt. Im Drittelmix-Verbrauch wurde der Normwert als Durchschnitt aus den Verbrauchsmessungen im Stadtfahrzyklus sowie aus zwei Konstantfahrten bei 90 km/h und bei 120 km/h ermittelt. Die beiden Konstantfahrten bestimmten also den Gesamtwert zu zwei Dritteln.

Wenn mit konstanter Geschwindigkeit gefahren wird, spielt die Fahrzeugmasse für den Kraftstoffverbrauch eine relativ geringe Rolle, der Luftwiderstand dagegen wirkt sich stark aus. Die Autohersteller haben deshalb in den achtziger und neunziger Jahren vor allem den Luftwiderstand verbessert, die Fahrzeugmassen sind jedoch fortlaufend angestiegen. Damit ist aber auch der Energiebedarf für jeden Beschleunigungsvorgang gestiegen, beim Abbremsen wird diese Beschleunigungsenergie in Form von Bremswärme an die Umgebung wieder abgeführt und geht verloren.

Heutzutage wird erheblich häufiger beschleunigt und gebremst als früher, das Fahrverhalten ist sehr viel dynamischer geworden. Diese Dynamik erhöht den Energieverbrauch insbesondere bei schweren Fahrzeugen. Da nun im Drittelmix die – für die Praxis völlig untypischen – Konstantfahrten das Ergebnis der Verbrauchsstudien dominierten, kamen immer realitätsfernere Werte heraus. Wie bereits oben erwähnt, fallen die NEFZ-Normwerte etwas praxisgerechter aus. Je stärker allerdings die Durchschnittsgeschwindigkeiten auf Autobahnen zunehmen, je stärker mit den höheren Motorleistungen stärkere Fahrdynamik und höhere Geschwindigkeiten auch realisiert werden, desto mehr weicht auch der NEFZ-Wert von der Praxis des Verkehrs ab. Leider sind damit die von den Autoherstellern für die vergangenen Jahre gemeldeten Verbesserungen im Energieverbrauch nur zum Teil in der Praxis angekommen. Die Autoindustrie sollte sich dazu verpflichten, ihre Zusagen zur Senkung des Energieverbrauches auf den realen Durchschnittsverbrauch des Verkehrs zu beziehen und nicht auf weltfremde Labortests.

Neben der beschriebenen Differenz zwischen realem Verkehr und Laborbedingungen beeinflussen noch weitere, schwer zu kontrollierende Aspekte den durchschnittlichen Kraftstoffverbrauch. Bereits das Öffnen eines Autofensters erhöht den Verbrauch. Zu niedriger Reifendruck, Betrieb von elektrischen Verbrauchern (besonders viel: die Klimaanlage) und der Kurzstreckenbetrieb treiben ebenfalls den Verbrauch hoch. Zu den Normbedingungen bei der Messung gehört ferner, daß der Pkw bei 20 bis 30 °C Umgebungs- und Motortemperatur den Prüfzyklus beginnt. Die durchschnittlichen Umgebungstemperaturen in Deutschland liegen deutlich niedriger. Besonders wenn im Alltagsbetrieb ein Fahrzeug tagein, tagaus in der Frühe vor dem Arbeitsweg gestartet wird, dürfte eher eine Temperatur um 5 °C typisch sein.

Bei niedriger Temperatur nimmt nicht nur die Zähigkeit des Motorenöles und damit die innere Motorreibung zu, auch die Verbrennungsbedingungen werden schlechter. Messungen des TÜV Rheinland an einer großen Zahl bestandstypischer Fahrzeuge haben ergeben, daß beim Übergang von 20 °C auf 5 °C besonders im Kurzstreckenverkehr eine erhebliche Verbrauchsverschlechterung auftritt. Auf den ersten fünf Kilometern einer Stadtfahrt liegt der Kraftstoffverbrauch bei dem kälteren Fahrzeug um 18 Prozent über dem des unter Normbedingungen gestarteten! Im Winterbetrieb mit Minustemperaturen werden die Bedingungen noch schlechter. Hier liegt der Verbrauchswert auf den ersten sechs Kilometerm bei Start mit −10 °C sogar um 42 Prozent über der Standardangabe für 20 °C.

Ein letzter Grund für die Abweichungen zwischen Norm- und Praxisverbrauch: In Kundenhand sind die Fahrzeuge nicht immer in dem idealen technischen Wartungszustand, der bei den vermessenen Neufahrzeugen vorliegt. Da gibt es z. B. Startschwierigkeiten, während der Startversuche wird unverbrannter Kraftstoff aus dem Auspuff geblasen. Da ist beispielsweise der Luftfilter nicht rechtzeitig gewechselt oder gereinigt worden, eine Zündkerze streikt, die Einspritzdüsen sind verschlissen. Weitere verbrauchserhöhende Faktoren, die wir aus dem Alltag kennen, sind zu niedriger Luftdruck auf den Reifen, Dachgepäckträger und ein beladener Kofferraum. All dies treibt in der Praxis den Verbrauch in die Höhe.

Ingenieurleistungen zur Effizienzverbesserung

Energieeinsparung kann nur dann wirksam werden, wenn die Techniker der Automobilindustrie, die Käufer der sparsameren Produkte und die Autofahrer im Verkehr abgestimmt zusammenwirken. Den Technikern fällt es dabei zu, die Möglichkeiten zu erweitern. Eine beeindruckende Liste von Innovationen (s. u.) in den vergangenen Jahren zeigt, daß hier viel geleistet worden ist.

Im Bereich der Motorentechnik sind da vor allem die Schritte zum Pkw-Dieselmotor auch für die kleineren Modelle – hier war der VW Golf Vorreiter in den siebziger Jahren – und die Einführung der vorher nur im Lkw-Bereich angewandten Direkteinspritzung in Kombination mit Abgasturbolader, kurz TDI. Die Fortschritte beim ottomotorischen Verfahren sind wesentlich bescheidener ausgefallen; hier stehen uns möglicherweise die Durchbrüche noch bevor, als Beispiel sei die Benzin-Direkteinspritzung genannt (vgl. Kapitel 11).

Obwohl die lufthygienischen Bedenken hinsichtlich der Partikelemissionen nach wie vor bestehen (und die Dieselmotoren vor allem nach dem Kaltstart oftmals erheblich lauter poltern), sind die Entwicklungssprünge doch beeindruckend. Mit dazu beigetragen hat sicherlich der Fortschritt der Analysetechniken, die den Entwicklungsingenieuren eine sehr exakte Kenntnis der Vorgänge im Verbrennungsraum ermöglicht haben. Nicht unterschlagen werden soll auch der Beitrag der Mineralölindustrie. In bezug auf die Kraftstoffqualitäten stehen wir gegenwärtig noch vor weiteren Verbesserungen, vor allem beim Dieselkraftstoff in puncto Schwefelgehalt und Partikelbildung.

Die Verwendung von Katalysatoren bei einigen Diesel-Pkw-Herstellern ist allerdings mehr Show als tatsächliche Wirkung, denn aufgrund des starken Luftüberschusses bei Dieselmotoren werden die Stickoxide im Kat nicht abgebaut. Man will wohl das Saubermann-Image des Kat auf den Diesel übertragen – mit wenig Erfolg, wie Experten wissen. Auch an dem kritischen Emissionsproblem des Diesels, den Dieselrußpartikeln, ändert ein Diesel-Kat leider nichts. Vermindert werden lediglich Kohlenmonoxid und Kohlenwasserstoffe, die beim Diesel ohnehin niedrig liegen, ferner ein Teil der flüchtigen Partikelanteile. Zum Dieselkat kann man sagen: Er schadet nicht, nützt aber auch nicht viel. Anders sieht es bei den zukünftig eingesetzten DeNOx-Katalysatoren zur Verringerung der Stickoxidemissionen aus.

Stand der Technik für Otto-Motoren ist bei der Gemischbildung die elektronisch gesteuerte Einspritzung in die Ansaugrohre, kostengünstigere Modelle arbeiten mit einer einzigen Einspritzdüse im Ansaugsammelrohr (sog. Singlepoint-Injection). Die Gemischeinstellung erfolgt durch einen geschlossenen Regelkreis mit Sauerstoffsonde und Mikrochip exakt auf Lambda 1, um für die Abgasentgiftung im Katalysator eine optimale Abgaszusammensetzung sicherzustellen.

Breitere Drehzahlbänder bei Ottomotoren

Bei der Steuerung des Gaswechsels der Pkw-Motoren hat sich in den vergangenen zehn Jahren allerdings einiges getan. In der Großserie auch bei Standardmodellen hat sich die Verdoppelung der Zahl der Ventile pro Zylinder von zwei auf vier durchgesetzt. Mit den Vier-Ventil-Motoren gibt es weniger Strömungsverluste und damit eine höhere Motorleistung bzw. einen günstigeren Kraftstoffverbrauch, je nach Auslegung. Eine sequentielle Öffnung bzw. Schließung der Ventile ermöglicht die Erzeugung von gezielten Luftbewegungen im Zylinder, um die Verbrennung zu verbessern.

Durch eine Variabilisierung der Ventilsteuerzeiten haben die Ingenieure weitere Freiheitsräume erhalten. In klassischer Nockenwellenauslegung gibt es entweder ein optimales Drehmomentverhalten und einen günstigen Kraftstoffverbrauch von Motoren bei niedrigen Drehzahlen bzw. ein ungünstiger werdendes Verhalten hin zu hohen Drehzahlen einerseits, oder aber – bei ausgesprochenen Sportmotoren – eine unbefriedigende Motorelastizität im unteren Drehzahlbereich und einen starken Drehmomentschub bei höheren Drehzahlen andererseits.

Eine starre Nockenwelle legt diese Alternative durch die Anordnung der Nocken, d. h. die Festlegung der Zeitpunkte für die Ventilöffnung fest. Bei niedrigen Drehzahlen ist es erwünscht, daß zu Beginn des Verdichtungstakts beide Ventile geschlossen sind, anderenfalls würde der aufwärtsgehende Kolben einen Teil der Frischgase wieder hinausbefördern. Man hat keine oder nur eine geringe Ventilüberschneidung, dies würde sonst schlechten Verbrauch sowie Drehmoment- und Leistungsverluste bedeuten.

Bei hohen Drehzahlen jedoch wird die Zeit für das Ansaugen des Frischgases und das Ausschieben der verbrannten Abgase immer kleiner, und die Ventilöffnungsdauer muß daher ausgedehnt werden. Dies führt zur sog. Ventilüberschneidung, d. h. einen gewissen Zeitraum, bei dem sowohl das Einlaß- als auch das Auslaßventil geöffnet sind. Am Ende des Ansaugtaktes, wenn der Kolben seinen unteren Totpunkt überschritten hat, ist bei hohen Drehzahlen die Zylinderfüllung mit Frischluft noch nicht erreicht, man läßt also das Einlaßventil in den Beginn des Kompressionstaktes hin offen. Infolge der Trägheit der einströmenden Gassäule kommt es zu keinem Ladungsverlust; dies wäre bei niedrigen Drehzahlen jedoch anders.

Kurz und gut: Eine Optimierung eines Motors für hohe Drehzahlen bedeutet in konventioneller Konstruktion ungünstige Betriebskennwerte bei niedrigen Drehzahlen, und umgekehrt. Mit der variablen Nockenwelle lassen sich die Charakteristika eines elastischen und eines drehfreudigen Motors miteinander verbinden, die Drehmomentkurve wird insgesamt ausgeglichener.

Hohe Drehmomente für sparsames Fahren

Verbesserungen im Drehzahlband lassen sich außerdem durch eine Veränderung des Volumens des Ansaugtraktes erzielen. Das Stichwort dazu lautet «variables Saugrohr» oder «Schaltsaugrohr». Die periodische Ventilöffnung regt stets im Ansaugsystem Schwingungen an, deren Frequenz vom Volumen der Rohre festgelegt wird. Man kann nun durch Veränderung der Saugrohrlänge und damit des Saugrohrvolumens die Schwingungsfrequenz so abstimmen, daß der Motor sowohl bei niedrigen als auch bei hohen Umdrehungen möglichst viel Frischladung erhält. Früher hatte diese Schwingungsabstimmung auf eine bestimmte Drehzahl hin zu erfolgen, da das Volumen dieses Rohrsystems starr war. Mit einem sogenannten

Schaltsaugrohr kann ein an die Drehzahlen angepaßtes Resonatorvolumen erzeugt werden, das zu einer Drehmomentverbesserung im gesamten Drehzahlbereich führt.

Sowohl die variablen Ventilsteuerzeiten als auch die Saugrohrveränderungen erlauben eine Erhöhung des Drehmomentes bei niedrigen Drehzahlen, was die Verwendung «langer» Übersetzungen ermöglicht. Die Motordrehzahlen können dadurch bei gleichen Fahrgeschwindigkeiten reduziert werden, auch lassen sich geforderte gute Beschleunigungswerte bei relativ kleinem Hubraum erreichen. Dies ist wichtig, da ein großer Hubraum grundsätzlich einen schlechten Wirkungsgrad im Stadtfahrbetrieb bedeutet, siehe dazu auch Kapitel 6 und 17.

Die aufgezeigten motortechnischen Innovationen sind noch nicht in allen Baureihen in der Serie eingeführt, sie sind aber heute aktueller Stand der Technik. Für Benzinmotoren wie für Dieselmotoren sind weitere Verbesserungen in Sicht. Die Direkteinspritzung wird auch bei den Benzinern Einzug halten, hierzu gibt es in Kapitel 11 noch eine ausführlichere Darstellung des GDI-Systems von Mitsubishi, der 1996 damit als Pionier in Japan auf den Markt kam und den GDI in einem Modell der oberen Mittelklasse auch in Deutschland anbietet.

Praktisch alle deutschen Hersteller arbeiten an Ottomotoren mit Benzin-Direkteinspritzung, eines der Hindernisse scheint noch in der Funktionssicherheit des sog. Magerkatalysators zu bestehen, der zur Erreichung der Abgasgrenzwerte erforderlich ist.

Viel Drehmoment aus wenig Hubraum: SmILE

Eine andere Entwicklungsrichtung bei den Benzinern verfolgt die Schweizer Firma Wenko, die auch den technischen Durchbruch für den Greenpeace-SmILE (steht für: *Sm*all, *I*ntelligent, *L*ight, *E*fficient) schaffte. Darauf gehen wir ebenfalls im weiteren Verlauf des Buches ein (s. Kapitel 17), Wenko setzt auf die Kombination von sehr kleinem Motorhubraum und einem Comprex-Aufladeaggregat. Ein grundsätzlicher Verbrauchsnachteil des Benzinmotors resultiert ja aus seiner Laststeuerung per Drosselklappe; die zur Leistungsregelung notwendige Veränderung der Luftmenge wird bei dem SmILE drosselfrei durch das Aufladeaggregat gewährleistet. Eine andere grundlegende Innovation der Schweizer bezieht sich auf das Aufladeverfahren selbst, man wählte einen Comprex-Flügelzellenlader anstelle der sonst üblichen Abgasturbolader. Dieser Ladertyp bringt auch bei niedrigen Drehzahlen einen guten Ladedruck.

Die wirksamsten Innovationen im Bereich der Schadstoffminderungen sind stets durch strenge gesetzliche Vorgaben erzwungen worden, Wegbereiter waren die USA und Japan. Die Europäer haben erst zehn Jahre nach diesen Vorbildern wirksame Vorschriften erlassen, befinden sich jetzt jedoch in einem guten Mittelplatz bei der Technikentwicklung. Daß die schärfsten Anforderungen immer aus den USA kamen, wirft kein gutes Licht auf die Durchsetzungsfähigkeit der europäischen Fachbeamten. Einschränkend muß man allerdings sagen, daß die US-amerikanischen Fortschritte sich stets nur auf die giftigen Schadstoffe bezogen haben, die Klimaemissionen sind bis vor kurzem nicht ernsthaft betrachtet worden. Möglicherweise hat dies der Klimagipfel von Kioto im Dezember 1997 geändert.

Was den niedrigen Kraftstoffverbrauch angeht, haben traditionell die Europäer die Nase vorn; dies liegt wesentlich an den extrem niedrigen Kraftstoffpreisen in den USA. Ein Liter kostet dort immer noch nicht mehr als umgerechnet 50 Pfennig. Auf der anderen Seite wird in den USA für die Autos mit besonders ungünstigem Kraftstoffverbrauch sogar eine sogenannte «Benzinsäufersteuer» (Gas-Guzzler-Tax) erhoben. Die Kraftstoffverbrauchsliste der amerikanischen Umweltbehörde EPA zeigt übrigens, daß auch die bei uns immer noch ziemlich verbreitete Einschätzung, derzufolge amerikanische Pkw-Modelle im Verbrauch generell ungünstiger seien als europäische, falsch ist. Hier hat in den USA, auch durch die Flottenverbrauchsgrenzwerte, ein Wandel stattgefunden. Leider ist die amerikanische Regierung auf diesem Weg jedoch nicht konsequent weitergegangen. Seit der Zeit des US-Präsidenten Reagan sind die Anforderungen nicht mehr aktualisiert worden – er wollte sie auf Druck der Öllobby sogar abschaffen –, darüber hinaus sind mit dem starken Trend zu Vierrad-Geländewagen Pickup- und Van-Fahrzeugmodelle in den Pkw-Markt eingedrungen, die von den Verbrauchsvorschriften und der «Säufersteuer» nicht mehr direkt betroffen sind. Aktuell entfallen mehr als 50 Prozent der amerikanischen Autoproduktion auf derartige Modelle, die zwar wie Pkw genutzt werden, aber einen mindestens doppelt so hohen Kraftstoffverbrauch aufweisen.

Im Hinblick auf die US-Verbrauchsgesetzgebung kann man mithin kopfschüttelnd feststellen, daß zwar die benzinfressenden Straßenkreuzer der fünfziger und sechziger Jahre aus dem Angebot verschwunden sind, daß aber an ihrer Stelle andere energieverschwendende, hochbeinige und schwere Kisten mit hohem Luftwiderstand das Herz des Publikums erobert haben. Der Gesamtenergieverbrauch steigt wieder an. In der wirkungsvollsten Zeit der Flottenverbrauchsbegrenzung, zwischen 1975 und 1985, ist der durchschnittliche Verbrauch der US-Pkw-Flotte immerhin um 45 Prozent zurückgegangen, der Gesamtverbrauch aller US-Pkw konnte trotz Bestandswachstums konstant gehalten werden. In Deutschland dagegen tat sich im Bereich der Energieeffizienz fast nichts, und der Gesamtverbrauch der Pkw stieg um 60 Prozent in dem Jahrzehnt an! Wir können also durchaus von den USA lernen, wie man mit Verbrauchsgrenzwerten Energie spart.

Weitere Diesel-Verbesserungen in Sicht

Die Betrachtungen zum Stand der Technik wollen wir mit einem Blick in die Dieselzukunft abschließen. Mit den Anforderungen an immer höhere Einspritzdrücke kommen die herkömmlichen Einspritzanlagen nicht mehr zurecht. Zwei unterschiedliche Nachfolgekonzepte sind vorgestellt worden: Zum einen die Zusammenfassung von Einspritzpumpe und -düse in kompakten Einheiten, für jeden Zylinder separat direkt durch Nocken betätigt. Zum anderen ist da das mit großen Erwartungen gestartete Common-Rail-Prinzip, das eine Art Hochdruckkraftstoffspeicher für alle Zylinder bildet, von dem aus durch elektrisch betätigte Einspritzventile die Zylinder beladen werden. Noch können bei diesem Verfahren die extrem hohen Drücke des Pumpe-Düse-Systems nicht erreicht werden, die allgemeine Einschätzung geht jedoch dahin, daß aufgrund seiner Flexibilität und der relativ günstigen Herstellungskosten die Zukunft dem Common-Rail-Prinzip gehört. Zwei wichtige Probleme hat der Diesel aber noch zu lösen: Verbesserungen bei den Stickoxiden und bei den Partikeln. Für erstere wird der Magerkatalysator (DeNOx) spätestens dann sorgen, wenn es die Gesetzeslage erfordert, in Prototypen funktioniert das Prinzip. Aussichtsreiche Erprobungsergebnisse gibt es auch bei dem Partikelfilter, der auch die Zahl der sehr kleinen Dieselteilchen reduzieren dürfte. Wenn diese beiden Verbesserungen auf dem Markt eingeführt sind, wird man den Diesel abgasmäßig akzeptieren können. Er dürfte dann nicht mehr sehr viel schlechter als ein Benziner mit guter Abgasreinigung sein.

Im Kraftstoffverbrauch gibt es somit bei der Otto- als auch bei der Dieselentwicklung noch Sparpotentiale, es scheint gegenwärtig, daß diese beim Ottoprinzip noch größer sind.

Fazit: Sowohl der Benzinmotor als auch der Dieselmotor sind in den vergangenen Jahren erheblich weiterentwickelt worden. Beide sind bei weitem noch nicht am Endpunkt der technischen Entwicklungsmöglichkeiten angelangt. Die Entwicklung wird weitergehen, dies in um so schnellerem Maße, je stärker von seiten des Gesetzgebers und/oder von seiten des Marktes das Thema «geringer» Kraftstoffverbrauch gefordert wird.

Für das angestrebte Drei-Liter-Auto bzw. eine allgemeine breite Absenkung der Energieverbräuche in allen Fahrzeugklassen bedarf es jedoch nicht nur der dargestellten und weiterer Fortschritte in der Motorentechnik, sondern vor allem einer Reduzierung des Gewichts der Fahrzeuge. Hier ist leider bei den deutschen Herstellern weitgehend Fehlanzeige zu melden. Mit Ausnahme der Audi AG, die mit dem Audi A8 aus Aluminium einen entschlossenen Schritt in Richtung auf eine deutliche Verringerung der Fahrzeugmasse unternommen hat, weisen die Karosserie- und Fahrgestellgewichte der meisten Hersteller eher in Richtung auf mehr Bauaufwand und mehr Energiebedarf. Im folgenden Kapitel wollen wir ableiten, wie von seiten der Karosserie und der Reifen der Energiebedarf für die Fahrbewegung beeinflußt werden kann.

6 Wie sparsam kann ein Auto werden?

Wir haben gesehen, daß man sich über die Prüfbedingungen und Fahrzyklen verständigen muß, bevor man die technische Machbarkeit des «Drei-Liter-Autos» behandelt. Anzustreben sind möglichst realitätsnahe Meßbedingungen ähnlich den Betriebsbedingungen in Kundenhand, aus denen dann unmittelbar auf die Auswirkungen im Gesamt-Flottenverbrauch geschlossen werden könnte. Derartige Angaben sind jedoch für neue Fahrzeugmodelle – erst recht für Prototypen – praktisch nicht verfügbar.

Aus unserer Sicht ist die Angabe von Verbrauchswerten im Neuen Europäischen Fahrzyklus (NEFZ) ein zwar nicht voll befriedigender, aber letztlich doch noch vertretbarer Kompromiß, auch wenn in der Praxis der Verbrauch fast immer höher liegen wird. Dieser Umstand muß dann eben bei der Diskussion von Zielen und Zukunftsszenarien berücksichtigt werden. Wichtig ist, daß die Ergebnisse von Verbrauchsmessungen zumindest so weit auf die Praxis übertragbar sind, daß sich relative Aussagen über die Wirkungen von technischen Maßnahmen zur Verbrauchsabsenkung ableiten lassen. Für die Umwelt- und Klimawirkungen kommt es darauf an, daß beispielsweise eine Halbierung der Normverbrauchswerte tatsächlich zu 50 Prozent weniger Kohlendioxidemissionen in der Praxis führt, dabei ist es umweltseitig im Grunde gleichgültig, ob der zugehörige Normwert nun drei oder vier Liter je 100 Kilometer Fahrstrecke beträgt.

Ziel: Drei-Liter-Auto und 50-Prozent-Auto unter Normbedingungen

Dennoch hat sich die Drei-Liter-Grenze zu einem wichtigen Beurteilungsmaßstab für Politik und Öffentlichkeit entwickelt. Ein im «Neuen Europäischen Fahrzyklus» oder im älteren Drittelmix mit drei Litern bewertetes neues Auto wird im Vergleich zu einem mit sechs Litern bewerteten alten Modell nicht unbedingt die Energierechnung und die Klimabilanz halbieren; die Fehlerquellen der Meßzyklen, vor allem des Drittelmixes mit seinen realitätsfremden Konstantfahrtanteilen, sind im Hinblick auf eine Übertragung auf den Praxisverbrauch bereits diskutiert worden.

Im internationalen Bereich gibt es darüber hinaus weitere Normverbrauchsangaben, beispielsweise auf Basis des US- oder des Japan-Fahrzyklus, die keinesfalls direkt mit den europäischen Normwerten verglichen werden dürfen. Die US-Fahrkurven für den Ballungsraumverkehr und auf Highways sind zwar im Grundsatz auch für einen Teil unserer Verkehrsbedingungen anwendbar, feste Regeln für die Umrechnung dieser Angaben mit dem NEFZ können aber nicht angegeben werden. Dies gilt auch für Angaben im japanischen 10/15-Fahrzyklus, der durch eine niedrige Durchschnittsgeschwindigkeit (24 km/h) und nur etwa 70 km/h Spitzengeschwindigkeit gekennzeichnet ist. Es leuchtet unmittelbar ein, daß ein so gemessener Verbrauchswert von drei Litern auf 100 Kilometer nicht direkt mit NEFZ- oder Drittelmix-Angaben vergleichbar ist.

Nochmals: Eine alleinige Orientierung an dem Verbrauchswert von drei Litern einiger weniger, kleiner Modelle als Maßstab für Energieeinsparung und CO_2-Verringerung ist nicht sinnvoll. Vielmehr ist es notwendig, zur Bewertung jeweils den Bezug zu den bisher üblichen Werten heutiger Durchschnitts-Pkw unter jeweils analogen Meßbedingungen vorzunehmen. Entsprechend soll unsere Behandlung des «Drei-Liter-Autos» beispielhaft verstanden werden; es ist ein «Faktor-Zwei-Auto", also ein Auto mit 50 Prozent weniger Verbrauch für die Kompaktklasse. Das Ziel für die Mittelklassefahrzeuge wäre dann, kurzfristig auf 3,5 bis 4 Liter je 100 Kilometer zu kommen, für die S-Klasse dann etwa 7 bis 8 Liter.

Mittelfristig sollen aber auch Autos wie heute der VW Passat die Drei-Liter-Marke erreichen, in etwa 20 Jahren auch die S-Klasse. Wir werden zeigen, daß es technisch möglich ist, selbst bei großen und komfortablen Autos den Energiebedarf um den Faktor 4 zu reduzieren.

Bestimmungsgrößen für den Kraftstoffverbrauch

Ein niedriger Kraftstoffverbrauch verlangt nach Optimierung auf zwei Gebieten: *Reduzierung des Energiebedarfs* für die Bewegung des Fahrzeuges und *hoher Wirkungsgrad* des Antriebsaggregats.

Eine niedrige Fahrzeugmasse, ein geringer Rollwiderstand und ein günstiger Luftwiderstand sind Voraussetzungen dafür, daß das Kraftfahrzeug für die Bewegung nur wenige Kilowatt (kW) bzw. PS benötigt. Die Bereitstellung dieser Antriebsleistung (kW) mit einem möglichst geringen Kraftstofffluß je Zeiteinheit (Gramm je Stunde (g/h)), also die Senkung des spezifischen Verbrauches je Leistung und Zeit (g/kWh), wird erreicht durch eine effiziente Verbrennung im Motor und durch die Senkung der inneren Verluste, beispielsweise der Motorreibung.

Von enormer Wichtigkeit sind die vom Fahrerverhalten und von der Verkehrssituation beeinflußten Fahrzustände. Die Fahrgeschwindigkeit sowie die Stärke und die Häufigkeit von Beschleunigungsvorgängen können den Streckenverbrauch gegenüber den gesetzlich festgelegten Test-Fahrkurven verdoppeln, andererseits können sie auch – bei allerdings praxisfernem Fahrverhalten – bis hinunter zu einer Halbierung des Verbrauches führen! Bei jeder Bewertung zu berücksichtigen ist also, für welche Fahrzustände die ermittelten Verbrauchswerte gelten. Für die Umwelt wichtig sind Fahrzeuge, die ökologisch vorteilhaftes Fahrverhalten unterstützen. Die weiter unten verwendeten Berechnungsformeln sollen die Zusammenhänge verdeutlichen und erste Überschlagskalkulationen bezüglich der zu erwartenden Verbrauchswerte bei bestimmten Auslegungskriterien bzw. technischen Eigenschaften ermöglichen. Für genauere Angaben sind komplexere Berechnungen oder aber Praxis- sowie Prüfstandsmessungen erforderlich.

Theoretische Zusammenhänge – Konstantfahrt

Als technische Bestimmungsgrößen für den Kraftstoffverbrauch werden nachfolgend die Fahrzeugparameter und die Eigenschaften des Antriebsaggregates getrennt betrachtet. Fahrzeugseitig ist der Leistungsbedarf für die Bewegung entscheidend; im zweiten Schritt wird zu diskutieren sein, mit welchem Energiewirkungsgrad der Antriebsmotor diese Leistung zur Verfügung stellt.

Der Leistungsbedarf eines Kraftfahrzeuges wird bestimmt von *fahrzeugspezifischen* und *nutzungsspezifischen* Parametern; letztere sind insbesondere die Fahrgeschwindigkeit und die Beschleunigung (s. o.). Fahrzeugspezifische Einflüsse sind u. a. die Masse, der Rollwiderstand und der Luftwiderstand.

Für konstante Fahrt auf der Ebene, also ohne Berücksichtigung von Beschleunigungsvorgängen und ohne Steigung bzw. Gefälle, ergibt sich folgender Leistungsbedarf in Kilowatt (kW):

$$P = \underbrace{f * m * g * v}_{\text{Rollwiderstand}} + \underbrace{0{,}5 * p * cw * A * v^3}_{\text{Luftwiderstand}}$$

mit

f	Rollwiderstandsbeiwert (–)
m	Fahrzeugmasse (kg)
g	Erdbeschleunigung (m/s^2)
v	Fahrgeschwindigkeit (m/s)
ρ	Dichte der Luft (kg/m^3)
c_w	Luftwiderstandsbeiwert (–)
A	Stirnfläche des Fahrzeuges (m^2)

Mit heute für einen kleinen Pkw üblichen Werten von beispielsweise 0,015 für den Rollwiderstandsbeiwert, 1.000 kg für die Fahrzeugmasse, einem c_w-Wert von 0,3 und einer Stirnfläche von 2 Quadratmetern sowie den bekannten physikalischen Größen ergibt sich für eine konstante Geschwindigkeit von umgerechnet 100 km/h ein Leistungsbedarf von rund 12 kW, wobei etwa 4 kW auf die Überwindung des Rollwiderstandes und 8 kW auf die Überwindung des Luftwiderstandes entfallen.

Mit den genannten Einflußgrößen sind die technischen Parameter vorgegeben, an denen man bei der Entwicklung arbeiten muß, um den Leistungsbedarf zu reduzieren. Deutlich wird zunächst, daß man bei niedrigen Geschwindigkeiten Energie spart. Eine Verbesserung des Luftwiderstandes auf z. B. 0,25, wie sie bei einzelnen Fahrzeugen bereits realisiert ist, reduziert die Luftwiderstandsleistung um ein Sechstel, den gesamten Antriebsbedarf um 10 Prozent. Setzt man motorisch den gleichen Wirkungsgrad voraus, so würde dies ebenfalls einen um 10 Prozent geringeren Verbrauch bedeuten.

Wird der Antriebsmotor dieses Fahrzeuges bei allen Geschwindigkeiten in einem sehr günstigen Kennfeldpunkt – mit beispielsweise einem spezifischen Kraftstoffverbrauch von 250 g je kWh – betrieben, und vernachlässigt man die Verluste z. B. des Getriebes und der Achsuntersetzung, so würde das Fahrzeug die in Abbildung 11 dargestellten Leistungs- und Verbrauchskurven aufweisen.

Bei 100 km/h würden 12 kW Leistungsbedarf genau 3 kg Kraftstoff je Stunde erfordern und damit einen Kraftstoffverbrauch von etwa 4 Liter Benzin auf 100 Kilometer. (Ein Liter Benzin wiegt etwa 750 Gramm).

Mit zunehmender Fahrgeschwindigkeit steigt der Leistungsbedarf deutlich an; die sog. Autobahn-Richtgeschwindigkeit (130 km/h) läßt sich auf der Ebene noch mit 22 kW (entspr. 30 PS) einhalten. Bei 160 km/h beträgt der Leistungsbedarf nach der oben angegebenen Formel mehr als 38 kW (52 PS), was mit dem angenommenen – sehr günstigen – spezifischen Verbrauch von 250 g/kWh etwa 12,7 Liter je Stunde bzw. einen streckenbezogenen Kraftstoffverbrauch von 8 l/100 km ausmacht – also eine Verdoppelung für die 1,6fache Geschwindigkeit.

Festzuhalten bleibt, daß der Leistungsbedarf für 100 km/h mit 12 kW (entsprechend etwa 16,5 PS) erheblich geringer ist als die üblicherweise installierte Motorleistung; heute weisen Pkw mit 1.000 kg Fahrzeugmasse die 4- bis 5fache Leistung auf. Dies liegt an dem Wunsch, auch bei höheren Geschwindigkeiten noch beschleunigen zu können. Ein Bedarf nach mehr Motorleistung besteht auch in unebenem Gelände: Um beispielsweise 5 Prozent Steigung mit 100 km/h zu bewältigen, sind für ein 1000-kg-Fahrzeug rund 14 kW

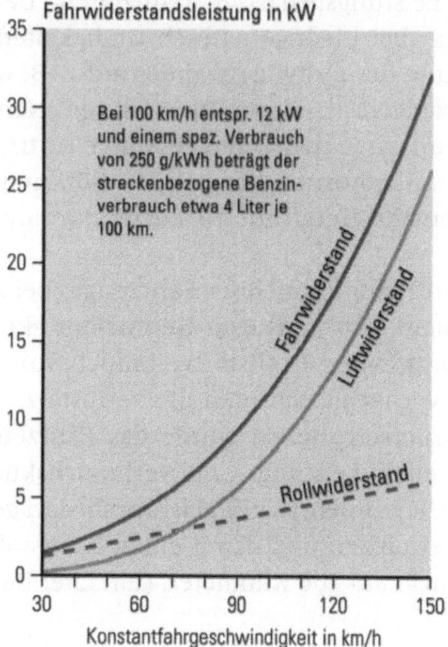

Abbildung 11

mehr Antriebsleistung erforderlich als bei ebener Straßenführung. Auch unter Berücksichtigung dieser Anforderungen sind unsere Fahrzeuge jedoch noch erheblich übermotorisiert, mit den darge- stellten negativen Folgen für den Teillastverbrauch.

Theoretische Zusammenhänge – Beschleunigungsfahrt

Der europäische Fahrzyklus (NEFZ), den wir bereits einige Male wegen seiner mangelnden Repräsentativität hinsichtlich des realen Fahrbetriebes auf den Straßen kritisiert haben, verlangt in seinen Beschleunigungsphasen natürlich ebenfalls nach mehr Antriebsleistung im Vergleich zu den Konstantphasen. Im Zyklusabschnitt, der den Innenstadtverkehr abbilden soll und Beschleunigungen auf maximal 50 km/h umfaßt, werden dem Motor allerdings nicht mehr als etwa 15 kW abgefordert; wie bereits erwähnt, sind die Beschleunigungsphasen in den Prüfkurven sehr moderat. In dem Zyklusabschnitt, der den Verkehr außerorts abbilden soll und der eine Beschleunigung auf maximal 120 km/h einschließt, steigt der Leistungsbedarf kurzfristig auf etwa 30 bis 35 kW. Wird allerdings, wie im realen Verkehr, kräftiger «draufgetreten», dann muß der Antriebsmotor auch mehr Leistung abgeben. Da wir nun einmal den geltenden Fahrzyklus als Bezugsmaß für die Verbrauchsbewertung akzeptiert haben, wollen wir uns im weiteren eher um die grundlegenden Ursachen des höheren Verbrauches und besonders um die Ansätze zu Verbesserungen kümmern als um weitere kritische Betrachtungen des Zyklus.

Der höhere Kraftstoffverbrauch bei ungleichmäßiger Fahrt im Vergleich zur Konstantgeschwindigkeit ist fahrzeugseitig vor allem auf die Energievernichtung beim Bremsen zurückzuführen – diese Energie mußte ja vorher für die Beschleunigung aufgewandt werden. Daneben spielt der bei den schnelleren Fahrtphasen höhere Luftwiderstand eine Rolle; hier wirkt sich die quadratische Abhängigkeit des Luftwiderstandes von der Geschwindigkeit aus. Die Rollwiderstandskraft ist dagegen von der Fahrgeschwindigkeit annähernd unabhängig; in der obigen Gleichung bedeutet der lineare Zusammenhang zwischen Leistung und Geschwindigkeit, daß zwar der Leistungsbedarf zunimmt, aber da ja auch eine proportional größere Fahrstrecke zurückgelegt wird, hat der Rollwiderstand auf den streckenbezogenen Verbrauch bei instationären im Vergleich zu stationären Geschwindigkeiten letztlich keinen Einfluß.

Aus physikalischer Sicht ist die zur Beschleunigung eingesetzte Energie nicht verloren, sie ist in Form von höherer Bewegungsenergie gespeichert. In der Praxis kann sie jedoch beim Bremsen nicht zurückgewonnen werden, der Aufwand zur Beschleunigung muß also fortlaufend neu geleistet werden. Der Leistungsbedarf für einen Beschleunigungsvorgang ist abhängig von der Fahrzeugmasse, der Fahrgeschwindigkeit und dem Wert der Beschleunigung. Diese ist physikalisch definiert als Geschwindigkeitsänderung je Zeit. Sie wird angegeben in der Einheit m/s². Um eine Geschwindigkeitserhöhung von 1 m/s (das entspricht umgerechnet 3,6 km/h) in einer Sekunde zu erreichen, bedarf es also der Beschleunigung 1 m/s². Bei Fahrzeugtests wird oft als Beschleunigungswert die Zeit für die Erreichung der Fahrgeschwindigkeit 100 km/h angegeben; ein bei Mittelklasse-Pkw üblicher Wert von z. B. 12 Sekunden entspricht einer durchschnittlichen Beschleunigung von 2,3 m/s². Dabei ist allerdings zu beachten, daß die Motorleistung bei niedrigen Fahrgeschwindigkeiten weit höhere Beschleunigungswerte erlaubt; zu hohen Geschwindigkeiten hin nimmt, wie jeder aus Erfahrung weiß, die in einer bestimmten Zeit erzielbare weitere Geschwindigkeitssteigerung ab.

Im Verlauf der letzten Jahrzehnte haben sich die Einschätzungen geändert, welche Leistungsreserven für die Beschleunigung notwendig sind. Um im oben angegebenen Modellbeispiel eines 1.000-kg-Autos bei 100 km/h noch eine Beschleunigung von 0,4 m/s² realisieren zu können – was innerhalb von 10 Sekunden die Geschwindigkeit um ganze 4 m/s, d. h. 14,4 km/h erhöhen würde –, müßte die Motorleistung gegenüber Konstantfahrt mit 25 kW mehr als verdoppelt werden. Die realen Verkehrsbewegungen erfolgen im gegenwärtigen Verkehr noch weit schneller, üblich sind heute mehr als dreimal so starke Beschleunigungswerte. Dies benötigt dann aber auch höhere Motorleistungen.

Beschleunigungen auf unseren Straßen

Nicht nur beim Anfahren nach der Ampel oder beim Überholen, sondern auch bei scheinbar gleichförmiger Fahrt beschleunigen und verzögern wir das Auto in bestimmtem Umfang. Jeder dieser Beschleunigungsvorgänge erfordert eine höhere Motorleistung, jedes Bremsmanöver wandelt Bewegungsenergie in Wärme um, die dann nutzlos von den Bremsen an die Umgebungsluft abgegeben wird.

Versucht ein Fahrer, bei lebhaftem Verkehr eine höhere Durchschnittsgeschwindigkeit zu realisieren, etwa indem jede Lücke im Verkehrsstrom zum schnelleren Vorwärtskommen ausgenutzt wird,

122

erfordert dies vielfach häufigere Gaspedal- und Bremsmanöver, als wenn der Fahrer im Verkehr «mitschwimmen» würde. Das fortlaufende Ausnutzen von Lücken durch Beschleunigung und Bremsen bedeutet dann auch deutliche Verbrauchserhöhungen.

Die vom TÜV Rheinland ermittelten Autobahn-Fahrkurven verdeutlichen, wie ungleichmäßig Autobahnfahrten bei diesen Verhaltensweisen sind, eben auch verbrauchstreibend. Die konstante Fahrt des gesetzlichen Fahrzyklus mit 120 km/h als Autobahn-Verbrauchstest ist eine sehr realitätsferne Festlegung. In Wirklichkeit liegt der Verbrauch – durch die Versuche der Fahrer, schneller vorwärtszukommen und durch die notwendigen Reaktionen auf die Bewegung der anderen Autos auf der Straße – höher als bei Konstantfahrt.

Auch im Stadtverkehr wird erheblich instationärer gefahren, als es die trapezartigen Fahrkurven der Normbedingungen unterstellen. Dies erklärt einen Teil der Diskrepanz zwischen den Normverbrauchsangaben der Hersteller und dem zu beobachtenden höheren Praxisverbrauch. Der Mehrbedarf an Beschleunigungsleistung ist der Hauptgrund für die installierten hohen Motorleistungen; ein weiterer ist der Wunsch nach hohen Endgeschwindigkeiten. Stellen wir uns ein «Ökoauto» ohne einen höheren Beschleunigungs- und Geschwindigkeitsanspruch vor. Für einen Pkw der Mittelklasse wäre, wenn die oben beispielhaft zitierte Beschleunigung von 100 auf 114 km/h in 10 Sekunden möglich sein soll, eine Antriebsleistung von etwa 25 kW ausreichend. Mit dieser Auslegung würde der Motor bei den überwiegenden Betriebsfällen (im Stadtverkehr oder auch im Überlandverkehr mit gleichmäßiger Geschwindigkeit um 70 bis 80 km/h) zwar noch im Teillastbereich mit einem gegenüber dem bisher unterstellten Optimum von 250 g/kWh schlechteren spezifischen Verbrauch betrieben werden, das Fahrzeug wäre jedoch weit effizienter als die üblichen stärker motorisierten Autos. Der NEFZ könnte mit dem kleinen Motor möglicherweise im Mittel mit etwa 300 g/kWh gefahren werden. Bei größeren Motoren dagegen würde man in demselben Fahrzyklus bis zu 600 oder mehr g/kWh aufwenden, also eine Verdoppelung des Verbrauchs in Kauf nehmen müssen. Je stärker die geforderte Beschleunigungs- und Höchstgeschwindigkeitswerte von dem im Alltagsbetrieb Normalen abweichen, desto ungünstiger werden die Wirkungsgrade, desto schlechter wird der Verbrauch im normalen Alltagsverkehr im Vergleich zu dem technischen Optimum.

Als Folge der Übermotorisierung unserer Autos lohnen sich beim Fahren gewisse Einsparstrategien, die auf den ersten Blick widersinnig erscheinen, aber technisch logisch sind. Man sollte nämlich bei seinem Auto das Gaspedal für die Beschleunigung weit durchtreten, also den Motor hoch belasten, um verbrauchsgünstig zu fahren. Dadurch befindet sich der Motor in einem verbrauchsgünstigen Zustand. Der Motor leistet dann zwar mehr – das führt in der Multiplikation von spezifischem Verbrauch und Leistung dann zu einem höheren Kraftstoffdurchfluß je Zeiteinheit –, die Beschleunigungszeit ist jedoch kürzer. Es muß natürlich schnell – also noch bei niedrigen Drehzahlen – in höhere Gänge geschaltet werden. Im Vergleich zu einer Beschleunigung mit behutsam betätigtem Pedal gewinnt man mit dieser Strategie insgesamt. Jedoch: Welch eine Absurdität, durch Fahrertricks die unsinnige Motorauslegung der Ingenieure korrigieren zu müssen! (Sparsam fahren heißt natürlich in jedem Fall mit niedrigen Geschwindigkeiten zu fahren.)

Optimierungsparameter Fahrzeugmasse

Das Verbesserungspotential in der Fahrzeugmasse ist – trotz vielfacher Diskussionen um Leichtbau und alternative Materialien – in den vergangenen Jahrzehnten nicht konsequent ausgeschöpft worden; vielmehr sind die Pkw immer schwerer geworden. Dies ist vor allem auf den Markttrend zu größeren, komfortableren Fahrzeugen zurückzuführen. Mit den installierten hohen Motorleistungen und Höchstgeschwindigkeiten sind die Festigkeitsanforderungen an das Fahrwerk und die Stabilitätsanforderungen an die Karosserie gestiegen; eine auf 200 km/h ausgelegte Baureihe muß schwerer gebaut werden als bei einer Auslegung auf maximal 130 km/h. Das Baukastenprinzip der Automobilindustrie, in dem eine Modellreihe mit sehr unterschiedlichen Motorisierungen angeboten wird, führt dazu, daß «langsame» Autos fast genauso schwer sind wie «schnelle». Zum Beispiel weist der mit 1,4 Liter Hubraum und 44 kW motorisierte VW Golf (Spitzengeschwindigkeit 157 km/h) im wesentlichen die gleichen gewichtsbestimmenden Merkmale auf wie das Spitzenmodell der Baureihe mit Sechszylindermotor von 2,9 Liter Hubraum und 140 kW (Höchstgeschwindigkeit 224 km/h). Die niedriger motorisierten Modellausführungen tragen also die Auslegung auf die Spitzenmodelle als verbrauchszehrende Last mit.

Wir dürfen allerdings nicht vergessen, daß die gesetzlichen Anforderungen an die Crashsicherheit verschärft worden sind. Trotz Verfeinerung der Berechnungsverfahren, um die Karosseriestruktur bei möglichst geringem Masseneinsatz optimieren zu können, mußten Gewichtserhöhungen vorgenommen werden. Der Insassenschutz begründet jedoch nur einen kleinen Teil der insgesamt vorgenommenen Gewichtserhöhungen.

Zur Reduzierung der Fahrzeugmasse stellen sich grundsätzlich zwei Strategien, die natürlich auch miteinander kombiniert werden können: das «Downsizing» , d. h. die Verkleinerung der Fahrzeuge (ggf. verbunden mit Innenraumreduzierungen) oder aber der Einsatz von besonders leichten, aber dennoch sehr festen Werkstoffen. Dafür kommen insbesondere Aluminium und bestimmte Kunststoffe in Frage. Die Kombination eines leichten Fahrzeugs mit einem hocheffizienten Antrieb kann dann den Verbrauch unter den Zielwert von 3 Litern pro 100 Kilometern bei kompakten Fahrzeugen reduzieren, für alle Klassen wäre das 50-Prozent-Ziel erreichbar.

Um den Kraftstoffverbrauch zu halbieren, muß auch das Fahrzeuggewicht etwa halbiert werden – mit Aluminium ist Audi bisher aber erst eine Absenkung um 15 Prozent gelungen. Dies ist ein erster Schritt, dem viele weitergehende Optimierungen folgen werden. Es kommt nicht nur auf die Fahrzeugkarosserie an, der Gewichtsanteil der übrigen Baugruppen ist ebenfalls erheblich.

Nach Angaben von BMW entfallen bei Fahrzeugen der 7er Reihe etwa 25 Prozent des Leergewichtes auf den Antrieb, 20 Prozent auf das Fahrwerk, 19 Prozent auf die Rohkarosserie, 25 Prozent auf die Karosserieausstattung, 5 Prozent auf die Elektrik und 6 Prozent auf Betriebsstoffe. Dies mag vor allem im Hinblick auf die Ausstattung nicht repräsentativ sein, es verdeutlicht jedoch, daß die Frage «Stahlblech-, Aluminium- oder Kunststoffkarosserie» überhaupt nur *ein Fünftel* der Fahrzeugmasse betrifft. Die bereits angesprochene Fahrwerksdimensionierung für hohe Leistungen und Geschwindigkeiten, die Komfort- und Ausstattungsansprüche als wesentlich massenbestimmende Faktoren bleiben meist in der Diskussion ausgeklammert. Die Massenangaben für den Antrieb sind etwa proportional zu dem Motorhubraum zu sehen. Damit wird wiederum deutlich, daß auch bei der Fahrzeugmasse die Leistungsauslegung einen wichtigen Einfluß hat.

Durch konsequente Orientierung an den niedrigeren alltäglichen Fahrgeschwindigkeiten, durch den Abbau von Übermotorisierung und damit einhergehende Reduzierung der Massen von Antrieb und Fahrwerk, durch Leichtbau an der Karosserie sowie durch Ausstattungsvereinfachung dürfte mit heutiger Technik eine Verringerung der Fahrzeugmasse um 20 bis 40 Prozent bei Mittel- und Oberklassefahrzeugen ohne Einschränkungen im Platzangebot und der Crashsicherheit möglich sein. Dies gilt in kurzfristiger Perspektive, d. h. ohne einen Innovationssprung in der Materialtechnik. Bei Mittelklassewagen dürften etwa 20 Prozent erreicht werden können.

Selbstverständlich gibt es unterschiedliche Ausgangsniveaus; in der Corsa-Klasse fällt beispielsweise der Renault Twingo um etwa 20 Prozent leichter als der VW Polo aus – wohlgemerkt bei etwa gleichem Raumangebot. Dennoch kann man auch bei diesem 800-kg-Pkw noch von wirtschaftlich realisierbaren Gewichtseinparungen von etwa 20 Prozent ausgehen – ohne Reduzierung der Sicherheitsstandards, wie die Erfolge bei der «Erleichterung» des Renault Twingo zum Greenpeace SmILE zeigen (siehe Kapitel 17). Das Potential für eine Gewichtsreduzierung ist um so größer, je schwerer die Autos heute sind. Als Folge der Gewichtsabnahme kann die Motorisierung wiederum kleiner ausfallen, ohne daß die Geschwindigkeits- und Beschleunigungsdaten sich verschlechtern. Damit ergibt sich eine Art Abwärtsspirale mit den Faktoren Masse und Leistungsbedarf: weniger Gewicht und ein kleinerer Antriebsmotor tragen beiderseits zum kraftstoffsparenden Fahren bei. Nun könnten als Folge der geringeren erforderlichen Antriebsleistung die Bauteile des Antriebsstranges leichter gestaltet werden, geringere Massenkräfte erlauben eine leichtere Konstruktion der Radaufhängung und so weiter. Die Verringerung der Fahrzeugmasse ist also der Schlüssel zu dem kraftstoffsparenden Auto (siehe Abbildung 12).

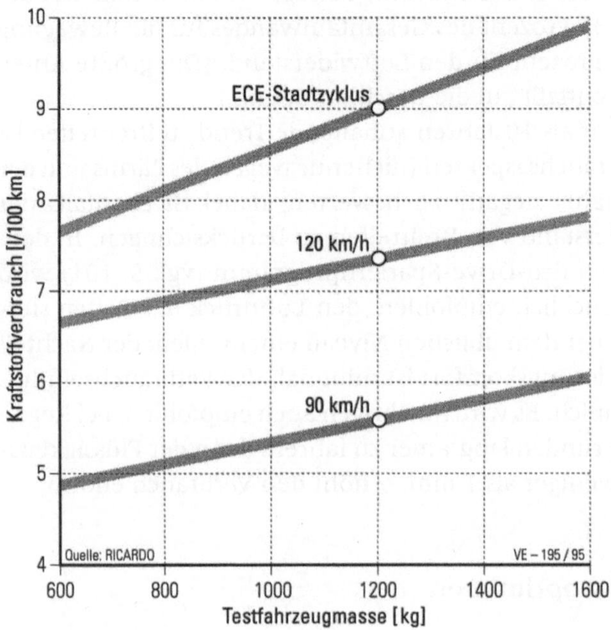

Abbildung 12

Rollwiderstand reduzieren

Der Rollwiderstand bestimmt den Leistungsbedarf eines Fahrzeuges vor allem bei niedrigen Fahrgeschwindigkeiten. Er ist um so wichtiger für den Kraftstoffverbrauch, je schwerer das Fahrzeug ist. Der in der obigen Beispielrechnung (s. S. 118) eingestellte Wert von 0,015 wird von neueren Leichtlaufreifen deutlich unterboten, diese sind jedoch bisher kaum auf dem Markt verbreitet. Die Rollwiderstandswerte von Nutzfahrzeugreifen von 0,006 bis 0,01 werden bald – so wird allgemein erwartet – auch bei Pkw-Reifen üblich sein. Mit einer Halbierung des Rollwiderstandes würde im niedrigen Geschwindigkeitsbereich, in dem der Luftwiderstand noch keine

127

Rolle spielt, eine Halbierung des Leistungsbedarfs für Konstantfahrt verbunden sein. Im Stadtfahrzyklus beträgt für einen Golf TDI der Rollwiderstand 39 Prozent des Gesamtaufwandes für die Bewegung – gegenüber 13 Prozent für den Luftwiderstand. (Der größte Anteil von 48 Prozent entfällt auf die Beschleunigung.)

Der seit mehr als 10 Jahren anhaltende Trend zu Breitreifen ist auch unter Verbrauchsaspekten (nicht nur wegen des Lärms und der Aquaplaninggefahr) negativ zu bewerten; dabei ist ebenfalls der höhere Luftwiderstand von Breitreifen zu berücksichtigen. In dem bereits erwähnten Eco-Drive-Sparlernprogramm (vgl. S. 101) wird übrigens nachdrücklich empfohlen, den Luftdruck der Reifen stets einige Zehntel über dem üblichen Niveau einzustellen; der Nachteil in bezug auf Federungskomfort ist minimal, der Verbrauchseinfluß dagegen beträchtlich. Es wird im übrigen auch empfohlen, bei Regen aus Verbrauchsgründen langsamer zu fahren, denn der Flüssigkeits-film, selbst bei weniger als 1 mm, erhöht den Verbrauch enorm.

Luftwiderstand optimieren

Im Luftwiderstand sind in den vergangenen Jahren die stärksten Fortschritte im Hinblick auf eine Reduzierung des Normverbrauches zu verzeichnen gewesen; dies drückt sich darin aus, daß von 1978 bis 1995 nach Angaben des Verbandes der Automobilindustrie (VDA) der Kraftstoffverbrauch von Pkw mit Otto-Motoren bei dem Prüfzustand 120 km/h um 25 Prozent verringert wurde, für den Stadtfahrzyklus jedoch nur um 18 Prozent (jeweils fahrstreckenbe-zogen). Bei der Konstant-Geschwindigkeit 120 km/h im alten Drit-telmix, in dem die Erfolge meist bilanziert werden, hat der Luftwi-derstand einen Anteil von rund 75 Prozent an der aufzuwendenden Bewegungsenergie; weil die Messung nicht die Beschleunigungs-phasen des Verkehrs berücksichtigt, wirkt sich die angestiegene Fahrzeugmasse kaum aus.

Die Verbesserungspotentiale beim Luftwiderstand sind aber weiterhin erheblich. Die Senkung des Beiwertes c_w von früher 0,45 oder mehr auf heute um 0,3 bei optimierten Modellen bedeutet nach dem obigen Rechenbeispiel für den Meßpunkt 120 km/h konstant eine Reduzierung des Antriebsleistungsbedarfes um rund 27 Prozent, was bei konstantem spezifischem Verbrauch einer analogen Verbrauchssenkung entspricht. Kurzfristig wird eine weitere Verbesserung des c_w-Wertes auf unter 0,2 für erzielbar gehalten. Dies würde nochmals eine relative Verbrauchssenkung um mehr als 24 Prozent ermöglichen.

Zielkonflikt Luftwiderstand – Praxistauglichkeit

Kritisch ist gegen die weitere Absenkung des Luftwiderstandsbeiwertes anzumerken, daß die Alltagstauglichkeit leidet. Die verbrauchssenkende Wirkung kommt ohnehin erst bei Fahrgeschwindigkeiten ab ca. 60 km/h, vor allem aber bei hohem Autobahntempo zum Tragen. Die immer flachere Neigung der Front- und Heckscheiben erzeugt Probleme mit der Innenraumüberhitzung durch Sonneneinstrahlung; begegnet man diesem Problem mit Klimaanlagen, kann dadurch der erzielte Verbrauchsvorteil wieder aufgezehrt werden. Der Energieaufwand zum Betrieb von Fahrzeug-Klimaanlagen ist beträchtlich: Nach Messungen der Technischen Hochschule Aachen von 1994 erhöhte sich durch den vollen Betrieb der Innenraumklimatisierung bei einem BMW 525 der Kraftstoffverbrauch bei 90 km/h konstant von 7,89 auf 8,94 l/100 km; bei 120 km/h von 9,80 auf 10,75 l/100 km. Im Außerortsteil des NEFZ wurde eine Steigerung von 10,95 auf 12,43 l/100 km als Folge des Betriebes der Klimaanlage festgestellt – eine Verbrauchserhöhung um 13,5 Prozent!

Ohnehin sind Auto-Klimaanlagen aufgrund ihrer Kältemittel ökologisch bedenklich. Der bisher verwendete Fluorchlorkohlenwasserstoff R 12 (Dichlorfluormethan), der sowohl wegen seines Beitrages zur Zerstörung der Ozonschicht als auch wegen eines gegenüber CO_2 7300fach höheren Treibhauseffektes je Emissionseinheit nicht weiter verwendet werden soll, wird zumindest in Deutschland – außer in Altanlagen – nicht mehr eingesetzt. Aber auch der Ersatzstoff R 134a (Tetrafluorethan) weist noch ein relativ hohes Treibhauspotential in Höhe des 1.200fachen von CO_2 auf. Der Klima- und Ozonkiller R12 galt übrigens bis vor wenigen Jahren noch als ideales Kältemittel – billig und ökologisch völlig unbedenklich. Diese Bewertung hat sich vollständig verändert. Bei wie vielen Substanzen, die wir heute bedenkenlos in die Umwelt entlassen, werden wir in der Zukunft wohl unsere Einschätzungen ebenfalls revidieren müssen? Bei gentechnischen Produkten möglicherweise? Letztlich kann man nur sicher sein, das Richtige zu tun, wenn der Energie- und Ressourcenverbrauch verringert wird. Die gegenwärtigen Modetrends sehen anders aus. Die Vermarktung von Klimaanlagen für Autos schreitet gegenwärtig stark voran, einzelne Hersteller bieten sie sogar ohne Aufpreis an. Die Absatzstrategen der Industrie prognostizieren, daß sich in Deutschland von 1995 bis 2005 der Bestand an Pkw mit Klimaanlagen von etwa 5,6 Mio. auf etwa 18 Mio. erhöht haben wird. Unvermeidlich werden die Emissionen durch Leckagen (auch infolge von Unfällen) und unsachgemäße Handhabung bei Reparatur und Verschrottung ansteigen. Die Nachfrage dürfte zumindest zu einem erheblichen Teil auch auf die letztlich übertriebene Absenkung des Luftwiderstandes zurückzuführen sein. Im Rahmen einer Gesamtoptimierung könnte es – besonders auch im Rahmen eines Niedrig-Geschwindigkeitskonzeptes – sinnvoll sein, den Faktor Luftwiderstand zu überdenken.

Beim Luftwiderstand steckt übrigens noch ein erhebliches Potential in der Glättung des Fahrzeugbodens, auf den etwa 40 Prozent des Luftwiderstandes des gesamten Fahrzeuges entfallen (Karosserie: ebenfalls 40 Prozent, Durchströmung von Motor- und Innenraum: 20 Prozent). Nicht zuletzt ist auch die Stirnfläche der Fahrzeuge im Hinblick auf eine Reduzierung des Luftwiderstandes zu bedenken. Dabei geht es vor allem um die gegenwärtig fortlaufend ansteigende Fahrzeugbreite: Der Ur-Golf war 161 cm breit, der Golf II 167 cm, das neueste Golf-Modell weist 173,5 cm auf – zusammen mit der geringfügig angestiegenen Fahrzeughöhe macht das eine Flächenzunahme um fast 10 Prozent aus, die den Luftwiderstand entsprechend erhöht. Die Verbesserung des relativen c_w-Wertes muß mit dieser Flächenzunahme erst einmal fertig werden. Auch hier sieht man einmal mehr, daß technische Verbesserungen durch gestiegene Komfortansprüche konterkariert werden.

Wirkungsgrad von Antriebsmotoren

Verbrennungsmotoren von Kraftfahrzeugen haben aufgrund thermodynamischer Gegebenheiten generell einen Wirkungsgrad von maximal etwa 40 Prozent; bei Dieselmotoren erreicht man etwas mehr, für Otto-Motoren werden heute ca. 35 Prozent angegeben. Mit anderen Worten: Fast zwei Drittel der eingesetzten Kraftstoffenergie werden prinzipbedingt nutzlos verschwendet. Aber auch die genannten Wirkungsgrade werden in der Praxis nur selten erreicht, weil ein Fahrzeugmotor überwiegend im unteren Leistungsbereich betrieben wird, dort ist die Kraftstoffausnutzung (noch) schlechter und damit der spezifische (leistungsbezogene) Verbrauch (noch) ungünstiger. Im Vergleich zum Bestpunkt kommt es zu einem mehr als doppelt so hohen spezifischen Verbrauch.

Bei einem Ottomotor mittleren Hubraums erreicht man im verbrauchsgünstigsten Betriebszustand, der sich stets bei mittleren Motordrehzahlen etwas unterhalb des höchsten Drehmomentes befindet, typischerweise 250 g Benzinverbrauch je kWh, bei größeren Zylinderhubvolumina noch etwas weniger. Dagegen müssen bei Teillast, z. B. im Stadtverkehr, wenn weniger als ein Viertel der maximal erreichbaren Motorleistung benötigt wird, typischerweise 500 g/kWh bis 800 g/kWh aufgewendet werden. Die Schlußfolgerung: Verbrauchsgünstig sind kleine Motoren mit geringem Hubraum und geringer Maximalleistung, die im Verkehr spezifisch hoch ausgelastet werden. Das bedeutet, daß dann der kleine Motor die im Verkehr geforderte Leistung sparsamer produziert als der große Motor. Bei niedriger Last betriebene Motoren sind unwirtschaftlich, große Motoren werden häufiger unwirtschaftlich betrieben als kleine.

Der spezifische Kraftstoffverbrauch steigt außerdem zu hohen Drehzahlen hin an, was auf die zunehmende Reibung im Motor zurückzuführen ist. Schließlich ist der Vollastbetrieb ebenfalls ein Betriebszustand mit ungünstiger Verbrauchscharakteristik, also der Zustand bei voll durchgetretenem Gaspedal, wenn zur Erreichung maximaler Leistung (für maximale Fahrgeschwindigkeit oder maximale Beschleunigung) das Brenngemisch angefettet wird. Aus der Tatsache, daß günstige Kraftstoffverbrauchswerte nur in einem kleinen Teil des Kennfeldes, nämlich bei rund 90 Prozent des maximalen Drehmomentes und bei niedriger bis mittlerer Drehzahl erreicht werden, leitet sich vor allem eine strategische Konsequenz ab: Der Motor muß einen kleinen Hubraum haben (s. Bild 2 im Farbteil).

Großer Hubraum heißt im übrigen auch hoher Reibungswiderstand, dies ist ein weiteres Argument für wenig Hubraum. Unsere Pkw-Motoren sind heute einfach überdimensioniert und haben deshalb einen überhöhten Kraftstoffbedarf. Eine Verkleinerung des Hubraums ist erforderlich, um in den hauptsächlichen Verkehrssituationen mit günstigem Wirkungsgrad fahren zu können. Abbildung 1 im Farbteil zeigt schematisch auf, wie sich bei einer Verkleinerung des Motorhubraumes auf 60 Prozent des Ausgangszustandes die am häufigsten gefahrenen Betriebszustände spezifisch günstiger darstellen. Wir halten sogar noch erheblich weitergehende Hubraumreduzierungen für vertretbar.

Das wesentliche Problem beim Übergang auf hubraumkleinere Motoren liegt allerdings in dem ungünstigen Beschleunigungsvermögen. Um bei einer bestimmten Fahrgeschwindigkeit noch beschleunigen zu können, muß ein Drehmoment-Überschuß vorhanden sein. Dieser wird in der Abbildung 1 im Farbteil mit den Kennfeldern des großen und des kleinen Motors in dem Abstand von der Fahrwiderstandslinie bis zur Kurve des maximalen Momentes verdeutlicht. Je größer dieser Abstand ist, desto mehr Kraftreserve hat der Motor zum Beschleunigen. Um einen möglichst hohen Drehmomentüberschuß für die Beschleunigung zu bekommen, wird in der Praxis das Getriebe einen Gang heruntergeschaltet, d. h. es wird die momentane Fahrgeschwindigkeit mit einem niedrigeren Drehmoment und einer höheren Motordrehzahl realisiert.

Die physikalischen Zusammenhänge zwischen Drehmomentüberschuß und Beschleunigungszeit sind einfach. Im Grundsatz spielt neben dem Motormoment und der momentanen Getriebebzw. Achsuntersetzung nur die Fahrzeugmasse eine Rolle. Je schwerer das Fahrzeug ist, desto langsamer erfolgt bei gegebener Motorausstattung die Beschleunigung. Umgekehrt sind die angestrebten Beschleunigungswerte ein entscheidender Faktor für die Auslegung des Antriebsaggregates. Um schnell beschleunigen zu können, wird ein hubraumgroßer Motor eingebaut; diese für alle Normalverkehrszustände zu hohe Motorisierung führt dazu, daß im Stadt- und Überlandverkehr mit den häufigsten Geschwindigkeiten in der Teillast mit ungünstigem Motorwirkungsgrad, d. h. hohem spezifischem Verbrauch gefahren wird.

Weniger Hubraum für weniger Verbrauch

Diese Zusammenhänge sollen im folgenden an einem Praxisbeispiel erläutert werden (siehe Abbildung 13). Modellfall sei ein 1,8-l-Mittelklassefahrzeug mit einer Fahrzeugmasse von 1.200 kg (einschließlich mittlerer Besetzung mit rechnerisch 1,5 Personen). Durch den Einbau von geometrisch ähnlichen, gleich ausgelegten hubraumkleineren Motoren werden die Motorbetriebspunkte in Richtung auf günstigere spezifische Verbrauchswerte verschoben, dieser Zusammenhang kann als annähernd linear angesehen werden. Im «Europäischen Stadtverkehrszyklus» würde sich bei einem Motor mit 1,4 Liter Hubraum ein Verbrauch von etwa 7,7 statt vorher 9 Liter auf 100 Kilometer ergeben. Die erreichbare Höchstgeschwindigkeit sinkt bei dem Fahrzeug von 185 auf 165 km/h. Die Beschleunigungen können bei kleinerem Hubraum des Motors dann auch nur etwas langsamer erfolgen, statt – im Beispielfall – in 11,3 Sekunden würde man 14,5 Sekunden von 0 auf 100 km/h benötigen.

Eine Höchstgeschwindigkeit auf der Ebene von 120 km/h würde bei dem dargestellten Beispiel mit einem Motorhubraum von 800 Kubikzentimetern noch zu realisieren sein. Diese Reduzierung des Hubraumes und dadurch eintretende Verbesserung des Wirkungsgrades führt zu einer Verbrauchssenkung im Stadtverkehr um ein Drittel, nämlich auf 6 l/100 km, und für die stationären Meßgeschwindigkeiten 90 und 120 km/h zu Absenkungen um 22 Prozent bzw. 13 Prozent. Hinzuweisen ist darauf, daß dabei keine Veränderungen im Fahrzeuggewicht berücksichtigt werden. Die Beschleunigungswerte eines solchen niedrig motorisierten Mittelklasse-Pkw würden sich dann von den ursprünglichen 11,3 auf etwa 26 Sekunden für den Spurt von 0 auf 100 km/h verändern.

Ein 800 cm³-Motor würde allerdings erheblich leichter sein als das Vergleichsaggregat mit 1.800 cm³. Die niedrigere Höchstge-

VROM-Studie CO$_2$-Emissionen von Pkw
Fahrzeugsimulation / Einfluß der Hubraumgröße (Basis = 1,8 l)

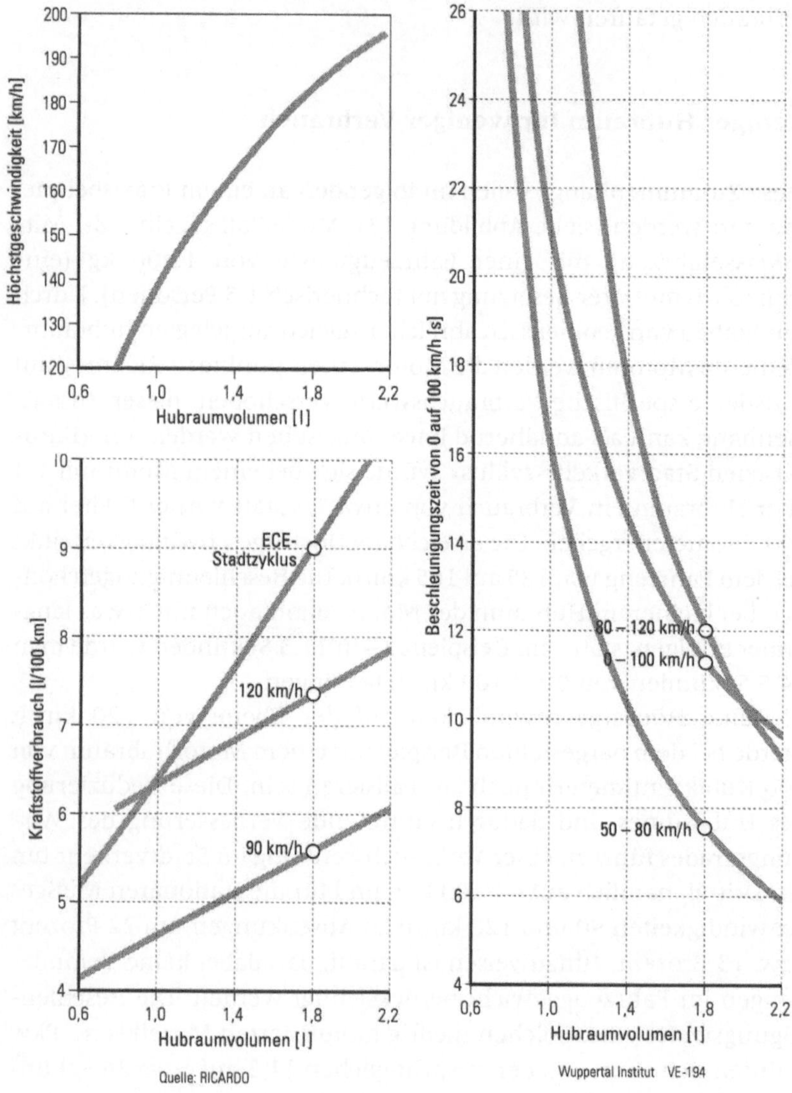

Abbildung 13

schwindigkeit würde Gewichtseinsparungen in vielerlei Hinsicht, u. a. an der Karosserie, am Fahrwerk und an den Reifen ermöglichen. Bezieht man sich wieder auf den Ausgangszustand, so würde eine Gewichtsverringerung um z. B. 200 kg von 1.200 auf 1.000 kg die Beschleunigung von 11,3 auf 10 Sekunden verbessern. Die direkten Verbrauchsauswirkungen im Stadtfahrzyklus sind relativ gering (von 9 auf 8,5 l/100 km). Mehr kann man sparen, wenn ein kleiner Motor eingesetzt wird, der das leichtere Fahrzeug dann genauso beschleunigt wie bei der Ausgangssituation.

Die Bedeutung der Gewichtsreduzierung liegt also vor allem darin, daß der Zielkonflikt zwischen einer Motorisierung für niedrigen Verbrauch und dem Beschleunigungsverhalten aufgelöst werden kann. Ein halb so schweres Fahrzeug kann mit einem halb so starken Motor die gleichen Beschleunigungswerte aufweisen. Solange derartig starke relative Gewichtsabsenkungen, wie sie hier für die Motorisierung vorgeschlagen werden, nicht erreichbar sind, muß das Niedrigverbrauchsauto mit ungünstigeren Beschleunigungszeiten ausgestattet sein – wenn man die Motorauslegung ohne weiteren technischen Aufwand konstruktiv ähnlich den größeren Aggregaten beibehält.

Abhilfe ist nur dadurch möglich, daß die Vorteile des niedrigeren Verbrauches durch den kleineren Hubraum erreicht werden, aber eine höhere Beschleunigungsfähigkeit durch zusätzliche Antriebsenergie verfügbar gemacht wird. Bei Verbrennungsmotoren kann dies durch hohe Aufladung geschehen. Andere Lösungen sind z. B. ein Hybridkonzept, bei dem aus einer Speicherbatterie kurzzeitig Beschleunigungsenergie eingespeist wird. Problematisch bei der Realisierung einer hohen Motorleistung bleibt in jedem Fall, daß sie von den Nutzern auch in höhere Fahrgeschwindigkeiten und Beschleunigungsaktivitäten umgesetzt wird. Dies wiederum bedeutet in jedem Fall Mehrverbrauch gegenüber langsamerer und gleichmäßigerer Fahrt. Die Angaben in dem Verbrauchsmeßzyklus berücksichtigen diesen subjektiven Faktor natürlich nicht.

Ableitung der Drei-Liter-Strategie nach Piëch

Der VW-Chef Ferdinand Piëch vertrat in seiner bereits erwähnten
Ankündigung des Drei-Liter-Autos in einem Zeitschriftenbeitrag von
1992 eine etwas andere technische Strategie als die oben entwickelte. Er ging dabei von dem Mittelklassefahrzeug Audi 80 aus.
In den drei Meßzuständen des Drittelmix, der damals noch für die
Verbrauchsmessungen das Maß der Dinge war, benötigte ein serien-
mäßiger Audi 80 laut Piëch einen durchschnittlichen Verbrauch von
1,80 Liter je 100 Kilometer. Um einem vorschnellen Jubel vorzu-
beugen: Dieser Wert bezieht sich nur auf den Bedarf an Bewegungsenergie für diese Testbedingungen, der in dem Energieinhalt
des Benzin- oder Dieselkraftstoffes ausgedrückt wird. Es wird also
rein hypothetisch angenommen, daß es ein Antriebsaggregat mit
100 Prozent Wirkungsgrad gäbe, und daß keine weiteren Verluste
wie z. B. im Getriebe auftreten.

Dies ist natürlich nicht erreichbar; der Wirkungsgrad eines Pkw-
Ottomotors im Zyklus liegt – vor allem wegen der oben dargestellten
Teillastproblematik, aber auch aufgrund thermodynamischer Natur-
gesetze – erheblich niedriger. Nimmt man einen Wert von etwa 25
Prozent an, so vervierfacht sich der Kraftstoffbedarf, der Verbrauch
läge dann bei 7,6 Litern, was ein plausibler Wert für den Normverbrauch wäre.

Weiter auf dem Weg zum Drei-Liter-Ziel

Selbst ein im besten Verbrauchspunkt betriebener Diesel-Direktein-
spritzer mit einem theoretischen Wirkunsgrad von 47 Prozent – im
theoretischen Vergleichsprozeß – erforderte für das Modellfahrzeug
einen Verbrauch von 3,8 Litern; wieder ohne Berücksichtigung aller
weiteren praktisch vorkommenden Verluste im Antriebsstrang. Im
Bestpunkt, nahe Vollast bei 2000 Kurbelwellenumdrehungen pro
Minute, werden übrigens in Fachveröffentlichungen für den Golf
TDI 42 Prozent angegeben. Mit den üblichen Verlusten für Getriebe
usw. ist allein durch Effizienzverbesserungen beim Antrieb ein Drei-
Liter-Auto von der Größe des Audi 80 also nicht zu machen.

Allerdings, so hatte Piëch damals ausgeführt, liege ja in den anderen Parametern noch erheblicher Optimierungsspielraum, vor allem im Fahrzeuggewicht. Mit 30 bis 35 Prozent Reduzierung gegenüber dem Original, vor allem durch den Einsatz von Aluminium, ließe sich der Bedarf an Antriebsleistung so weit reduzieren, daß mit den motorseitig erreichbaren Wirkungsgraden drei Liter je 100 Kilometer, bewertet im Drittelmix, erreicht werden könnten. Damit ist das Thema angesprochen, das in Kapitel 9 diskutiert wird, die Perspektiven des Aluminiums im Fahrzeugkörper. Damit könnten die für das Drei-Liter-Ziel erforderlichen Massenreduzierungen unter Umständen erreicht werden. Audi und VW setzen vor allem in kurzfristiger Sicht auf den Turbodiesel mit Direkteinspritzung für das Drei-Liter-Auto. Der Benziner könne erst längerfristig einen solchen Stand erreichen, heißt es. Die Befürworter des Benziners verweisen neben den Umwelt- und Gesundheitsargumenten vor allem auf Lärm- und Erschütterungsprobleme, die den Diesel für den Antrieb von Leichtbaufahrzeugen weniger geeignet machten.

Dieselmotoren müssen stets schwerer sein als Benzinmotoren vergleichbarer Leistung, weil ihr Verbrennungsverfahren höhere Drücke im Brennraum erfordert. Dies sowie die aufwendigen Maßnahmen zur Schallisolierung und zur Entkopplung der stärkeren Vibrationen des Motors vom Fahrzeugkörper bedingt nicht nur ein Mehrgewicht, sondern auch Mehrkosten. Auch die Einspritzanlage eines Dieselmotors wird wegen der höheren Kraftstoffdrücke immer schwerer und teurer konstruiert werden müssen als bei einem Benziner.

Um den idealen Weg zur Verbrauchsoptimierung eines Fahrzeugs zu beschreiben, haben wir oben die Abwärtsspirale skizziert: ein leichtes Fahrzeug mit geringem Rollwiderstand, angetrieben von einem leichten Motor mit wenig Hubraum. Der Verzicht auf hohe Geschwindigkeiten und auf eine rasante Beschleunigung würde es ermöglichen, bereits heute ohne exotische Materialien und mit der heute verfügbaren Antriebstechnik eine Halbierung des Kraftstoffverbrauchs zu erreichen. Das wäre dann das Drei-Liter-Auto in der Klasse der Kompaktfahrzeuge.

Teil II
Zukunftskonzepte der Automobilindustrie

7 Kraftstoffsparen à la VW – Was bietet der größte deutsche Hersteller?

In diesem Kapitel wie auch bei den nachfolgenden Kapiteln zu den Sparkonzepten der Hersteller geht es nicht nur um das Drei-Liter-Ziel, sondern in einem umfassenden Ansatz um die Technikstrategien zur Verbrauchssenkung allgemein. VW und Opel haben zwar beide jeweils versprochen, Drei-Liter-Autos in den nächsten Jahren auf den Markt zu bringen. Diese aber nur als Nischenmodelle anzubieten, macht wenig Sinn im Hinblick auf die energetische und klimatische Gesamtbilanz des Verkehrs. Die Energiespartechnik muß in allen Fahrzeugklassen zum Einsatz kommen, vor allem auch bei den großen Modellen mit ihren überdurchschnittlich hohen Kilometerleistungen. Dies ist auch dann zu erwarten, wenn sich die Technik erst einmal in der Praxis bewährt hat. Die Drei-Liter-Konzepte von VW und Audi können also Schrittmacherdienste leisten; insofern sind sie auch für den gesamten Fahrzeugbestand wichtig.

Umgekehrt befruchten natürlich auch energiesparende Innovationen in den größeren Fahrzeugen den Fortschritt in der Entwicklung von Drei-Liter-Autos. Die meisten autotechnischen Innovationen sind bisher «von oben» in den Markt hineingelangt, man denke beispielsweise an Airbags, Antiblockieranlagen und Servolenkung. Teurere Leichtmetalle sind ein weiteres Beispiel dafür, siehe den Audi A8. Eine Sackgasse bei der Einführungsstrategie von der Oberklasse her ist allerdings dort zu befürchten, wo es um nachträgliche Verbesserungen auf der Basis von grundsätzlich untauglichen, weil von Grund auf zu großen und zu schweren Konzepten geht. Hier zeigt sich die Widersprüchlichkeit von Zusatzausstattungen wie der Servolenkung: Weil die Antriebsaggregate zu schwer geraten sind, benötigt man Lenkhilfen, die dann wieder das Gewicht erhöhen. Besser wäre es, die Fahrzeuge von Beginn an energieoptimiert zu konzipieren. Die Hersteller bevorzugen jedoch Entwicklungen in kleinen Schritten, um die Kosten und das Absatzrisiko am Markt niedrigzuhalten. Auch VW geht so vor, weshalb die hier vorgestellten Lösungsansätze auch eher bescheiden anmuten. Sie tragen jedoch dazu bei, Erkenntnisse zu sammeln und Technologien bereitzustellen für die jeweils nächsten Schritte. VW wäre eigentlich der Hersteller für weitreichende Schritte zur Verbrauchssenkung. Im Moment scheinen die Interessen der Konzernführung allerdings eher in der Luxusklasse und bei den Zwölf- oder Achtzehnzylindern zu liegen als bei dem Ziel, alltagstaugliche Drei-Liter-Autos in der Mittelklasse anzubieten.

Vom Volkswagenwerk gab es bereits Mitte der siebziger Jahre immer wieder den Versuch, das Thema Kraftstoffsparen bei den Kunden anzusprechen und technische Hilfen dafür anzubieten. VW (und auch Audi) boten sogenannte «4 plus E»-Getriebe an. Das E stand für «Economy», und dahinter verbarg sich ein besonders lang ausgelegter 5. Gang, d. h. ein für Autobahngeschwindigkeiten besonders drehzahlsenkender Gang. Durch die Drehzahlreduzierung wird bei gleichen Geschwindigkeiten Kraftstoff gespart. Der Nachteil einer solchen Auslegung liegt darin, daß nur noch wenig Drehmomentüberschuß für das Beschleunigen oder bei Steigungen zur Verfügung steht, dort muß dann in den 4. Gang zurückgeschaltet werden.

Die Käufer und die Tester der Automagazine waren von dieser Getriebeidee nicht sehr angetan, da den Abstufungen eines üblichen 4-Gang-Getriebes letztendlich lediglich ein weiterer Spargang hinzugefügt wurde. Die Vorteile eines «echten» 5-Gang-Getriebes wurden nicht erreicht, d. h. schnellere Beschleunigung durch enger gestufte Gänge. Heute gibt es die «4-plus-E»-Auslegung kaum noch.

Schaltanzeige und Start-Stop-Automatik

Zu den nur relativ kurz angebotenen Sparhilfen gehörte dann die Schaltanzeige, mit deren Hilfe der Autofahrer zur Benutzung des jeweils verbrauchsgünstigsten Ganges veranlaßt werden sollte. Technischer Hintergrund für diese Hilfe ist die Tatsache, daß niedrige Teillastzustände bei höheren Drehzahlen für den Verbrauch ungünstig sind, so daß in diesen Fällen dem Fahrer ein höherer Gang mit niedrigerer Drehzahl empfohlen wird – das gleiche Prinzip also wie die eben beschriebene Economy-Auslegung für hohe Geschwindigkeiten. Von den Kunden wurden die Aufforderungen zum Schalten jedoch als bevormundend und nervtötend beurteilt, und manch ein Autofahrer veranlaßte seine Werkstatt, die blinkende Anzeige lahmzulegen. Irgendwann verschwand sie aus dem VW-Angebot.

Die Vermeidung von verbrauchs- und emissionsträchtigen Standphasen mit laufendem Motor wurde von den VW-Ingenieuren ebenfalls als Problem empfunden, das die Technik lösen sollte. Da bei einem manuellen Abstellen per Zündschlüsseldrehung vor einer längeren roten Ampelphase oder im Stau bei vielen Modellen gleichzeitig das Fahrlicht zum Standlicht umgeschaltet wird und außerdem bei dem Wiederstart die Handhabung mit dem Zündschlüssel etwas aufwendig ist, wurde die sog. Start-Stop-Automatik vorgestellt. Damit konnte durch Tastendruck der Motor in den Standphasen abgestellt werden, durch einen weiteren Tastendruck oder auch durch einen Tritt auf das Gaspedal sprang der Motor mittels Anlasser wieder an. Bedenken wegen des häufigen Anlassens konnte dadurch begegnet werden, daß Batterie und Anlasser gegenüber den Serienmodellen verstärkt und damit für die häufigeren Belastungen angepaßt würden, so VW. Die Idee des konsequenten Motorabstellens in Standphasen, also die Vermeidung des unnützen Motorbetriebs im Leerlauf, hat jedoch weder in Deutschland noch in anderen Ländern große Verbreitung gefunden. Vom Umweltbundesamt wurde entsprechenden Initiativen, die auch von privaten Verbänden ausgingen, warnend entgegengehalten, daß die Mehremissionen beim Anlassen zu einer negativen Gesamtbilanz im Vergleich zum Laufenlassen des Motors führen könnten, wenn eine Auszeit von 45 bis 60 Sekunden unterschritten würde.

Seither hat sich die Meinung durchgesetzt, daß die Autofahrer
zwar in Situationen mit besonders langen Wartezeiten, beispielsweise an Bahnübergängen, zum Motorausschalten aufgefordert
werden sollten, daß im normalen Stadtverkehr und bei dem kurz-
zeitigen Warten an Ampeln dies eher nicht zu empfehlen ist. Nach
der Einführung des Katalysators kam als zusätzliches Argument
gegen das Abschalten der Hinweis von seiten des Umweltbundesamtes, daß dessen Reinigungswirkung von der Temperatur dieses
Bauteiles abhängt und daß ein Abschalten des Motors zu einem
Absinken der Temperatur im Kat führt, also zu einer Verschlechterung der Abgasentgiftung.

Die Diskussion über das Für und Wider des «Abschaltens» ist
heute etwas verklungen. Letztlich stimmen die Fachleute darin
überein, daß unter normalen Bedingungen der Einspareffekt relativ
begrenzt ist. Als generelle Strategie eignet sich das Abschalten vor
allem nicht für die älteren Fahrzeuge im Bestand, die schlechter als
Neufahrzeuge anspringen. Das könnte sogar höhere Emissionen
beim Startvorgang und nervöse bzw. ungeduldige Reaktionen bei
den hinter dem entsprechenden Fahrzeug stehenden Autofahrern
hervorrufen. Die einfache technische Hilfe Start-Stop-Schalter ist
daher weitgehend aus den Überlegungen und Angeboten verschwunden.

Nutzen der Schwung-Nutz-Automatik

Nach wie vor interessant – gleichwohl ebenfalls zur Zeit nicht erhält-
lich – ist die ebenfalls von VW entwickelte Schwung-Nutz-Automatik (SNA). Wieder wird der Motor während bestimmter Fahrtphasen abgeschaltet, d. h. der Motor steht immer dann still, wenn er
nicht unmittelbar seine Kraft zum Antrieb abgeben muß. Gegenüber
dem reinen Start-Stop-System, das nur bei Stillstand des Fahrzeugs
zum Tragen kommt, sind damit erheblich höhere Zeitanteile ohne
Motorbetrieb und Kraftstoffverbrauch möglich: In allen Betriebs-
phasen, in denen man das Gas wegnimmt und das Fahrzeug also nur
durch seine eigene Massenträgheit rollt, wird der Motor abgeschaltet, weil gerade keine Antriebsleistung von ihm gebraucht wird.

Bestimmte Funktionen wie Lenkhilfe und Servobremse bleiben trotzdem erhalten. Die möglichen Abschaltphasen machen vor allem im Stadtverkehr einen erheblichen Anteil der Betriebszeit aus, bei schneller Fahrt auf einer relativ wenig befahrenen Autobahn andererseits kommen derartige Phasen so gut wie gar nicht vor. Die Einspareffekte sind also nur dort vorhanden, wo der Motor in den Verzögerungsphasen des Autos – und natürlich im Stand – ohne Beeinträchtigung der Fahrzeugbewegungen abgeschaltet werden kann. VW sieht trotz der bisher fehlenden Kundenakzeptanz für diese Entwicklung eine Zukunft.

Funktion der SNA

Die Schwung-Nutz-Automatik von VW nimmt, im Unterschied zum Start-Stop-Schalter, dem Fahrer die Entscheidung ab, wann der Motor schweigen soll. Dies ist natürlich gewöhnungsbedürftig, manch einer der Fahrer glaubte in der Alltagspraxis nicht recht an das zuverlässige Wiederanspringen bei Antippen des Gaspedals für das Wiederanfahren oder für das Beschleunigen im Verkehrsstrom. Uns sind Nutzer dieser Modelle bekannt, die die SNA ausschalteten und den Motor stets in Betrieb hielten. Wer sich auf die Automatik verließ und sich schließlich an das bei jeder Schiebephase konsequent praktizierte Motorabschalten gewöhnte, der entwickelte auch häufig einen sportlichen Ehrgeiz dahingehend, möglichst vorausschauend zu fahren und möglichst lange Streckenabschnitte mit ausgeschaltetem Motor zu «segeln». Im Stadtverkehr kam man auf eine Auschaltdauer von etwa 45 Prozent. Der Lohn waren durchaus beachtliche Einsparungen! Nach Angaben von VW erzielten mit SNA ausgerüstete sog. Öko-Golf-Modelle rund 20 bis 25 Prozent Verbrauchssenkung, im Stadtfahrtest Wolfsburg wurde eine Verbesserung von 5 auf unter 4 Liter je 100 Kilometer demonstriert. Auch bei den Schadstoffemissionen wirkte sich die SNA günstig aus.

Die Entwicklung der SNA begann bereits Anfang der achtziger Jahre und führte 1989 zur Vorstellung des endgültigen Konzepts. Sie wurde nur in einem Golf mit Wirbelkammer-Dieselmotor angeboten, ein bis zu jener Zeit übliches Antriebsaggregat für sparsame

VW-Diesel-Pkw. Die ingenieurtechnische Realisierung war recht aufwendig. Schwungscheibe und Kupplung konnten sowohl von der Kurbelwelle als auch nach der Getriebeseite hin jeweils getrennt werden. Bei Abschalten des Motors in einer «Segelphase» wurde das Schwungrad von der Kurbelwelle getrennt und rotierte daher weiter, auch wenn der Motor nicht mehr in Betrieb war. Diese Rotationsenergie konnte dann hervorragend dazu benutzt werden, den Motor wieder zu starten, wenn durch einen Tritt auf das Gaspedal Motorkraft abgefordert wurde.

Das Modell, in dem diese Lösung schließlich auf den deutschen Markt kam, wurde als Golf-Ecomatic bezeichnet. Die Resonanz des Käuferpublikums war enttäuschend, nur 3000 Fahrzeuge sollen abgesetzt worden sein. Nach einer gewissen Zeit wurde der Golf-Ecomatic aus den Angebotslisten gestrichen; heute kann man bei VW kein solches Modell mehr kaufen.

Allerdings hält VW-Entwicklungsingenieur Dr. Wolfgang Steiger auch heute das Konzept noch für richtig. Die Vorteile bezüglich Verbrauch und Abgas auf Basis der damaligen Massentechnologie seien enorm gewesen. Dr. Steiger führt dazu weiter an: «Dies (*die Einführung des VW-Golf Ecomatic*) zeigt, wie wirtschaftlich riskant die Einführung einer neuen Technologie sein kann, die mit veränderten subjektiven Fahreigenschaften verbunden ist. Hier sind vor allem Fahrschulen, Automobilclubs und Fachzeitschriften gefordert, solche Systeme stärker in das Bewußtsein der Öffentlichkeit zu rücken und diese gezielt auf die sich verändernden Bedingungen und Eigenschaften vorzubereiten.»

Lehren aus der Sicht der Autoren

Weshalb ist nun der Ecomatic mit SNA am Markt gescheitert? Obwohl dieser traurige Fall gelegentlich von seiten der Automobilindustrie als Beleg dafür herangezogen wird, daß die Kundschaft eben keinen Wert auf besondere Kraftstoffspartechnik legt, ist die Realität doch etwas komplizierter. Zunächst einmal muß man wissen, daß um 1993, als der Ecomatic mit einem Aufpreis von 2.320,– DM gegenüber dem «normalen» Golf Diesel angeboten wurde, der

146

Turbo-Direkteinspritzer (ebenfalls im Golf) neu angeboten wurde und aufgrund seiner niedrigen Verbrauchswerte bei gleichzeitig deutlich mehr Drehmoment und Leistung Furore machte. Der Golf Ecomatic reichte aufgrund seines erheblichen Mehrpreises für die SNA bereits an den Kaufpreis des TDI heran, der rund 8 kW (11 PS) mehr Leistung bot und vor allem auf Langstrecken, wenn die SNA – wie dargestellt – kaum einen Spareffekt hat, mit niedrigem Verbrauch glänzte. Im Unterschied zum Ecomatic mußte man sich auch nicht an veränderte Fahreigenschaften gewöhnen, ohne Anpassung an eine neue – verunsichernde – Technik konnte man ein ähnlich sparsames Auto erwerben. Der Ecomatic hatte also bereits zur Geburt einen Bruder bekommen, der ihm in wichtigen Bereichen gleichwertig oder überlegen war.

Zu dem Marktflop mögen auch andere Faktoren beigetragen haben: Die Verkäufer in den VW-Autohäusern trauten selbst dem Ding nicht so recht und empfahlen dann lieber den TDI («der hat auch ein bißchen mehr unter der Haube»). Der Öko-Touch mit dem Namen Ecomatic mag weitere Kunden abgeschreckt haben, außerdem wird wohl der weitgehende Verzicht des Volkswagenwerks auf Werbeaktivitäten das seinige getan haben.

Grundsätzlich macht es natürlich Sinn, den Antriebsmotor in den Phasen abzustellen, in denen er nicht gebraucht wird. Wünschenswert wäre dies aber eher für einen Otto- als für einen Dieselmotor, denn der Benziner hat einen deutlich höheren Leerlaufverbrauch. Daß die Technik aber nur im Golf-Kammerdieselmotor angeboten wurde, hat einen einfachen Grund: Der springt am zuverlässigsten schnell wieder an ...

ASG – Schalten und schalten lassen

Bis zu 10 Prozent Kraftstoffeinsparung verspricht sich VW durch das sogenannte «Automatisierte Schaltgetriebe» (ASG). Mittels einer aufwendigen Elektronik ermittelt ein Bordcomputer zu jedem Zeitpunkt, ob der Fahrer eines Schaltwagens den verbrauchsgünstigsten Gang gewählt hat. Wird in zu hohen Drehzahlbereichen gefahren, schaltet ASG automatisch in einen höheren Gang. «Mittels adaptiver

Regelungen», so Dr. Steiger, «können die Gangwechsel optimal auf die persönlichen Bedürfnisse des jeweiligen Fahrers angepaßt werden, so daß für jeden Betreiber, ob nun komfort- oder sportlich orientiert, der jeweils minimale mögliche Kraftstoffverbrauch erzielt wird.» Wenn Theorie und Praxis dieser Idee von VW tatsächlich in Einklang gebracht werden, könnte ASG mehr zu einer umweltfreundlicheren Fahrweise beitragen, als jede Fahrschule es je vermocht hat. Andererseits werden spätestens dann die bekannten Mensch-Maschine-Probleme auftreten, wenn mehrere Personen mit unterschiedlichem Fahrtemperament dasselbe Fahrzeug nutzen.

Während ASG nur ab und zu in das Schaltverhalten des Fahrers eingreift, stellt CVT (Continuous Variable Transmission, stufenlose variable Übersetzung) die konsequente Weiterentwicklung der Verbrauchseinsparung durch Getriebetechnik dar. Ein stufenloses Getriebe mit deutlich verbessertem Getriebewirkungsgrad gegenüber konventionellen Automatikschaltungen hält den Motor auf einer Linie des jeweils minimalen Kraftstoffverbrauchs. Diese Technik vereinfacht die Bedienung für den Fahrer und senkt gleichzeitig den Verbrauch. Insbesondere für den US-amerikanischen Markt, wo heute schon der ganz überwiegende Teil der zugelassenen Pkw mit Automatikschaltung versehen sind, könnte diese neue Technik zu Verbrauchseinsparungen beitragen.

Das Volkswagenwerk arbeitet in seiner Forschung und Entwicklung auch an alternativen Antriebskonzepten wie Elektroautos und Hybridfahrzeugen. Über diese Technik wird in den Kapiteln 13 und 14 berichtet. In jüngster Zeit ist es allerdings um Energiespar-Innovationen aus dem Hause VW vergleichsweise still geworden, sieht man einmal von dem in Kapitel 5 beschriebenen VW Polo 1,7 SDI ab (s. S. 101). Zwar hat VW-Chef Piëch Anfang März 1998 das Drei-Liter-Auto von VW für 1999 angekündigt, ein Zwei-Liter-Auto und sogar ein Ein-Liter-Auto in Aussicht gestellt, doch erfährt man selbst auf Nachfrage nichts von konkreten Plänen des Konzerns. Möglicherweise spiegelt das eine Verlagerung der Entwicklungsschwerpunkte dieses Herstellers wider. Auf den Titelseiten der Automagazine sieht man den VW Beetle, ein äußerlich an den VW Käfer erinnerndes Auto, allerdings auf der Basis des Golf mit hoher Motorisierung und hohem Spaßfaktor, der auf den amerikanischen

Yuppie-Markt zielt. Den Prototyp des 12-Zylinder-Roadsters positioniert VW in den Herzen derjenigen, die bisher nur Ferrari und Lamborghini sehnsüchtige Blicke zuwarfen. Ist dies die Reaktion auf die Einführung der A-Klasse des Großraumlimousinenherstellers Mercedes, als Konkurrenz zum Golf konzipiert? Das Bietegefecht mit BMW um den Kauf der Firma Rolls-Royce schließlich rundet den Eindruck eines nachhaltigen Imagewechsels ab. Dem Hersteller und seinem Umfeld geht es mit seiner verbreiterten Produktpalette, so muß man anerkennen, ökonomisch und politisch glänzend.

Vor der Serieneinführung? Sparmodell SEAT Arosa

Möglicherweise will VW seiner spanischen Konzerntochter SEAT die Rolle des Verbrauchsspar-Vorreiters übergeben. Der Kleinwagen SEAT Arosa, bislang in Wolfsburg produziert, verbraucht in der 1,7-Liter-SDI-Version nur 4,4 Liter Diesel auf 100 Kilometer. Als sogenanntes Fünf-Liter-Auto ist der Arosa gut zwei Jahre von der Kfz-Steuer befreit, so daß sich der Mehrpreis für den Diesel schon nach weniger als 20.000 gefahrenen Kilometern amortisiert. Das Sparauto gewinnt Preise und Vergleichstests, aber selbst der Eintrag ins Guinness-Buch der Rekorde als «das sparsamste Serien-Dieselauto der Welt» macht den Arosa noch lange nicht zum ersehnten Drei-Liter-Auto. Ist dessen Einführung dem VW-Konzern zu teuer?

VW-Forschungschef Quissek bezifferte in Hannover bei einer Veranstaltung der Friedrich-Ebert-Stiftung den Mehrpreis für die beiden Drei-Liter-Autos, die laut Konzernstrategie bis zum Jahr 2000 im Angebot sein würden, auf etwa 2.000,– DM. Möglicherweise würden die Sparmodelle aber beim Kunden durchfallen, womöglich werde man nur 50.000 Stück dieser Neuentwicklungen, die sich der Konzern eine halbe Milliarde Mark habe kosten lassen, absetzen. Quissek in Hannover: «Für 2000 Mark mehr bekommen Sie dann entweder ein Auto mit geringerem Verbrauch oder für denselben Aufpreis eines mit Breitreifen, Sportmotorisierung, Klimaanlage und all den anderen guten Dingen. Wir sind hochgespannt, wie sich die Kunden entscheiden werden.»

VW hat das geplante konzerneigene Drei-Liter-Auto – der genaue Verbrauchswert wurde nicht genannt – in Hochrechnungen mit anderen verbrauchsarmen Modellen verglichen und kommt bei einer Fahrleistung von 10.000 Kilometern auf einen jährlichen Bonus von nur 150 Mark durch eingespartes Benzin. Bei dem gegenwärtigen Kraftstoffpreis und dem genannten Aufpreis würde sich das nicht amortisieren ...

VW Lupo – Schafft der kleinste VW den Durchbruch?

Da der VW Polo von Modelljahr zu Modelljahr an Masse und Hubraum zugenommen hat, scheint für VW die Zeit reif zu sein, einen neuen Kleinwagen auf den Markt zu bringen. Ab Herbst 1998 soll der auf dem Arosa basierende VW Lupo für deutlich unter 20.000,– DM zu kaufen sein (s. Bild 3 im Farbteil). Trotz veränderter Kotflügel und Scheinwerfer wird er sich technisch kaum von den heutigen SEAT-Arosa-Modellen mit 1,0 bzw. 1,4 Litern Hubraum unterscheiden. Auch der 1,7-Liter-SDI-Motor wird im Lupo zu kaufen sein. Erst ein Jahr später, so die einschlägigen Autozeitschriften, wird ein um 200 bis 250 kg leichteres Fahrzeug mit einem neuen 1,2 Liter TDI-Motor auf den Markt kommen, das 3,x Liter Diesel auf 100 Kilometer verbrauchen wird. Genauere Details werden von VW allerdings nicht bekanntgegeben.

Überblick: VW-Angebote heute

Heute bietet Volkswagen unter eigenem Namen Modelle in den drei Baureihen Polo, Golf und Passat an, dazu den Minivan Sharan sowie den auch als Pkw zugelassenen VW-Bus. Die beiden letztgenannten Baureihen sollen hier nicht weiter betrachtet werden.

Golf und Passat blicken beide auf eine mehr als zwei Jahrzehnte dauernde Modellkarriere zurück. Die Grundkonzepte wurden seitdem nicht verändert, jedoch die Fahrzeuge erheblich länger, breiter und schwerer. Gleichzeitig bekamen beide Modellreihen immer hubraumgrößere Motoren mit mehr Leistung. Das meistverkaufte

Entwicklung des Kraftstoffverbrauchs
Modellreihe: VW Golf

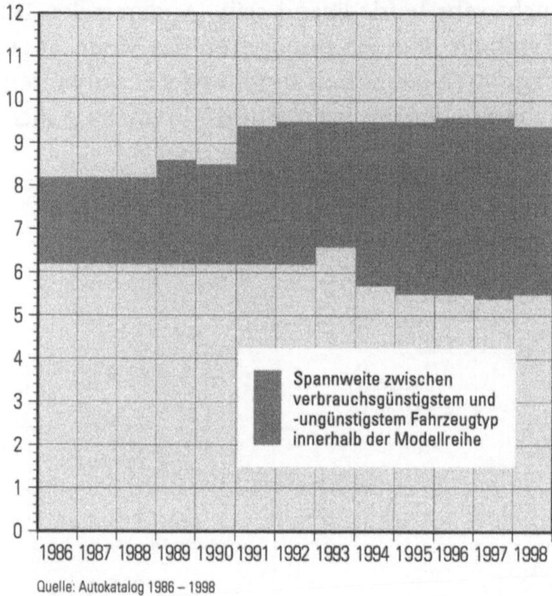

Abbildung 14

Modell ist heute der Golf Turbodiesel mit 1,9 Litern Hubraum, vor
20 Jahren war es ein Golf mit 1,5 Litern Hubraum und Ottomotor.
Wegen der Veränderung des Meßverfahrens können die Normverbrauchswerte nicht mehr einfach mit den anderen verglichen werden, die Daten lauten 6,8 Liter für den heutigen meistverkauften
Golf und 7,2 Liter für das damalige Modell (siehe Abbildung 14).
Rechnet man die Verbrauchsangabe in Benzinäquivalent um, indem
man dem Dieselverbrauchswert 13 Prozent aufschlägt (s. Kapitel 6),
dann wandelt sich der vermeintliche Effizienzfortschritt von 20 Jahren Entwicklung auf einen *Mehrverbrauch* von 0,4 Litern Benzinäquivalent je 100 Kilometern, der auch in der Praxis zu beobachten
sein dürfte. Mehr Beschleunigungsleistung und mehr Höchst-

geschwindigkeit werden eben von den Kunden im Verkehr ausgenutzt. Das treibt natürlich den Verbrauch hoch ...

Für einen Hersteller, der mit sehr innovativen Ansätzen zum
Energiesparen immer wieder in die Öffentlichkeit getreten ist, kann
eine solche Bilanz nicht sehr befriedigend sein. Andererseits: Die
Auftragsbücher sind voll, die Kunden honorieren das Modellange-
bot. Darf man da dem größten deutschen Autohersteller vorwerfen,
die Jahrhundertaufgabe Energieeinsparung und Klimaschutz nicht
besser gelöst zu haben?

8 Hat Opel wirklich verstanden?

Im Sommer 1997 verkündete der Verkehrsclub Deutschlands (VCD) nach Sichtung von über 200 gängigen Pkw-Typen des Modelljahrs 1996 seinen «Spitzenreiter im Ökocheck»: Es war der Opel Corsa Eco 1.0. In einem komplexen Bewertungsvorgang und unter Berücksichtigung der Faktoren Lärm, gesundheitliche Belastung durch krebserzeugende Substanzen usw. errang das Corsa-Modell bei der VCD-Jury die besten Noten.

Der Verbrauchswert von 7,6 Litern auf 100 Kilometer im Innerorts-Anteil des NEFZ sowie von 4,8 Litern auf 100 Kilometer im Außerorts-Teilzyklus, damit also ein Mittelwert von 5,8 Litern auf 100 Kilometer, wurde zwar rein rechnerisch von einigen kleinen Wagen mit Dieselmotoren unterboten. Nach der aufgrund des unterschiedlichen spezifischen Gewichtes von Benzin und Dieselkraftstoff notwendigen Korrektur und der Berechnung des Kohlendioxidausstoßes mit 136 Gramm je Kilometer hatte der Corsa Eco 1,0 12 V jedoch die Nase vorn. In dieser Disziplin schneiden zwar die Suzuki-Modelle Alto GL sowie Swift 1.0 GLS mit 5,7 und 5,5 Liter je 100 Kilometer bzw. 134 und 130 g CO_2 je Kilometer noch etwas besser ab, deren ungünstigere Schadstoffeinstufung führte jedoch dann dazu, daß letztendlich dem Opel Corsa die Krone zuerkannt wurde.

Der 3-Zylinder-Benzinmotor mit 973 cm³ Hubraum und 37 kW/ 50 PS weist zwei obenliegende Nockenwellen und vier Ventile pro Zylinder auf, also diejenigen Attribute modernen Motorenbaus, die bis vor wenigen Jahren teuren Sportmotoren vorbehalten waren. Der Serieneinführung 1997 ging übrigens die Vorstellung des Motors im Konzeptfahrzeug Opel Maxx rund 18 Monate vorher voraus, das sowohl hinsichtlich der Karosserie als auch vieler weiterer technischer Details nach Aussagen des Herstellers noch nicht serienreif sei.

Die Entscheidung für einen Drei-Zylinder-Motor mit kleinem Hubraum für ein sparsames Fahrzeug ist aus Ingenieurssicht logisch (und im übrigen vom japanischen Hersteller Daihatsu bereits vor 15 Jahren realisiert). Die Reduzierung des Motorvolumens von den in der Klasse gängigen 1,3 bis 1,5 Liter auf 1 Liter oder sogar darunter erlaubt es nicht, die Standardbauweise mit vier Zylindern beizubehalten, weil dann die einzelnen Zylindervolumina zu klein werden. Als untere Grenze für eine Verbrennung mit gutem Wirkungsgrad nannte Opel bei der Maxx-Vorstellung 300 cm³, besser sei allerdings 400 cm³. Der kleine Hubraum bedingt also den Verzicht auf (mindestens) einen Zylinder. Ein Drei-Zylinder-Motor ist hinsichtlich seiner Vibrationen und Schwingungen immer ungünstiger als ein Vier-Zylinder-Motor, schwingungstechnisch optimal ist übrigens ein Sechs-Zylinder-Motor. Für ein Drei-Zylinder-Aggregat sind spezielle Maßnahmen zur Reduzierung der Schwingungen wie Ausgleichsgewichte in der Kurbelwelle oder – besser, aber aufwendiger – eine Ausgleichswelle erforderlich.

Der serienmäßige Corsa bildete die Ausgangsbasis für eine als «Studie zur Technologieentwicklung für das Drei-Liter-Auto» bezeichnete Konzeption des Corsa Eco 3 (s. Bild 4 im Farbteil). Damit, so erläutern die Opel-Ingenieure in Rüsselsheim, sei für Opel das Drei-Liter-Auto definiert. Wegen der Unklarheiten in der öffentlichen Diskussion bezüglich des zu erreichenden Wertes für Diesel- und/oder für Otto-Motoren habe Opel sich darauf festgelegt, daß ein Drei-Liter-Auto im Sinne der Entwicklungszielsetzung ein Fahrzeug sei, das im Fahrzyklus NEFZ 90 Gramm CO_2 je Kilometer an die Umwelt abgebe. Diese Definition bedeute einen Verbrauchswert von umgerechnet 3,88 Liter je 100 Kilometer für Otto-Kraftstoff und 3,45 Liter je 100 Kilometer für Dieselkraftstoff. Ein echtes 3,0-Liter-Fahrzeug emittiert pro Kilometer weniger als 70 Gramm Kohlendioxid. Damit liegt es 23 Prozent unter der 90 g/km-Definition, der auch der Bundesverkehrsminister in seiner Kfz-Steuer-Änderung gefolgt ist. Die Opel-Entwickler vertreten die Position, daß ein Pkw unterhalb der Nutzungseigenschaften und der Fahrleistungen des Corsa 1,2i, der meistverkauften Corsa-Variante, nicht am Markt akzeptiert würde. Bei Abstrichen an diesen Forderungen dürfte das erreichbare Verkaufsvolumen für eine kostendeckende Fertigung kaum ausreichen. Dies ist implizit auch eine Absage an die Smart-Konzeption. Abstriche wurden lediglich hinsichtlich der möglichen Zuladung – akzeptabel waren vier statt fünf Personen – und des Wegfalls des Anhängerbetriebes vorgenommen.

Von Beginn an war für Opel klar, daß der Schritt hin zu dem Drei-Liter-Auto in der gefundenen Definition nur mit einem Dieselantrieb und mit wesentlichen Gewichtsreduzierungen durch den Einsatz leichter Werkstoffe erzielbar sein würde.

Aufgrund des mit einem 1,7-Liter-Dieselmotor mit Direkteinspritzung und Turboaufladung erreichbaren Wirkungsgrades ergab sich die Anforderung an das zu erreichende Fahrzeugleergewicht zu maximal 750 kg. Diese Strategie erforderte also eine Reduzierung gegenüber dem Serien-Corsa mit Diesel um rund 200 kg. Der Vergleichs-Benzin-Corsa 1,2i wiegt 855 kg. Hier wird bereits deutlich, daß der Schritt zu dem hubraumgrößeren 1,5-Liter-Seriendiesel 90 kg Mehrgewicht bedeutete, zu denen natürlich auch die Schalldämm-Maßnahmen gehören. Der Antrieb des Prototyps soll 1,7 Liter Hubraum aufweisen, außerdem vier Ventile je Zylinder. Auch der Luftwiderstandsbeiwert der Karosserie wurde verbessert. Für ein derart kleines Fahrzeug ist ein C_W-Wert von 0,295 sehr günstig, damit wird der angestrebte Gesamtluftwiderstand von 0,6 (Produkt aus C_W-Wert und Stirnfläche in Quadratmeter) noch unterboten.

Die Maßnahmen zur Reduzierung des Gewichts bestanden in dem Ersatz der beweglichen Blechteile (Hauben, Türen, auch Kotflügel) durch einen leichten und dabei hochstabilen kohlefaserverstärkten Verbundwerkstoff (CFK), einem seit längerem im Flugzeug- und Rennwagenbau bewährten Material. Weitere Ersatzschritte betrafen die Ausführung von Rädern und Fahrwerksteilen in Aluminium sowie die Verwendung von Magnesium beim Getriebegehäuse. Fensterscheiben und Scheinwerfer sind aus Polycarbonat gefertigt, was beispielsweise die Fahrzeugmasse um immerhin weitere 17 kg reduzierte. Durch den hubraumgroßen Dieselmotor mit hohem Drehmoment und die leichte Fahrzeugmasse ist eine sehr lange Getriebeuntersetzung möglich, die zu sehr niedrigen Drehzahlen im Fahrbetrieb führt.

Opel gibt als Verbrauchswert 3,4 Liter Dieselkraftstoff je 100 Kilometer im Euromix an. Im einzelnen werden 4,9 Liter im Stadtverkehr angegeben, 2,6 Liter bei konstant 90 km/h und 3,6 Liter bei 120 km/h. In den Beschleunigungswerten und den sonstigen Fahreigenschaften soll der Corsa Eco 3 den Zielen voll entsprechen, als subjektiver Fahreindruck wird hervorgehoben, daß das Fahrzeug sehr agil sei und gute Beschleunigungs- und Elastizitätswerte aufweise. Im Straßenverkehr zeige sich, so die Entwicklungsingenieure Rößner und Deinzer von Opel, «daß die Managementforderung, immer eine 3 vor dem Komma im Verbrauch zu haben, erreicht wurde». Hinsichtlich des Gebrauchswertes seien keine Einschränkungen notwendig. Allerdings müsse die technische Perfektion des Systems noch deutlich verbessert werden. Genannt wurden Motorstartzeit, Startgeräusch und die Funktionen unter allen Bedingungen im Fahrbetrieb, zum Beispiel während des Rangierens beim Einparken. Opel hat den Eco 3 mit einem Start-Stop-System kombiniert: Nach 3 Sekunden Stillstand, zum Beispiel an einer roten Ampel, schaltet sich der Motor automatisch aus, wenn der Fahrer zuvor den Gang herausgenommen hat. Wird die Kupplung erneut gedrückt, springt das Triebwerk unverzüglich wieder an.

OPEL: Corsa Eco 3 noch zu teuer für die Serie

Insgesamt, so die Opel-Entwickler, seien aber die für den Eco 3 vorgenommenen Modifikationen an Antrieb und Fahrzeug so aufwendig, daß eine Umsetzung in ein Serienfahrzeug zu marktgerechten Kosten (marktgerecht, also mit heutigen Kraftstoffpreisen) unter den derzeitigen Rahmenbedingungen nicht wahrscheinlich ist. Hinsichtlich des Kraftstoffverbrauches und der CO_2-Emission spiegele die öffentliche Meinungslage sich in keiner Weise im Kaufverhalten der Opel-Kunden wieder. Vom heutigen Autokäufer komme zur Zeit wenig Nachfrage nach dem Drei-Liter-Auto. Sowohl Kunden als auch Medien reagieren, so Opel, auf Verbrauchsdifferenzen heutiger Fahrzeuge kaum, sie würden auch nicht extra honoriert. Noch stehen also andere Kaufgründe im Vordergrund. Der Markt von heute erwartet zwar Fahrzeuge mit möglichst geringem Verbrauch, ist jedoch noch nicht bereit, dafür einen deutlichen Mehrpreis zu zahlen oder andere Nachteile dafür in Kauf zu nehmen.

Die Opel-Ingenieure machen folgende Rechnung: «Bei 15.000 Kilometern Fahrstrecke pro Jahr ergibt sich für einen Liter Minderverbrauch bei DM 1,64 je Liter bei Otto-Kraftstoff eine finanzielle Einsparung von DM 246,– , für Dieselfahrzeuge bei DM 1,34 je Liter DM 201,– Einsparung im Jahr. Auf zehn Jahre bezogen, ergeben sich DM 2.460,– für Otto- und rund DM 2.000,– für Dieselfahrzeuge. Damit ist in etwa auch der Rahmen möglicher Mehrkosten für derartige Fahrzeuge aufgezeigt. Diese Aussage wird durch die seit Jahren permanent durchgeführten Marktumfragen unseres Hauses unterstützt.»

Leichtbau in der Ökobilanz

Doch es zählt nicht nur der Kraftstoffverbrauch im Verkehr, sondern für die Opel-Konstrukteure mußte die Gesamtbilanz der Umweltaspekte stimmen, einschließlich der Stoff- und Energieströme aus Rohstoffgewinnung, Verarbeitung, Transport, Montage, und schließlich ein «end of life scenario». Der letztgenannte Begriff umfaßt die Schritte nach der Nutzungsphase, also Verschrottung und/oder Recycling. Es handelt sich also darum, eine Betrachtung über den gesamten Lebenszyklus des Fahrzeuges bzw. seiner Bauteile vorzunehmen.

Bei den bisherigen Betrachtungen zu den Gewichtsreduzierungen sei davon ausgegangen worden, so die Ingenieure, daß es im Hinblick auf die Energiebilanz immer positiv zu bewerten sei, wenn Stahlwerkstoffe durch Aluminium, Magnesium oder Kunststoffe ersetzt würden. Notwendig sei aber eine *umfassende* integrierte Bewertung. Dies scheitere bisher an der Komplexität der Zusammenhänge und an sich gegenseitig beeinflussenden Kenngrößen.

Die Adam Opel AG hat Studien an spezifischen Komponenten aufgenommen, für die derartige Analysen von unterschiedlichen Werkstoffen und unter Verwendung unterschiedlicher Formgebungs- und Fügetechniken erarbeitet werden. Am Beispiel eines Lenkungsquerträgers in den Alternativen Stahl oder Magnesium kann man dies deutlich machen. Die Leichtmetallversion hat 41 Prozent weniger Gewicht. Bei der Herstellung wird für das Magnesiumteil allerdings dreimal soviel Primärenergie verbraucht wie bei dem Stahlteil. Es kommt nun darauf an, ob die Primärenergie bei der Herstellung aus Wasserkraft gewonnen wird, d. h. mit wenig CO_2-Emissionen, oder nicht. Nimmt man zur Hälfte eine Energieproduktion aus Wasserkraft an, wie sie beispielsweise bei Bezug des Leichtmetalls zur Hälfte aus Kanada realistisch wäre, so ergeben sich über die gesamte Bewertung einschließlich der Nutzungsphase Vorteile für die Magnesiumversion. Abhängig von der angenommenen Verbrauchsreduzierung würden sich Energieeinsparungen nach 25.000 bis 44.000 Kilometern aufgrund des Gewichtsvorteils in der Praxis ergeben. Die Gesamtbilanz für die Umwelt fiele positiv aus. Berücksichtigt man jedoch die Menge des während der Magnesiumproduktion emittierten Gases Schwefelhexafluorid, das in der Treibhauswirkung 23.000fach stärker als CO_2 ist, so könnte die Bewertung erheblich anders aussehen.

Die abschließende Bilanz von Dieter Rößner und Günter Deinzer aus dem Hause Adam Opel AG: «Bei allen Leichtbaumaßnahmen – letztendlich mit dem Ziel, unseren Lebensraum zu entlasten – müssen wir die Gesamtbilanz von der ‹Wiege bis zur Bahre› betrachten. Es reicht nicht aus, Leichtbauwerkstoffe per se einzusetzen, um auf der guten Seite zu stehen. Und, auch dies ist eine wesentliche Erfahrung, es reicht nicht, einen Prototypen aufzubauen und gleichzeitig schon sicher zu sein, alle Fragen beantwortet zu haben.»

Der Opel Corsa Eco 3, über dessen Besonderheiten, nämlich Fahrergebnisse und Bauteilbilanzen, die beiden Opel-Ingenieure im März 1998 auf der Wuppertaler Veranstaltung «Autos der Zukunft» berichtet haben, wurde übrigens bereits am 7. September 1995 zur Internationalen Automobilausstellung der Öffentlichkeit als Konzept vorgestellt.

Verkehrsminister und Autoindustrie

Bundesverkehrsminister Matthias Wissmann führte damals dazu aus, die Premiere des Opel Corsa Eco 3 sei nicht nur ein großer Tag für das Unternehmen, sondern auch ein wichtiges Ereignis für die Verkehrspolitik. Gemeinsam mit der Automobilindustrie habe man auf den technischen Fortschritt gesetzt und das Ziel unmißverständlich formuliert: «Ziel ist ein Durchschnittsverbrauch der in Deutschland hergestellten und neu zugelassenen Pkw von 5 Litern auf 100 Kilometer bis zum Jahr 2005.» Das Drei-Liter-Auto sei eine wichtige Voraussetzung, um bei Neuzulassungen im Durchschnitt die Fünf-Liter-Marke einhalten zu können. Bundesverkehrsminister Wissmann weiter: «Ein Drei-Liter-Auto wird ohne Zweifel seine Marktnischen besetzen.» Das steht allerdings im Widerspruch zu der Skepsis von Opel- und VW-Vertretern, die in öffentlichen Veranstaltungen darauf hinweisen, daß «zur Zeit wenig Nachfrage nach einem Drei-Liter-Auto» bestehe.

Ausdrücklich zustimmen möchten wir Autoren aber einem weiteren Hinweis des Ministers: «Um den Kraftstoffverbrauch insgesamt zu senken, muß jedoch die *gesamte* Palette der Fahrzeuge ins Visier genommen werden. Hierauf müssen wir jetzt verstärkt unsere Anstrengungen konzentrieren.»

9 Aluminium für das Auto des 21. Jahrhunderts

Leichtbau ist eine entscheidende Voraussetzung für die Verwirklichung des Drei-Liter-Autos bzw. für die Halbierung des Kraftstoffverbrauches. Dabei kann es allerdings nicht um Leichtbau um jeden Preis gehen. Wichtige Randbedingungen sind die Kosten, die Sicherheit und die Umweltverträglichkeit in der Produktions- und in der Recyclingphase.

Für Audi-Entwicklungsingenieur Dr.-Ing. Siegfried Schäper sind die Anforderungen weit gespannt: «Wenn eine Strategie zur Verbesserung der Umweltverträglichkeit wirklich greifen soll, muß sie den gesamten Produktlebenszyklus umfassen, von der Werkstoffgewinnung und Produkterzeugung über die Produktnutzung bis zum Recycling für den nächsten Zyklus – bzw. zur möglichst umweltschonenden Entsorgung. Durch effiziente Nutzung nicht erneuerbarer Ressourcen und niedrige Schadstoffemissionen gilt es, die Umweltauswirkungen auf Wasser, Luft und Boden zu minimieren.» Wegen der Wechselwirkungen zwischen den einzelnen Phasen des Gesamtzyklus könnten auch Kompromisse in einzelnen Phasen zugunsten der Gesamtbilanz erforderlich sein. Dr. Schäper hat sich bei der Entwicklung des Aluminiumfahrzeugs mit derartigen phasenübergreifenden Analysen befaßt. Vor allem die Recyclingphase ist für den Leichtmetalleinsatz von entscheidender Bedeutung.

Aufgrund der Dominanz des Fahrbetriebes in der gesamten Energiebilanz – ca. 80 Prozent des Energiebedarfes werden vom

Kraftstoffbedarf für das Fahren bestimmt – könne es laut Siegried Schäper ökologisch durchaus günstig sein, in den Phasen des Recycling, der Material-, Bauteil- oder Fahrzeugherstellung Nachteile hinzunehmen, wenn dafür im Fahrbetrieb Umweltbelastungen verringert würden – beispielsweise durch Leichtbauweise. Es sei Praxis bei Audi, mit dem Ziel der ökologischen Optimierung technische Alternativen ganzheitlich zu bewerten. Am Beispiel der Audi Space-Frame-Bauweise (ASF), einem räumlichen Fachwerk aus der Kombination geschlossener Profile und Stahlverknotungen, die das Gerüst für die Karosseriebleche bildet, soll das Bewertungsverfahren (Audi-Konzept) erläutert werden. Bei einer solchen Bewertung für technische Alternativen werden über den gesamten Produktzyklus, beginnend mit der Materialgewinnung und Produkterzeugung über die Produktnutzung sowie das Recycling bzw. die umweltgerechte Entsorgung, Stoff-, Wirk- und Energiebilanzen erstellt. Es werden die Emissionen von Kohlendioxid (CO_2), Stickoxiden und anderen Gasen betrachtet sowie deren Wirkung etwa auf den Treibhauseffekt zu Wirkbilanzen zusammengefaßt.

Der Aufwand für solche Ökobilanzen ist beträchtlich. Nach Ansicht von Audi reicht jedoch im allgemeinen eine Energiebilanz. Dies erlaube eine hinreichend genaue Abschätzung auch des Ressourcenverbrauches und der Schadstoffemissionen.

Ökobilanz für Audi A8

Am Beispiel eines Audi A8 mit V6-Motor, Frontantrieb und Handschaltgetriebe wird das Bilanzierungsverfahren demonstriert. Das Auto hat ein Leergewicht (trocken) von 1.530 kg, davon entfallen auf Metalle aller Art 1.115 kg. Der Audi A8 enthält 535 kg Eisenwerkstoffe, 520 kg Aluminium, 60 kg Blei, Kupfer und Zink. Von dem hohen Aluminiumanteil von 520 kg entfallen auf die Karosserie 273 kg. Deren Aluminiummasse kann weiter differenziert werden in 150 kg Blech, eine Knetlegierung mit einem Siliziumgehalt von mehr als 0,2 Prozent, etwa 69 kg Strangprofil, ebenfalls eine Knetlegierung, sowie 58 kg Gußlegierung. Die Gußbauteile findet man an den Verbindungs- und Krafteinleitungsstellen in der Karosseriestruktur, die Strangprofile bilden den Käfigrahmen, das Blech die Karosseriehaut.

Würde man den Audi A8 in konventioneller Technologie bauen, d. h. ohne die Space-Frame-Konstruktion, so würde das Fahrzeug um 205 kg bzw. 13 Prozent schwerer sein, also 1734 kg wiegen. Nach Berechnung von Audi ergibt sich aufgrund der Gewichtseinsparung für den Audi A8 in Space-Frame-Technik ein um ca. 1 Liter je 100 Kilometer niedrigerer Benzinverbrauch. Der Audi A4 entspricht dagegen in seinem Materialeinsatz und in der Konstruktion einer konventionellen Konzeption. Dieses Fahrzeug hat mit einem Vierzylinder-Motor und Handschaltgetriebe ein Trockengewicht von 1138 kg, davon 734 kg Eisen und nur 85 kg Aluminium. Der verbleibende Rest der Masse entfällt auf Kunststoffe (165 kg), Glas, Reifen, Lack (111 kg) sowie Blei, Kupfer, Zink (42 kg). Bei dieser konventionellen Auslegung kann eine Recycling-quote von 85 Prozent erreicht werden. Nach Unternehmensangaben sind alle aktuellen Audi-Fahrzeuge aufgrund ihrer Strukturen in naher Zukunft zu 85 Prozent rezyklierbar.

Recycling technisch gelöst

Das Recycling der Metalle ist für A4 wie A8 entsprechend dem Stand der Technik gelöst – samt Zink (für die Karosserie) und Aluminium. Am Audi A8 wird das originäre Recycling des Aluminium-Space-Frames experimentell nachgewiesen, siehe weiter unten. Auch das Recycling der Nichtmetalle kommt voran. Am Audi A4 sind mehr als 100 Kunststoffteile im Gesamtgewicht von 53 kg für den Recycling-einsatz freigegeben. Aus alten Kunststoffen wird Material für Neu-teile gewonnen. Beim Audi A4 sind es 30 Prozent der Kunststoff-masse, die aus Rezyklat gewonnen wurden.

Energieaufwand und Energieertrag verschiedener Recycling-strategien müssen sorgfältig gegeneinander abgewogen werden. In der Regel wird der ökologische Nutzen des Recycling in dem Bilan-zierungsverfahren deutlich. Dort, wo das werkstoffliche Recycling (vgl. S. 166) gelingt, ist es in der Regel auch ökologisch vorteilhaft. Wo das Produkt- und das Werkstoffrecycling nicht gelingt, solle nach

Audi bei organischen Substanzen aber zumindest die Nutzung des Energieinhaltes angestrebt werden, also die Verbrennung in Müllverbrennungsanlagen. Als ökologisch sehr effiziente Verwendung komme hier auch das sog. metallurgische Recycling in der Reduktionszone eines Hoch- oder Kupol-Ofens in Betracht.

Um beispielsweise 239 kg Schredderabfall aufzubereiten, die man nach der bisherigen Praxis deponiert habe, müßten bei den Schritten Autoverwertung und Verkleinerung im Schredder insgesamt 0,7 Gigajoule (GJ) je Pkw aufgewendet werden. Würde man diesen Schredderabfall nur verbrennen, käme man auf eine positive Bilanz von 2,1 Gigajoule Nettoertrag je Pkw. Diese positive Bilanz würde deutlich ansteigen, wenn ein Teil der Kunststoffe für das Werkstoffrecycling demontiert würde, wenn also aus alten Kunststoffen wieder neue Kunststoffprodukte hergestellt würden. Damit sowie mit dem bereits erwähnten Einsatz von Reststoffen in einem Hochofen kann der Nettoenergieertrag eines Pkw auf 5,9 Gigajoule pro Fahrzeug gesteigert werden.

Recyclingstrategien für den A8

Von großem Interesse ist es nun, wie sich der Schritt von einer herkömmlichen Fahrzeugkonstruktion zu dem Audi Space-Frame-Konzept in der gesamten Energiebilanz auswirkt und welche Recyclingstrategien in der Gesamtbewertung am vorteilhaftesten sind.

Der verbrauchssenkende Einfluß der Massenreduzierung in Höhe von 1 Liter je 100 Kilometer Fahrstrecke wurde bereits erwähnt. Wenn man nun die Bilanzierung über die Produktionsphase einschließlich der Erzeugung der Materialien bis hin zum fertigen Fahrzeug vornimmt, zeigen sich zunächst trotz des niedrigeren Gewichtes der Aluminium-Space-Frame-Karosserie insgesamt höhere Emissionsbelastungen und ein höherer Energieeinsatz, als es für eine konventionelle Karosserie der Fall ist. Dies liegt daran, daß die Herstellung von Aluminium erheblich mehr Energieaufwand erfordert als die von Stahl. Im Verlaufe des Fahrbetriebes werden die Nachteile aber wieder kompensiert, nach Berechnungen von Audi eindeutig sogar mehrfach während der Lebensdauer.

Von entscheidender Bedeutung für die Ökobilanzierung ist dabei die Frage, ob die Aluminium-Space-Frame-Karosserie (ASF) aus Primäraluminium hergestellt wird, also über den gesamten Prozeß der Bauxitgewinnung und Verhüttung zu Aluminium, oder aber ob sie aus Sekundäraluminium, also aus rezykliertem Aluminium hergestellt wird. Die Tabelle 2 zeigt die in der Ökobilanz berücksichtigten Umweltbeanspruchungen auf der linken Seite sowie die Fahrtstrecken des Fahrzeuges, oberhalb derer die Umweltbelastungen günstiger werden als bei einer vergleichbaren Stahlkarosserie.

Tabelle 2: Ökobilanz von Audi

Art der Umwelt-beanspruchung	Amortisationsfahrstrecke ASF-Karosserie/Stahlkarosserie [IKP Uni Stuttgart]	
	ASF-Karosserie aus Primäraluminium	ASF-Karosserie aus Sekundäraluminium
Primärbedarf	66 bis 112.000 km	9.500 km
CO_2-Emissionen	12 bis 62.000 km	< 0 km
NO_x-Emissionen	100 bis 210.000 km	21.000 km
Kohlenwasserstoff-Emissionen (NMVOC)	23 bis 40.000 km	13.000 km
Treibhauspotential	12 bis 75.000 km	< 0 km
Versauerungspotential	116 bis 340.000 km	<< 0 km

Woher kommt das Aluminium?

Aufgrund der unterschiedlichen Produktionsverfahren und vor allem unterschiedlicher Energiequellen für die Herstellung von Primäraluminium – mit Strom aus Wasserkraft, Kernkraft oder mit Kohlestrom – ergibt sich ein gewisses Streuband bei der Bewertung. Bei einer Laufleistung zwischen 66.000 und 112.000 Kilometern, je nach Erzeugungspfad des Primäraluminiums, ist der Energieaufwand genauso hoch wie für eine Stahlkarosserie. Höhere Laufleistungen führen also dazu, daß durch das neue Konzept über die *Nutzungsdauer* Energie gespart wird. Geht man in die rechte Spalte der Tabelle 2 und unterstellt eine vollständige Erzeugung der Karos-

serie aus Sekundäraluminium, so ist eine positive Bilanz bereits bei
einer Fahrleistung von 9.500 km erreicht. Bezüglich der übrigen
Umweltkriterien schneidet die Recyclingvariante verständlicherweise ebenfalls sehr viel günstiger ab, als wenn Primäraluminium
mit den Prozeßschritten Erzabbau, Verhüttung usw. zum Einsatz
kommt.

Nimmt man eine «Lebensdauer» des Fahrzeuges von insgesamt
300.000 km an, was aber allenfalls bei Oberklasse-Fahrzeugen
erreicht würde, so zeigen sich selbst bei Primäraluminium in fast
allen Umweltkategorien Vorteile für dieses Konzept. Lediglich bezüglich des Versauerungspotentials ist während der Fahrzeuglebensdauer kein wesentlicher Vorteil gegenüber konventionellen Konzepte zu erwarten. Mit dem Einsatz von Recyclingaluminium
verringern sich die Nachteile der Erzeugung insgesamt deutlich. Für
einzelne Kriterien, wie die Versauerung, kann die Erzeugung eines
Aluminum-Space-Frame-Fahrzeuges sogar günstiger werden als für
ein Fahrzeug auf der Basis von Primärstahl, also der konventionellen Vergleichsvariante. Es zeigt sich also, daß das Recycling für eine
positive Ökobilanz der Aluminiumstrategie von entscheidender
Bedeutung ist.

Recyclingverfahren für Aluminiumteile

Grundsätzlich bereitet das Recycling der Aluminiummaterialien des
Audi A8 keine Probleme, es kann in den vorhandenen Anlagen und
nach den üblichen Abläufen des Autorecyclings vorgenommen werden. Wegen der mehr als 10fachen Erlöse für Aluminiumschrott im
Vergleich zu Stahlschrott wird der A8 bei den Schredderbetrieben
sogar stärker begehrt als ein konventionelles Pendant, so Dr.-Ing.
Siegfried Schäper von Audi.

Wie bei den konventionellen Autos auch werden die verschiedenen Aluminiumlegierungen nach dem Schreddern wieder für
Gußlegierungen eingesetzt. Da die Gußlegierungen, wenn keine
Schrotte zur Verfügung stehen, aus Primäraluminium erzeugt werden, wird bei dieser Strategie eine entsprechende Menge Primäraluminium eingespart – mit den dargestellten erheblichen Vorteilen

durch Einsatz des recycelten Werkstoffes. Aluminium ist also nicht gleich Aluminium, das wird an diesem Hinweis deutlich. Eine Verwendung des zurückgeführten Leichtmetalls in Gußlegierungen ist die einfachste Strategie. Wenn sich in der Zukunft jedoch Space-Frame-Konzepte im Automobilbau durchgesetzt haben, ist zu erwarten, daß mehr Gesamt-Leichtmetall-Schrotte anfallen, als für Gußlegierungen benötigt wird.

Optimierungsstrategie im Recyclingprozeß bei größeren Stückzahlen

Wie bereits angesprochen, werden die Gußteile nur in bestimmtem Umfang an der Space-Frame-Karosserie benötigt. Dann wird es sinnvoll und nötig sein, die verschiedenen Legierungstypen der Space-Frame-Karosserie zu trennen, um so die Profil- und die Blechlegierungen wieder zu höherwertigen Knetlegierungen und die Gußlegierungen gezielt wieder zu Gußlegierungen zu recyclieren. Dieses ist nach verschiedenen Vorgehensweisen vor oder nach dem Schreddern der Karosserie möglich, die Schredder allein können allerdings die Trennung bisher nicht vornehmen.

Es ist also erforderlich, die Werkstücke aus unterschiedlichen Aluminiumqualitäten getrennt auszubauen. Vorrangig geht es um das Heraustrennen der Gußbauteile aus der Karosseriestruktur (Knetlegierungen); diese Gußteile sitzen an den Verbindungs- und Krafteinleitungsstellen in der Karosserie. Bei diesem Vorgang der Separierung wird die sogenannte «Filetiermethode» angewendet. Bei vollständiger Filetierung der Gußknoten würde eine Zugabe von etwa 25 Prozent Neumetall reichen, um aus dem Knetlegierungsgemisch wieder eine Karosserieblechlegierung herzustellen. Aus den herausgetrennten Gußknoten könnten trotz leichter Anhaftungen von Knetlegierungen die gleichen Bauteile – Gußknoten – ohne größere Zugabe von Neumetall hergestellt werden.

Es ist nun eine Frage der Optimierung von Aufwand und Ertrag, ob man alle Gußknoten herausschneidet oder nur die am einfachsten zugänglichen. Audi-Recycling-Experte Dr.-Ing. Schäper schätzt, daß auch bei Zurücklassen von etwa einem Viertel der Knoten noch

ein attraktives Ergebnis zu erzielen sei. Die Arbeitsabläufe des File-
tierens würden sehr gut in die zukünftigen Abläufe der Altautover-
wertung passen, in denen das Fahrzeug ohnehin systematischer als
bisher demontiert wird: Nach der Entnahme der Betriebsflüssigkei-
ten, der Demontage der für die Wiederverwendung vorgesehenen
Bauteile, Baugruppen und Aggregate sowie nach der Vorbereitung
zum werkstofflichen Recycling samt Entnahme des Kupfers – wie
beim konventionellen Auto auch – seien die wesentlichen Gußknoten gut zugänglich.

Neue Verfahren zur Materialtrennung erforderlich

Für eine Trennung der verschiedenen Legierungen nach dem
Schreddern benötigt man andere Verfahren. Bei den üblichen Metal-
len benutzt man physikalische Effekte zur Materialtrennung (im
wesentlichen Unterschiede in der Dichte, der Magnetisierbarkeit
und der elektrischen Leitfähigkeit). Leider greifen diese Verfahren
bei der Trennung verschiedener Aluminiumlegierungen nicht. Es
gibt bereits neue Entwicklungen, z. B. sogenannte «Hot-Crush-Tech-
nik» sowie das Identifizieren mittels der Atom-Emissions-Spektro-
skopie. Die Wirksamkeit beider Prinzipien ist allerdings erst im Labor
bzw. in der Pilotanlage nachgewiesen, für einen breiten Einsatz
besteht noch Entwicklungsbedarf. Im Moment ist jedoch eine ein-
fachere Vorgehensweise ökologisch vorzuziehen. Dr. Schäper: «Solange für Gußlegierungen noch Primäraluminium verwendet wird,
ist es aus ökologischen Gründen abzulehnen, die Legierungen der
Karosserie vor oder nach dem Schreddern zu separieren. Dieser Aufwand soll vielmehr eingespart werden, indem der sich beim Schreddern ergebende Aluminiummix aus Guß- und Knetlegierungen
direkt für Gußlegierungen wieder eingesetzt wird.»
　　Die Anwendung der Aluminiumtechnologie bei einem Fahrzeug wie dem Audi A8 ermöglicht zwar einen um einen Liter pro 100
Kilometer niedrigeren Benzinverbrauch (wie oben erläutert), damit
ist dieses Fahrzeug allerdings im «NEFZ» immer noch mit einem
Wert von 7,2 Litern je 100 Kilometer weder ein Drei-Liter-Auto noch
ein Auto mit halbiertem Kraftstoffverbrauch. Dazu bedarf es einer

konsequenten Optimierung der verschiedensten verbrauchsrelevanten Aspekte einschließlich des Antriebsstranges.»

Verschärfter Wettbewerb um die zukünftigen Materialien

Die Zukunft des Karosseriebaues wird in einem verschärften Wettbewerb zwischen Stahl und Aluminium bestehen, dazu tritt als dritter der Kunststoff-Verbundwerkstoff. Über die Chancen, Kosten und
sonstigen Besonderheiten, beispielsweise der Kohlefaser-Verbundwerkstoffe, wird in Kapitel 16 berichtet.

Damit ein Fahrzeugkonzept auf Stahlbasis am Ende einer Fahrzeuglebensdauer von – angenommen – 300.000 Kilometern nicht
mehr Energieaufwand über die gesamte Produktkette erfordert hat
als ein aluminiumintensives, muß das Modell aus Stahl leichter werden. Die Entwicklung des Stahlleichtbaues ist natürlich noch lange
nicht am Ende angelangt. Wenn man einmal gedanklich auf den
energetischen Gleichstand nach 300.000 Kilometern Laufstrecke
zielt, so wäre für eine Stahlversion eine Gewichtsreduzierung um
138 kg zu leisten. Für eine geringere Fahrstrecken-Lebensdauer wäre
entsprechend ein Gleichstand im Energieaufwand bereits mit weniger Gewichtsreduzierung der Stahlkarosse erreicht. Dann würde
zwar nicht die Verbrauchsverbesserung von einem Liter auf 100
Kilometer erzielt wie beim Audi-Space-Frame-Konzept, der etwas
höhere Verbrauch einer nur 138 kg leichteren Stahlkarosserie (im
Falle 300.000 km) würde jedoch durch den deutlich niedrigeren
Energieeinsatz bei der Herstellung dieser Stahlkarosserie kompensiert. Ein solcher Gleichstand in der Energiebilanz durch leichtere
Stahlkarosserien liegt durchaus im Bereich des Möglichen. Aber auch
Audi wird die aluminiumintensiven Konzepte weiterentwickeln –
aufgrund der relativ kurzen Geschichte des Aluminium-Leichtbaues
hat diese Strategie durchaus noch erhebliche Potentiale. Audi-
Experte Dr. Siegfried Schäper gibt einen Ausblick: «Wenn dann wiederum im Gegenzug die Stahlindustrie alle ihre Prozesse ökologisch
optimiert – und die Aluminiumindustrie wiederum im Gegenzug
ebenfalls –, dann ist letztlich für die Umwelt und für den Kunden,
der auch in Zukunft Auto fahren will, viel erreicht!»

Audi-Studie Al2

Um ökologische Verbesserungen im Bestand wirksam werden zu lassen, muß die neue Technik bei den sogenannten Volumenmodellen, also den in hohen Stückzahlen produzierten Modellen, angewendet werden. Audi überträgt deshalb die am Audi A8 gewonnenen Space-Frame-Erfahrungen in kleinere Fahrzeugklassen. Zwar ist eine durchgreifende Verringerung des Kraftstoffverbrauches bei Oberklassefahrzeugen aufgrund ihrer hohen Jahresfahrleistungen an sich noch wichtiger, aber sie machen nur einen kleinen Teil des Marktes aus. Anzustreben ist die Halbierung des Kraftstoffverbrauchs in der Mittelklasse sowie natürlich die kurzfristige Senkung auf drei Liter in der Kompaktklasse. Es ist für die meistverkaufte Fahrzeugklasse, die sogenannte Golf-Klasse, eine besondere Herausforderung, die technischen Fortschritte des Leichtbaues und der kraftstoffsparenden Motorentechnik so zusammenzuführen, daß das Drei-Liter-Auto Realität werden kann.

Als Studie in diesem Sinne wurde von Audi der Al2 vorgestellt (s. Bild 5 im Farbteil). Die Namensgebung geht nach Angaben des Herstellers auf den Umstand zurück, daß es sich um das zweite Fahrzeugmodell handelt, das mit dem Aluminium-Space-Frame-Konzept realisiert wurde. Wir können aber auch vermuten, daß mit der Namensgebung ein Fahrzeugsegment unterhalb des dem Golf vergleichbaren Audi A3 angesprochen wird. Nach Einschätzung des Werkes ist der Al2 trotz seiner geringeren Länge kein Kleinwagen unterhalb der Golf-/Audi- A3-Klasse, vielmehr sei aufgrund der überdurchschnittlichen Fahrzeughöhe ein Raumkomfort wie beim A3 möglich geworden. Der Al2 beschreitet in dieser Hinsicht einen ähnlichen Weg wie die A-Klasse von Mercedes, wo ebenfalls trotz geringerer Außenlänge ein vergleichsweise hoher Innenraumkomfort dadurch verwirklicht wird, daß man etwas mehr in die Höhe geht. Als Außenmaße werden angegeben: Länge 378,5 cm, Breite 162 cm, Höhe 155,7 cm. Das Leergewicht des Audi Al2 beträgt in der Grundausstattung 750 kg. Gegenüber einem VW Golf oder A3 bedeutet diese Fahrzeugmasse eine Gewichtsreduzierung um mehr als 300 kg. Zur weiteren Einordnung: Der Volkswagen Käfer von 1965 hatte etwa dieses Gewicht bei einer Gesamtlänge von knapp über 4 Metern. Aus dem aktuellen Marktangebot können wir mit entsprechendem Gewicht beispielsweise den Fiat Uno oder Peugeot 106 anführen, der Renault Twingo ist rund 60 kg schwerer.

Al2: Neue Lösungen auch beim Motor

Das Antriebsaggregat des Fahrzeuges ist ein hochmoderner Dreizylinder-Benzin-Direkteinspritzer; mit diesem Prinzip werden wir uns im übernächsten Kapitel 11 ausführlicher auseinandersetzen. Audi führt in diesem Forschungsfahrzeug die Direkteinspritzung aus Verbrauchsgründen ein; daß der Hubraum von rund 1,2 Liter auf drei Zylinder verteilt wird, hat seine Gründe im besseren Wirkungsgrad bei einem größeren Zylindervolumen. Audi nennt das neue Brennverfahren FDI (Fuel Direct Injection) – Benzindirekteinspritzung – und benennt den Verbrauchsvorteil gegenüber konventionellen Aggregaten mit gleicher Leistung mit 15 bis 20 Prozent. Aus dem genannten Hubraum werden ca. 50 kW, das sind 75 PS, herausgeholt, wobei ein sehr hohes Drehmoment bei der Drehzahl 3.000 anliegt. Bei einem kleineren Hubraum je Zylinder wäre es übrigens problematisch geworden, vier Ventile pro Zylinder unterzubringen. Zudem gibt Audi als Vorteil des Dreizylinders an, daß die Reibung im Motor und die Anzahl der bewegten Teile sinken würden.

Ähnlich wie der weiter unten beschriebene Serien-Mitsubishi GDI (s. S. 190) verwirklicht Audi im FDI eine Teillastregelung ohne Drosselklappe, das heißt eine mit der Last variierte Gemischzusammensetzung im mageren Bereich. Zur Vollast hin wird jedoch auf eine konventionelle Lambda-Regelung umgestellt. Für die Abgasreinigung sorgen ein Drei-Wege-Katalysator sowie für den mageren Teillastbetrieb ein DeNOx-Katalysator.

Wann kommt Audis Drei-Liter-Lösung auf den Markt?

Audi kennzeichnet den Al2 ausdrücklich als in dieser Form nicht serienfähiges Konzept. Kurz nach der Vorstellung auf der Internationalen Automobilausstellung Frankfurt 1997 wurde als Zeitraum für einen Serienanlauf eines solchen Fahrzeuges sibyllinisch die «erste Dekade nach der Jahrtausendwende» genannt. Die Motorpresse spekulierte im Dezember 1997 allerdings schon, daß 1999 eine familiengerechte Ausführung zu haben sein könnte.

Uns interessiert nun natürlich der Kraftstoffverbrauch: Audi gibt als Verbrauch der Basisversion, das heißt in der Grundausstattung mit dann insgesamt 750 kg Leergewicht, 4,3 Liter je 100 Kilometer im NEFZ an. Im Vergleich zu den oben angeführten Fahrzeugen wie Fiat Uno, Renault Twingo sind das rund zwei Liter weniger, also etwa eine Absenkung um 30 Prozent. Im Vergleich zu der serienmäßigen Sparvariante Opel Corsa Eco 1,0 mit Dreizylindermotor liegt der Al2 etwa einen Liter auf 100 Kilometer günstiger. Berücksichtigen muß man nun, daß die Auslegung des Fahrzeuges mit überdurchschnittlich großer Höhe und vergleichsweise sehr sparsamer Gesamtlänge einen direkten Vergleich mit anderen Fahrzeugen auf dem Markt nicht gestattet. Wenn man der Einschätzung von Audi folgt, daß es sich vom Innenraum her um ein Fahrzeug der Klasse Golf bzw. A3 handelt, dann sind der Gewichtsvorteil und die Verbrauchsabsenkung beeindruckend. Man hätte damit mit dem Verbrauch des Turbodiesels im Golf bzw. im Audi A3 gleichgezogen.

Unbefriedigend bleibt an der Audi-Al2-Studie, daß die Gelegenheit für eine sehr konsequente Verbrauchsminderung auf das Drei-Liter-Niveau nicht ergriffen wurde. Das Fahrzeug ist aus der Sicht eines Motorjournalisten, der gerne schnell fährt, sehr gut, schließlich weist es eine Höchstgeschwindigkeit von mehr als 170 km/h und eine Beschleunigung von 0 auf 100 km/h in weniger als 12 Sekunden auf. Möglicherweise sind aber gerade diese Attribute ursächlich dafür, daß dieses Fahrzeug mit so innovativer Karosseriestruktur und einem so neuartigen Benzinmotor mit Direkteinspritzung unser Kriterium «drei Liter» verfehlt! Notwendig für dieses Ziel wäre eine Auslegung auf eine niedrigere Höchstgeschwindigkeit und ein kleinerer Hubraum mit dann allerdings weniger rasanter Beschleunigung gewesen. Das Gewicht hätte dadurch ebenfalls weiter reduziert werden können. Herausgekommen ist aber leider eine Sportlimousine mit Energiesparansätzen. Es ist überdies zu befürchten, daß bei den nachfolgenden Schritten zur Serienentwicklung das Auto schwerer wird, der Motor leistungsstärker und der Verbrauch höher.

10   Smarte Visionen

Für die Kunden der Mercedes-Benz AG war es bis vor wenigen Jahren klar, daß sich der Begriff «Drei-Liter-Auto» nur auf einen 300er beziehen konnte, also auf ein Auto mit dem Stern auf der Motorhaube und einem Hubraum von etwa 3 Litern, verteilt auf sechs in Reihe angeordneten Zylindern. Sowohl der sogenannte Adenauer-Mercedes als auch der Sportwagen 300 SL wiesen diese klassische Motorisierung auf. Nach den Verbrauchswerten fragte damals kaum jemand.

Dies hat sich mittlerweile in mehrfacher Hinsicht geändert. Ökologie ist zum beliebten Argument in öffentlichen Debatten geworden. Auch Automobilhersteller nehmen für ihre Produkte in Anspruch, daß sie den Anforderungen der globalen Nachhaltigkeit entsprechen. Nachhaltigkeit, auf englisch «sustainability», wird allerdings sehr unterschiedlich interpretiert. Sie muß mehr sein als die technische Reduzierung der Schadstoffe im Abgas, sie umfaßt vor allem den verantwortungsvollen Umgang mit Ressourcen, d. h. sowohl mit fossilen Energieträgern wie auch mit allen anderen Rohstoffen. Offensichtlich ist eine globale Vollmotorisierung mit denjenigen Autos, die heute üblich sind, weder aus Gründen des Klimaschutzes noch der Verfügbarkeit von Rohstoffen möglich, insofern wird der Begriff in den Selbstdarstellungen der Autoproduzenten mißbraucht. Aber immerhin zeigt man mittlerweile Problembewußtsein und bemüht sich um Verbesserungen im Hinblick auf Recycling, Rohstoffeinsatz und Energieverbrauch.

Auch Mercedes-Benz «hat verstanden» (um einmal den Opel-Werbespruch auszuleihen): Die neue S-Klasse, die 1998 vorgestellt wurde, ist erstmals nicht größer, breiter und schwerer geraten als die Vorgänger, vielmehr hat Mercedes Benz den öffentlichen Unmut über Dinosaurier dieser Art aufgenommen und berücksichtigt. Die Neuen sind schlanker, leichter und eleganter und sollen auch sparsamer im Kraftstoffverbrauch sein. Dennoch handelt es sich natürlich auch hier um Autos, deren Verbrauchswerte und Fahrleistungen jenseits aller Kriterien liegen, die für Begriffe wie Nachhaltigkeit, ökologische Verträglichkeit und Ressourcenschonung gelten. Aber natürlich wäre es naiv und unrealistisch zu erwarten, daß künftig nur noch Kleinwagen zugelassen werden dürfen. Auch im Ökotopia der Zukunft wird das Interesse da sein, große Limousinen zu fahren.

Schlankheitskur für die «Dinosaurier» unter den Autos

Nun denn, wenn derartige Fahrzeuge am Markt ihren Platz finden, sollten sie jedenfalls sparsam mit Rohstoffen umgehen. Ein realistisches Ziel für den Energieverbrauch und die CO_2-Emissionen wäre es, die in Kapitel 4 genannte Halbierung dieser Werte in den nächsten 10 Jahren zu realisieren. Davon, aber genauso vom Fünf-Liter-Ziel der Bundesregierung, ist die S-Klasse der Stuttgarter allerdings noch ein gutes Stück entfernt.

Maßnahmen zur Verbrauchsminderung in der Oberklasse sind überfällig. Das zeigt ein Vergleich des Kraftstoffverbrauches im Stadtfahrzyklus deutlich (die Meßbedingungen für den Außerortsverkehr haben sich beim Übergang vom Drittelmix zum NEFZ geändert, so daß nur die Stadtfahrt als Vergleichsmaßstab dienen kann). Wir haben einmal den Mittelwert dieser Verbrauchsangabe für die von Mercedes-Benz angebotenen S-Klasse-Modelle mit Benzinmotor berechnet. Die Verbrauchswerte der oben erwähnten neuesten Modelle lagen noch nicht vor, sie sollen deutlich gesunken sein. Wir stellen einmal den Stand vor Mitte 1998 dar. Gemäß der VDA-Liste 1998 bietet der Hersteller zehn Modelle dieser Klasse an, zwischen «S 280» und «S 600 lang». Für den Stadtverkehr ergibt sich ein Mittelwert der Modellreihe von 21,2 Litern je 100 Kilometer. Im Modelljahr 1988 lag der Durchschnittsverbrauch der S-Klasse

(damals mit 12 Limousinen-Varianten) mit Benzinmotoren («S 260»
bis «S 560») laut VDA-Liste bei 15,2 Liter je 100 Kilometer Stadtfahrt.

Die neue S-Klasse muß diesen 40-Prozent-Anstieg der vergangenen zehn Jahre erst einmal aufholen. Immerhin kann man positiv festhalten, daß der Energieverbrauch selbst dieser Klasse für den Hersteller zum Thema geworden ist. Zu hoffen ist, daß dies auch bei den Kunden ankommt; Fahrzeuge dieser Kategorie werden übrigens fast ausschließlich auf Firmenkosten gekauft und unterhalten. Dies ändert sich um so mehr, je kleiner die Fahrzeuge werden. Die unterhalb der S-Klasse angesiedelten beiden Modellreihen C- und E-Klasse weisen keine derart exzessiv hohen Verbrauchswerte mehr auf, sind allerdings immer noch weit von dem Drei-Liter-Ziel entfernt.

Drei-Liter-Thema «beim Daimler»

Wenn zumindest die Privatkunden der Marke mit dem Stern beim Stichwort «drei Liter» seit kurzem an den Kraftstoffverbrauch denken, dann ist dies das Verdienst zweier innovativer Konzepte für Fahrzeuge unterhalb der bisherigen Mercedes-Modellpalette. Die sogenannte A-Klasse war bereits bei der Präsentation auf der Frankfurter Automobilausstellung 1993 als Drei-Liter-Auto – damals noch als Studie unter dem Namen «Vision A» – angekündigt worden. Wir werden auf die Besonderheiten dieses Modells, auch auf die technischen Potentiale zur Erreichung des Klassenzieles ausführlicher eingehen (s. S. 258). Der zweite Grund für die Öffentlichkeit, einem Daimler-Benz-Produkt einen Verbrauch von 3 Liter auf 100 Kilometer zuzutrauen, ist das sogenannte Swatch-Mobil «Smart». Das Auto soll zwar keinen Stern tragen, und die Herstellerfirma Microcompact Car MCC ist «lediglich» ein Joint-Venture von Daimler Benz und dem Schweizer Uhrenkonzern SMH, aber für die Öffentlichkeit ist ohnehin klar, nicht erst seit der Diskussion um die Elch-Sicherheit, daß in der Entwicklung und in den Zielsetzungen die Mercedes-Ingenieure beim Smart ihr Know-how einbringen. Die A-Klasse und der Smart werden zwar oft in einem Atemzug als Belege für Schritte zum Drei-Liter-Auto genannt, sie verkörpern aber sehr unterschiedliche Vorstellungen. Die A-Klasse-Fahrzeuge sind Fünf-sitzer mit Innenraumabmessungen und Komfortmerkmalen etwa der Golfklasse – damit ist auch der anvisierte Hauptkonkurrent genannt. Trotz der relativ kurzen Karosserie wird dem Fahrzeug aufgrund der ungewöhnlich hohen Bauweise ein sehr gutes Raumangebot für diese Fahrzeugklasse attestiert; das Konzept offenbarte bei Tests in Skandinavien aber auch Probleme mit der Fahrstabilität. Durch erfolgreiches Krisenmanagement und elektronische Fahrwerkskontrolle sollen diese mittlerweile überwunden sein.

Die A-Klasse ist nun keinesfalls ein Leichtbau geworden, und der Verbrauch bleibt notwendigerweise ein ganzes Stück von der Drei-Liter-Marke entfernt. Die ursprüngliche Konzeption der Studie Vision A hatte eine Länge von nur 3,35 m vorgesehen, Ende 1994 war das Modell auf 3,69 m gewachsen. Die Fahrzeugmasse stieg ebenfalls im Verlauf der Serienentwicklung an, so daß man es nunmehr, nicht unähnlich dem Golf, mit einem Auto von mehr als einer Tonne Leergewicht zu tun hat. Diese Masse muß natürlich mit Beschleunigungs- und Geschwindigkeitswerten entsprechend den Anforderungen des Herstellers bewegt werden, das heißt, es müssen sehr leistungsstarke Motoren zum Einsatz kommen. Auch hier wieder ein scheinbar zwangsläufiges Wachstum. Bei der Ankündigung 1993 wurden drei Antriebsvarianten genannt:

1. ein Dreizylinder-Benzinmotor mit 55 kW (75 PS), einem Verbrauch unter fünf Litern und einer Höchstgeschwindigkeit von 150 km/h;
2. ein Elektromotor mit 40 kW (54 PS), einer Batteriereichweite von 150 km und einer Höchstgeschwindigkeit von 120 km/h;
3. ein Dreizylinder-Diesel mit 44 kW (60 PS), der einen Verbrauch in Richtung drei Liter realisieren sollte.

In den 1998er Verbrauchslisten des Verbandes der Automobilindustrie finden sich die Modelle «A 140» und «A 160» jetzt mit 1,4-Liter-Motoren von 60 kW (82 PS) bzw. 75 kW (102 PS) Leistung. Die Motorisierung und das Leergewicht verdeutlichen, daß man keine Effizienzsprünge im Kraftstoffverbrauch gegenüber dem Marktüblichen erreichen will. Im Normzyklus sind es denn auch nur 6,8 bzw. 6,9 Liter je 100 Kilometer geworden. Dies ist der offizielle Stand

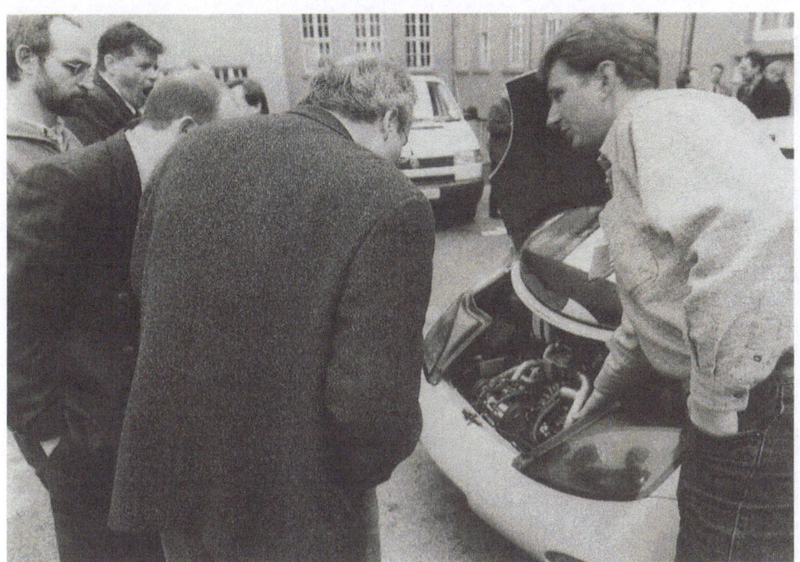

Bild 1: Besucher des Wuppertaler Workshops «Autos der Zukunft» schauen unter die Haube.

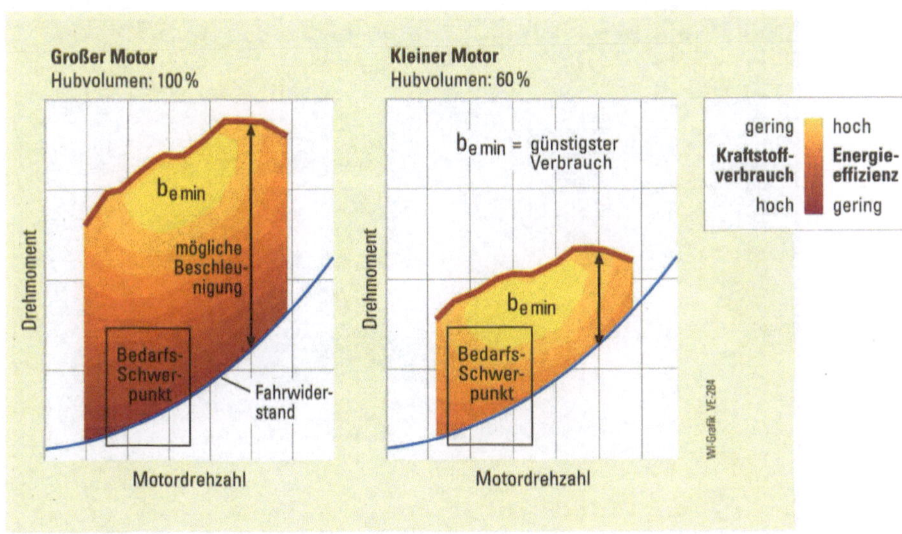

Bild 2: Lage des verbrauchsgünstigsten Kennfeldbereichs im Vergleich zum Schwerpunkt im Testzyklus: Kleine Motoren sind effizienter, sie arbeiten näher am Bestpunkt.

Bild 3: VW Lupo: Heute 4,4 Liter auf 100 km, im nächsten Jahr 3 Liter serienmäßig? (Foto: Volkswagen AG, Wolfsburg).

Bild 4: Drei-Liter-Prototyp Opel Corsa Eco 3: Zu teuer für die Serie? (Foto: Adam Opel AG, Rüsselsheim).

Bild 5: Audi Al 2: Golf-Klasse in Aluminium. (Foto: Audi AG, Ingolstadt).

Bild 6: Smart: Zweisitzer als Zukunftslösung? (Foto: MCC, Hambach).

Bild 7: Conversion-Design: Standard-Pkw, umgebaut auf Elektrotraktion. (Foto: Volkswagen AG, Wolfsburg).

Bild 8: Purpose-Design: Für den E-Antrieb entworfen. (Foto: TRAPOS, Mittweida/ Sachsen).

Bild 9: Toyota Prius: Das erste serielle Hybridfahrzeug auf dem japanischen Markt verbraucht ca. 4,5 Liter. (Foto: Toyota Deutschland GmbH, Köln).

Bild 10: Hypercar: Amory Lovins prognostiziert weniger als ein Liter Treibstoff auf 100 km. (Foto: General Motors, Detroit USA).

Bild 11: Direkteinspritzender Ottomotor von Mitsubishi: Den besseren Wirkungsgrad beim Dieselmotor abgeschaut. (Foto: MCC Deutschland GmbH, Trebur).

Leistungsmodus

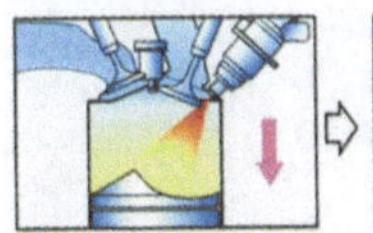
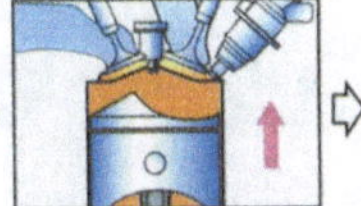
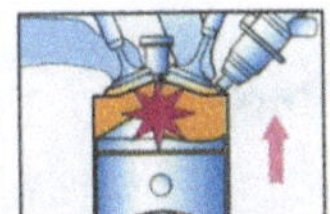

Kraftstoff wird direkt in einem breiten Sprühkegel eingespritzt und bewirkt einen Kühleffekt.

Das Luft-/Kraftstoffgemisch wird verdichtet.

Die Zündkerze entzündet das Luft-/Kraftstoffgemisch.

Sparmodus

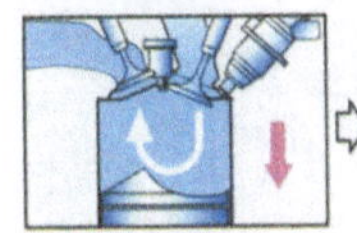
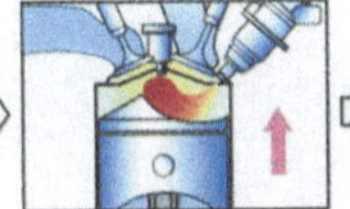
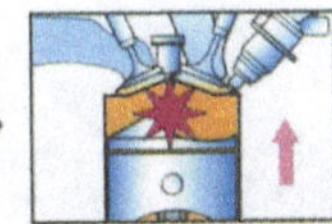

Der Kolben erreicht den unteren Totpunkt und beginnt mit dem Verdichtungstakt.

Kraftstoff wird direkt in einem kompakten Nebel in die Kolbenmulde eingespritzt.

Die Zündkerze entzündet das Luft-/Kraftstoffgemisch.

Bild 12: Zwei Motoren in einem: Je nach Leistungsanforderung Magermix oder Lamba 1. (Grafik: MCC Deutschland GmbH, Trebur).

Bild 13: SmILE: Mit wenig Aufwand halbiert Greenpeace den Verbrauch eines Twingo. (Foto: Greenpeace e.V., Hamburg).

Bild 14: Fortschritte in der Verkleinerung des Brennstoffzellenantriebs: Zwischen den Prototypen NECAR 1 und NECAR 3 liegen nur vier Jahre Entwicklung. (Foto: Daimler-Benz, Stuttgart).

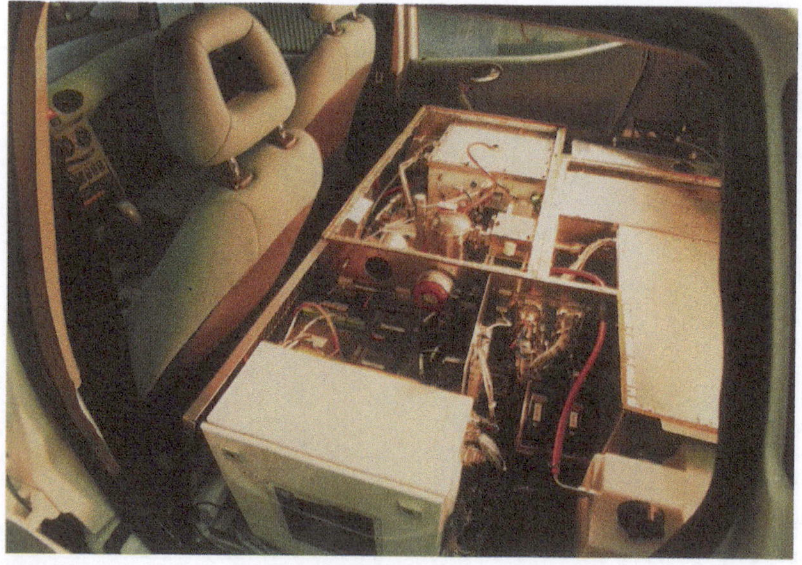

Bild 15: Chemiefabrik an Bord: Im Heck des NECAR 3 wird Methanol zu Wasserstoff umgewandelt. (Foto: Daimler-Benz, Stuttgart).

zum Modelljahr 1998 – man hört, daß aufgrund der Nachrüstungen zur Erhöhung der Fahrstabilität der Verbrauch noch etwas angestiegen ist. Dieselversionen sind erst für 1999 vorgesehen. Durch die Fortschritte in der Dieselmotorenentwicklung werden wohl Normverbrauchswerte zwischen 5 und 5,5 Litern je 100 Kilometer erreicht. Dies ist jedoch deutlich schlechter, als noch vor wenigen Jahren erwartet worden war.

Entsprechend dem allgemeinen Spaß- und Vollgastrend bewegt sich die A-Klasse offensichtlich in Richtung auf die Marktposition «schnell wie der Golf GTI, aber etwas origineller». Die Automobilausstellungen des Frühlings und Sommers 1998 werden mit aufwendigen Ausstattungs- und Sportvarianten beschickt, Demonstrationen einer weiteren Effizienzverbesserung bleiben dagegen aus. In diesem Tempo wird ein echtes Drei-Liter-Auto in der A-Klasse wohl noch lange auf sich warten lassen. Hier zeigt sich zum wiederholten Male die Modellpolitik der Autohersteller: Über medienwirksame Ankündigungen wird versprochen, die Entwicklung von serienfertigen sparsamen Autos voranzutreiben – schließlich muß die Beherrschung auch dieser Kunst für die eigene Firma reklamiert werden. In den Markt eingeführt werden dann aber kleine spritfressende Kraftprotze, die eher dem Käufer als Potenzbeweis im Straßenverkehr dienen als das Klimarisiko mindern. Schließlich soll die eigene Marke mit spritzigen Straßenflitzern identifiziert werden – ökologisch korrekte, aber lustlose Modelle beschädigen dagegen in der Vorstellung der Automobilisten das Image. Diese Doppelzüngigkeit scheint erst auflösbar zu sein, wenn es gelingt, ein Drei-Liter-Auto zu bauen, das in allen fahrdynamischen und Komforteigenschaften dem heutigen Ideal einer Rennreiselimousine entspricht. Dafür scheinen zumindest in Deutschland die visionären Kräfte der Fahrzeugingenieure noch nicht auszureichen.

«Das superkompakte City-Coupé»

Wenn man sich dazu entschließt, den Smart als ein Auto einzuordnen – nach den Selbstdarstellungen des Unternehmens soll er ein Lebensgefühl sein, aber auch «mehr als nur ein Auto» –, dann fallen die praktischen und ökologischen Nachteile ins Auge: Das Auto kann nur zwei Personen transportieren, wiegt leer ca. 725 Kilogramm, der Kraftstoffverbrauch ist mit «weniger als 5 Litern im NEFZ» (Auskunft vom Mai 1998) für so einen Winzling nicht gerade günstig. Der Smart knüpft formal und konzeptionell an zahlreiche Stadtwagenideen an, die in den vergangenen Jahrzehnten immer wieder vorgebracht wurden. Auslöser dafür war stets die Parkplatznot in den Städten, der man mit extrem kurzen Fahrzeugen begegnen wollte. Blättert man die populärwissenschaftlichen Zeitschriften der späten fünfziger und frühen sechziger Jahre durch, so findet man mehrfach jährlich die Idee eines Zweisitzers auf 2,5 m Länge mit kostengünstigem Hinterachsantriebsblock. Auch Versionen mit Elektroantrieb sind in den vergangenen Jahrzehnten auf dem Papier vielfach entstanden. Mit dem Smart sind diese Vorstellungen Realität geworden (s. Bild 6 im Farbteil). Er ist nur zweieinhalb Meter lang und wurde vornehmlich für Stadtfahrten konzipiert. Der Hersteller sieht in dem beschränkten Platzangebot – wie gesagt, nur zwei Sitze, für den Wochenausflug mit Kindern muß man dann ein Auto leihen – keinen Nachteil, denn im Stadtverkehr würde ohnehin nur ein geringer Besetzungsgrad auftreten. («Smart hat 0,8 Sitzplätze mehr, als im Stadtverkehr genutzt werden.») Damit wird der Smart allerdings auch als typisches Zweit- oder Drittauto positioniert, das *zusätzlich* gekauft, geparkt und gefahren wird.

Volkswagen und Opel sehen übrigens für ein solches Fahrzeug kaum Marktchancen und wollen entsprechend dieser Einschätzung die Entwicklung von familientauglichen Vier- bis Fünfsitzern in Richtung auf einen Drei-Liter-Verbrauch vorantreiben. Auch der ADAC ist hinsichtlich des Sinns der 2,5-Meter-Klasse mit nur zwei Sitzen skeptisch, er verweist – zur Überraschung mancher Kritiker der Autoclubs aus der «Ökoecke» – auf die Verkehrsflächenproblematik: «Der Smart verschärft sie, statt sie zu entspannen, denn er ist eindeutig mehr Dritt- als Zweitwagen, und als solcher benötigt er zusätzliche Stellplätze. Seine Besitzer wollen dokumentieren, daß sie sich neben Kombi und Limousine auch noch ein sparsames und umweltfreundliches Stadtauto leisten können.»

Bei der Lektüre der zur Verfügung gestellten Unterlagen über den Smart beeindruckt zunächst der hohe technische Entwicklungsstand. Der ab Oktober 1998 lieferbare SUPREX-Turbomotor weist einen Hubraum von 0,6 Litern auf, verteilt auf drei Zylinder. Die hohe spezifische Leistung von 33 kW (45 PS) sowie – in einer anderen Variante – 40 kW (55 PS) aus dem kleinen Hubraum erfordert eine hohe Aufladung. Mittels eines Abgasturboladers mit Ladeluftkühlung werden diese Leistungen erbracht, dazu Drehmomente zwischen 70 und 88 Newtonmeter bei mittleren Drehzahlen um 3000 pro Minute. Der technische Aufwand mit modernem Motor, modernem Sechsganggetriebe und innovativer Fertigungstechnik hat dem Zweisitzer enttäuschende 725 Kilogramm Leergewicht beschert. Wir vergleichen: Der Fiat Panda ist in der 0,9-Liter-Version noch 10 Kilogramm leichter, der Uno 30 Kilogramm schwerer. Beide dürfen 5 Personen befördern und 415 bzw. 460 Kilogramm zuladen. Bei dem Smart sind es zwei Personen und 245 Kilogramm. Die betagten Fiat-Modelle erreichen rund 6 Liter Normverbrauch, also etwa 1 Liter mehr als der Smart, dessen genaue Werte allerdings bislang noch nicht veröffentlicht wurden.

Wir teilen die Skepsis des ADAC, ob ein solches Auto dazu beitragen kann, die verkehrsbedingten ökologischen Probleme in unserem Verkehr zu lösen. Der Smart konkurriert offensichtlich vorwiegend mit dem öffentlichen Nahverkehr, der gerade in städtischen Gebieten mit hoher Verkehrsdichte große Vorteile bietet. Für die Fahrt in der Stadt soll der Kunde jetzt den Smart nehmen, die längeren Fahrstrecken – die wesentlich für den Gesamtausstoß an Klimagasen verantwortlich sind – werden mit dem üblichen Pkw zurückgelegt. Für die Umwelt bringt so ein Stadtwägelchen also nix ...

Das Smart-Argument «geringer Parkflächenbedarf» sticht nur vordergründig und nur in Innenstadtbereichen mit hoher Verkehrsdichte. In Wohngebieten dagegen verschärft es die Parkflächennot. Für den fließenden Verkehr ist im übrigen die Fahrzeuglänge ziemlich nebensächlich, denn aufgrund des notwendigen Sicherheitsabstandes machen ein oder zwei Meter Fahrzeuglänge mehr am Gesamtflächenbedarf von ca. 40 bis 50 Quadratmeter pro Auto bei Stadtverkehrsgeschwindigkeit auch nicht mehr viel aus. Die einzig denkbare Situation im fließenden Verkehr, in der geringe Fahrzeuglänge Straßenfläche spart, ist kurz vor dem Stau oder bereits im

Stop-and-go-Fahren. Um dies zu vermeiden, sollte man jedoch sinnvollerweise auf öffentliche Verkehrsmittel umsteigen.

Smart-Erwartungen

Zeitungsmeldungen zufolge ist die neue Smart-Fabrik in Lothringen
auf eine Kapazität von 200.000 Fahrzeugen pro Jahr ausgelegt. Das
zeugt von erheblichem Optimismus. Daimler-Benz und der Schweizer Uhrenkonzern SMH wollen den Smart nicht nur als ein innova-
tives Fahrzeug verstanden wissen, sondern als «Kern eines neuen
Mobilitätskonzepts». Pressemeldungen zufolge will der Hersteller in
Verhandlungen mit Bahn und Lufthansa erreichen, daß mit dem
Ticketverkauf ein Smart-Fahrzeug am Zielort gemietet werden kann.

Daimler-Benz-Vorstand Hubbert zufolge gibt es auch Gespräche
mit der Bundesregierung, eine leistungsreduzierte Smart-Version
bereits für sechzehnjährige Jugendliche anzubieten – das nennt der
Werbefachmann frühe Kundenbindung. Der modebewußte Kunde
solle dadurch angesprochen werden, daß ein einmal gekaufter Smart
gegen eine vergleichsweise geringe Gebühr in der Werkstatt innerhalb von zwei Stunden mit neuen Kleidern, sprich andersfarbigen
Karosserieteilen ausgestattet werden könne. Insgesamt weist dies
auf die Entwicklung einer neuen Fahrzeugkategorie in einer ver-
muteten Marktnische hin und weniger auf eine ökologisch oder ver-
kehrsfunktional sinnvolle Konzeption. Grundsätzlich muß es sich
zwar nicht unbedingt ausschließen, ein neues Produkt für Fun- und
Design-Kunden (vgl. den Swatch-Uhrenerfolg) anzubieten und
gleichzeitig im Verkehr eine Verbesserung zu erreichen. Der Smart
erscheint jedoch als Sackgassenentwicklung.

Die Idee des Swatch-Erfinders Hajek hatte im Uhrenmarkt des-
wegen eingeschlagen, weil es ihm gelungen war, den Sammeltrieb
der Kunden anzusprechen. Man besitzt nun nicht mehr nur eine
Armbanduhr, sondern kauft sich mehrere nach Lust und Laune.
Wenn eine nicht mehr funktioniert, wird sie nicht repariert, sondern
aufbewahrt oder gleich weggeschmissen. Die Austauschbarkeit des
Accessoires verdrängt so zunehmend die ursprüngliche Funktion des
Wertgegenstandes. Eine Übertragung dieses Wegwerfprinzips auf

den Automarkt wird nun ausgerechnet mit Hilfe eines Automobilunternehmens vorgenommen, zu dessen Stärken bisher die Langlebigkeit und Zuverlässigkeit der Produkte gehörte.

Motorenverwandtschaft

Kaum bekannt sein dürfte, daß es zwischen dem Smart und dem Entwickler des Antriebsaggregates für das SmILE-Fahrzeug von Greenpeace Querverbindungen gibt. Als SMH-Chef Hajek noch nicht das Joint-Venture mit Daimler-Benz etabliert hatte, sondern die Entwicklung seines Swatch-Mobils selbst vorantrieb, war für den Antriebsmotor noch ein kleines Ingenieurunternehmen in der Nähe von Bern zuständig. Gearbeitet wurde damals an einem erheblich hubraumkleineren Zweizylinder-Twin für das Swatchmobil, ebenfalls mit Abgasturboaufladung. Über die Leistungs- und Verbrauchsdaten der damaligen Fahrzeugauslegung ist nichts bekannt. Dem Vernehmen nach soll der unabhängige Motorenentwickler in dem Moment abgelöst worden sein, als die Zusammenarbeit von Hajek mit Daimler-Benz zustande kam. Letztlich dürfte dieser historische Verlauf dazu beigetragen haben, daß das Schweizer Ingenieurunternehmen innerhalb relativ kurzer Entwicklungszeit ein sehr überzeugendes Motorkonzept für den SmILE bereitstellen konnte. Es handelt sich zwar um eine andere Konstruktion mit Zweizylindern in Boxeranordnung und einem anderen Aufladeverfahren (vgl. Kapitel 17), dennoch werden die Erfahrungen hilfreich gewesen sein.

Als Fazit zu den Bemühungen von Mercedes-Benz zur Kraftstoffeinsparung kann man festhalten, daß die A-Klasse wie auch der Smart jeweils technisch faszinierende Produkte sind, sie jedoch – aus unterschiedlichen Gründen – keinen Fortschritt auf dem Weg zum ökologisch verträglicheren Drei-Liter-Auto sind. Die A-Klasse bewegt sich in der Motorisierung in die falsche Richtung und ist überdies zu schwer. Der Smart scheidet als alleiniges Auto für einen Haushalt praktisch aus und ist vor allem angesichts seiner eingeschränkten Nutzbarkeit ebenfalls erheblich zu schwer. Beide Modelle verkörpern mit der ungewöhnlich großen Fahrzeughöhe

von rund 1,55 m einen neuen Trend im Automobilbau, dem sich beispielsweise auch das Audi-Konzeptfahrzeug Al2 angeschlossen hat:
eine Abkehr vom Liegestuhl und eine Hinwendung zu einer auf-
rechteren, stadttauglicheren Sitzposition. Immerhin.

11 Benzindirekteinspritzung von Mitsubishi

Mit der Benzin-Direkteinspritzung von Mitsubishi wird die Wettbewerbssituation zwischen dem Otto- und dem Dieselmotor erstmals seit langer Zeit wieder zugunsten des Benziners verändert. Über mehr als zwei Jahrzehnte hinweg hatte der Dieselmotor mit ständigen Verbesserungen und fortlaufend gesenktem Kraftstoffverbrauch Lob gesammelt, zu nennen ist zunächst der Erfolg des Golf Diesel (mit Wirbelkammermotor), mit dem seit Ende der siebziger Jahre die Diesel-Verwendung in der unteren Mittelklasse etabliert wurde. Dann wurde als nächster wichtiger Schritt der Abgasturbolader für Diesel-Pkw durchgesetzt. Schließlich übertrug man die vorher nur im Lkw-Bereich übliche Direkteinspritzung auf den Pkw, mit nochmals verbesserter Wirtschaftlichkeit.

Die von Mitsubishi jetzt eingeführte Benzin-Direkteinspritzung könnte ein entscheidender Schritt dazu sein, verlorenes Terrain gegenüber dem Diesel gutzumachen. Dies bezieht sich vor allem auf den Kraftstoffverbrauch. Der Verbrauchsnachteil eines benzinbetriebenen Ottomotors gegenüber dem Dieselprinzip – rund 5 Prozent im Vergleich zum Kammerdieselmotor, rund 20 Prozent im Vergleich zum Direkteinspritzer – liegt in drei prozeßtechnischen Unterschieden begründet, die jeweils die Kraftstoffausnutzung verschlechtern. Es geht erstens um das Verfahren der Lastregelung, also um die Möglichkeit des Autofahrers, je nach Verkehrsanforderung sehr unterschiedliche Motorleistungen geliefert zu bekommen. Ein Motor muß ja zwischen Leerlauf, also Leistungsabgabe Null, und Vollast ein so breites Leistungsband bedienen, wie man es keiner stationären Maschine abverlangen würde. Der zweite Grund für den Verbrauchsnachteil des Ottomotors liegt im Mischungsverhältnis von Luft zu Kraftstoff. Drittens ist das Verdichtungsverhältnis des Motors zu nennen, das den Druck im Zylinder am Ende der Kompression, kurz vor der Zündung festlegt. Alle drei Größen begünstigen den Diesel im Verbrauchswettbewerb. Der GDI setzt an, diese Nachteile zu überwinden.

Früher nur beim Diesel: Lastregelung ohne Drosselung

Zunächst zum erstgenannten Faktor, der Lastregelung bei Benzinern, die vor allem im Stadtverkehr den Verbrennungsvorteil des Diesels bewirkt. Die Lastregelung bzw. Variation der abgegebenen Motorleistung erfolgt beim Ottomotor wie beim Dieselmotor grundsätzlich dadurch, daß je nach Gaspedalstellung in den einzelnen Verbrennungstakten unterschiedlich viel Kraftstoff verbrannt wird. Da der Energieinhalt eines Milliliters Kraftstoff weniger Verbrennungsdruck auf den Kolben wirken läßt als beispielsweise die Verbrennung von 10 Millilitern Kraftstoff, bedeutet dies in vereinfachter Betrachtung eine Leistungsvariation um den Faktor zehn. Die geringste Menge an Kraftstoff, die zugeführt werden kann, ist durch die inneren Reibungsverluste des Motors definiert: im Leerlauf muß exakt soviel Energie zugeführt werden, daß die Motorreibung überwunden wird und der Motor ohne Lastabgabe vor sich hin läuft. Wird diese Kraftstoffmenge unterschritten, geht der Motor aus. Ein Pkw-Ottomotor verbraucht im Leerlauf etwa 0,9 Liter Benzin pro Stunde, ein Dieselmotor etwa 0,7 Liter. Maximalmengen an Kraftstoff werden dem Motor bei Vollast und hoher Drehzahl zugeführt. Bei Vollgasfahrt auf der Autobahn können die Verbrauchswerte bei einer Mittelklasselimousine auf 30 oder mehr Liter je Stunde ansteigen, beispielsweise bei 180 km/h.

Das Problem des Ottomotors liegt nun darin, daß er ein bestimmtes Verhältnis von Luft- zu Kraftstoffmenge benötigt – dies wird als Luftverhältnis Lambda bezeichnet –, um ein *zündfähiges Gemisch* zu bilden. Wenn jedes Kraftstoffmolekül vollständig verbrannt werden kann, ist das Luftverhältnis Lambda = 1. Der Ottomotor läuft auch bei etwas fetterem Gemisch, beispielsweise Lambda = 0,9, oder auch bei etwas magererem Gemisch, beispielsweise Lambda = 1,1 noch akzeptabel. Im fetten Bereich bleiben Kraftstoffmoleküle unverbrannt übrig, weil nicht genügend Sauerstoff vorhanden ist, im mageren Bereich herrscht Luftüberschuß, daher wird der gesamte Kraftstoff weitgehend verbraucht. Würde man den Luftüberschuß jedoch sehr stark erhöhen, ist das Gemisch nicht mehr zündfähig, und die Verbrennung bricht ab. Aus diesen Gründen ist es bei einer Variation der Kraftstoffmenge zum Zwecke der Lastregelung erforderlich, die dem Motor zugeführte Luftmenge zu regeln, für wenig zugeführten Kraftstoff ist auch nur eine geringe Luftmenge im Zylinder zugelassen, für viel zugeführten Kraftstoff muß die Luftmenge entsprechend ansteigen.

Der Ottomotor löst das Problem der Steuerung der Luftmenge mit Hilfe einer Drosselklappe im Ansaugrohr, d. h. zwischen dem Luftfilter und dem Einlaßventil. Diese Drosselklappe verkleinert den freien Querschnitt für die durchströmende Luft; vergleichbar mit dem Trinken durch einen fast verstopften Strohhalm. Es ist klar, daß der Motor kräftig saugen muß, aber doch nur die ihm zugedachte geringe Luftmenge erhält. Dieser Ansaugvorgang gegen eine fast geschlossene oder teilweise geschlossene Drosselklappe kostet Energie, die sich in Form eines schlechten Motorwirkungsgrads bemerkbar macht. Der Ingenieur nennt diese verlorene Energie Drosselverluste.

Dem Dieselmotor bleiben diese Drosselverluste deswegen erspart, weil er auf die engen Grenzen der Gemischzusammensetzung nicht angewiesen ist, er zündet zuverlässig sowohl bei fettem Gemisch als auch bei sehr magerem Gemisch. Dies ist darauf zurückzuführen, daß der Dieselkraftstoff in die verdichtete Luft eingespritzt wird und sich dabei *selbst entzündet*. Der Dieselmotor hat über die gesamte Zylinderfüllung kein homogenes Luft-Kraftstoff-Gemisch, sondern örtlich sehr unterschiedliche Werte. An der Stelle, wo die Kraftstoffwolke aus der Einspritzdüse in den Brennraum austritt, ist das Gemisch sehr fett, schließlich handelt es sich um reinen Kraftstoff ohne Luft – Luftverhältnis null. In den Bereichen am Rand, in welche der Kraftstoff noch nicht vorgedrungen ist, herrscht ein Luftverhältnis mit einem Lambdawert von unendlich (wegen der Definition von Lambda als Verhältnis von Luft zu Kraftstoff). Zwischen diesen beiden Werten null und unendlich gibt es alle denkbaren Mischungen an jeweils verschiedenen Stellen des Brennraumes. An einigen dieser Orte sind Luft und Kraftstoff so miteinander vermischt, daß die Zündung und Verbrennung optimal eingeleitet wird.

Aus den Prinzipien der Dieselverbrennung, der inneren Gemischbildung, der daraus folgenden inhomogenen Gemischzusammensetzung und der Selbstzündung folgt also der Vorteil, daß immer die volle Luftmenge in den Zylinder strömen darf, also keine Drosselklappe das «Atmen» erschwert. Man erspart sich die Drosselverluste und verbessert gleichzeitig den Wirkungsgrad deutlich. Weil sich beim Diesel in jedem Lastpunkt das Verhältnis von Luft zu Kraftstoff ändert – zu einer konstanten Luftmenge wird immer unterschiedlich viel Kraftstoff eingespritzt –, sich also die Qualität des Gemisches ändert, bezeichnet man den Diesel auch als Motor mit *Qualitätsregelung.* Beim Ottomotor ändert sich die Menge der zugeführten Luft mit der für die Lastregelung veränderten Kraftstoffmenge; daher bezeichnet man dieses Verfahren als *Quantitätsregelung.*

Mischungsverhältnis von Luft zu Kraftstoff

Der zweite Grund für den Wirkungsgradnachteil des Ottomotors im Vergleich zum Dieselmotor liegt in dem «fetteren» Luft-Kraftstoff-Verhältnis des Benziners begründet. Dieser Aspekt hat mittelbar ebenfalls mit der Lastregelung zu tun. Wegen der ungleichmäßigen Gemischzusammensetzung im Brennraum eines Dieselmotors, der von «sehr fett» bis «sehr mager» unterschiedlichste Luftverhältnisse hat, läuft die Verbrennung beim Diesel auch dann sicher ab, wenn auf wenig Kraftstoff viel Luft entfällt. Dies ist unter dem Aspekt der Kraftstoffausnutzung sogar sehr positiv, denn bei hohem Luftüberschuß ist die Wahrscheinlichkeit, daß Kraftstoffteilchen unverbrannt bleiben, sehr gering. Wenn der Luftüberschuß reduziert wird, erhöht sich dagegen die Menge der nicht verbrannten Kohlenwasserstoffe. Selbst wenn in einem Zylinder theoretisch ausreichend Luftsauerstoff zur Verbrennung der dort befindlichen Kraftstoffmenge wäre, kommt in der Praxis erst mit deutlichem Luftüberschuß eine umfassende Kraftstoffausnutzung zustande. Das bedeutet dann auch einen guten, das heißt niedrigen Kraftstoffverbrauch. Da der Ottomotor ein insgesamt gleichmäßigeres, fetteres Gemisch hat als der Diesel, ist bei ihm die Kraftstoffausnutzung auch nicht so umfassend.

Die früheren Entwicklungsanstrengungen, auch im Ottomotor einen mageren Betrieb mit etwa 50 Prozent Luftüberschuß zu realisieren, waren an zwei wesentlichen Problemen gescheitert. Zum einen gelang es nicht, das magere Gemisch (das heißt das Gemisch mit großem Luftüberschuß) zuverlässig zu entzünden und gleichzeitig dabei auch noch eine hohe Brenngeschwindigkeit zu erreichen. Wenn die Zündung nicht zuverlässig ist und die Verbrennung schleppend verläuft, kommt es zu hohen Resten an unverbrannten Kraftstoffbestandteilen und zu einem ungünstigen Kraftstoffverbrauch. Man erreichte es nicht, die theoretischen Vorteile des Magerbetriebes in der Praxis zu realisieren. Eine gewisse Ausnahme bildete der Honda-CVCC-Schichtladungsmotor, der um 1980 kurzzeitig in den USA Furore machte. Keinem Schichtladungs- oder Magerkonzept gelang es jedoch in der Vergangenheit, die niedrigen Schadstoffemissionen eines mit einem Drei-Wege-Katalysator ausgerüsteten Ottomotors zu erreichen.

Bedingungen für den Drei-Wege-Kat

Dies war also die andere Ursache dafür, daß sich Magerkonzepte in der Vergangenheit nicht durchgesetzt haben. Der Drei-Wege-Katalysator erfordert die exakte Einhaltung eines ausgeglichenen Luft-Kraftstoff-Verhältnisses. Dieser Zustand liegt dann vor, wenn im Brennraum des Motors theoretisch jedes Kraftstoffmolekül durch den ebenfalls im Brennraum befindlichen Luftsauerstoff verbrannt wird, es darf also weder zuviel noch zuwenig Luft vorhanden sein. Dieses Benzin-Luft-Verhältnis nennt man Lambda = 1. Nur in diesem Gemischzustand kann der Drei-Wege-Katalysator im Abgasstrom drei verschiedene chemische Reaktionen bewirken, die insgesamt zu reinerem Abgas führen: die Oxidation des Schadstoffes Kohlenmonoxid zu Kohlendioxid, die Oxidation der Kohlenwasserstoffe zu

Kohlendioxid und Wasser und die Reduktion der Stickoxide zu Stickstoff. Wegen dieser drei hier sehr vereinfacht gekennzeichneten Reaktionen, bekam der Katalysator den Namen «Drei-Wege-Katalysator».

Insbesondere die Reduktion der Stickoxide zu Stickstoff gelingt dann nicht, wenn im Abgas noch freier Sauerstoff vorhanden ist, das heißt, wenn der Motor mit Luftüberschuß betrieben wird. Wir werden bei der Beschreibung des neuen Mitsubishi-Motors (s. u.) mit direkter Benzineinspritzung auf dieses Problem der Stickoxidverminderung im Magerbetrieb eingehen. Offensichtlich ist es mittlerweile gelungen, die sogenannten DeNOx-Katalysatoren für den mageren Gemischbereich zu entwickeln.

In dem Überblick über die grundsätzlichen Ursachen der Verbrauchsnachteile von Ottomotoren gegenüber Dieselmotoren wollen wir als drittes schließlich darauf hinweisen, daß Ottomotoren ein sehr viel geringeres Verdichtungsverhältnis aufweisen. Das Verdichtungsverhältnis eines Motors hat direkte Auswirkungen auf die Effizienz der Energieumsetzung. Heutige Ottomotoren haben Verdichtungsverhältnisse von 8,5 bis 10, Dieselmotoren von mindestens 17 bis 20. Der Wirkungsgrad eines Motors mit dem Verdichtungsverhältnis 20 ist einfach höher als mit dem Verhältnis 10.

Alle drei genannten Einflußfaktoren führen dazu, daß der Diesel sparsamer im Verbrauch ist als der Ottomotor. Ohne die aufgezählten Faktoren kann der Ottomotor eine mindestens ebenso gute Kraftstoffausnutzung erreichen wie ein Dieselmotor. Im thermodynamischen Vergleichsprozeß schneidet sogar der Ottomotor besser ab; dies trifft jedoch aus den dargelegten Gründen in der Praxis nicht zu. Lange Jahre galt als unumstößliche Tatsache, daß der Benziner zwar kultivierbarer, aber durstiger ist, der Diesel dagegen sparsam, aber rauh. Die Mitsubishi-Innovation hat die Richtung gewiesen, wie die guten Eigenschaften des Ottomotors mit dieselartiger Kraftstoffausnutzung verknüpft werden können. Dies erfordert nichts weniger als eine technische Revolution des Ottomotors.

Dabei sind allerdings nicht nur einige Vorurteile auf der Strecke geblieben, etwa derart, daß der Ottomotor am Ende seiner Entwicklungsmöglichkeiten angelangt sei. Auch eine Reihe theoretischer Definitionen wurde durch die Praxisdemonstration von Mitsubishi durcheinandergewirbelt. Als festes Merkmal eines Motors nach dem Arbeitsprinzip von Nikolaus Otto galt, daß Luft und Kraftstoff außerhalb des Brennraumes miteinander vermischt werden, im Saugrohr zwischen Luftfilter und Einlaßventil. Das Prinzip von Rudolf Diesel war die sogenannte «innere Gemischbildung», die Mischung des Kraftstoffes mit der Verbrennungsluft erst im Zylinder.

Mitsubishi hat also dem Diesel das Attribut «innere Gemischmischung» abgeschaut. Diesen Versuch hatten schon in den fünfziger und sechziger Jahren die Hersteller Goliath sowie – weit erfolgreicher – Mercedes-Benz gewagt und zumindest hinsichtlich der Funktion und der Motorleistung gute Ergebnisse bekommen. Daß sich dieses Verfahren nicht durchsetzte, lag an den hohen Fertigungskosten (z. B. der Hochdruck-Benzinpumpe).

Vom Diesel lernen

Der aus Verbrauchsgründen lohnendere Schritt wurde jedoch erst von Mitsubishi unternommen, nämlich der Verzicht auf die Drosselklappe. Wenn diese nicht mehr vorhanden ist, strömt die volle Luftmenge ungehindert in den Zylinder. Sie wird durch den abwärts gehenden Kolben angesaugt. Um dennoch die Zündfähigkeit des dann jeweils unterschiedlichen Benzin-Luft-Gemisches sicherzustellen, mußten die Mitsubishi-Ingenieure das Verfahren der sogenannten Schichtladung erfinden.

Die Schichtladung ist nichts anderes als beim Dieselprinzip, in einem Brennraum unterschiedlich fette und magere Kraftstoff-Luft-Gemische herzustellen. An der Zündkerze, die auch der Mitsubishi-Benzin-Direkteinspritzer noch behält, muß nun eine Kraftstoff-Luft-Wolke mit zündfähiger Zusammensetzung gerade zu dem Zeitpunkt vorhanden sein, wenn der Zündfunke ausgelöst wird. Dies wird am Ende des Kompressionstaktes erforderlich, denn die Zylinderdrücke, die durch die Verbrennung entstehen, sollen ja den Kolben zur Leistungsabgabe nach unten treiben. Das zu lösende Problem bei der Direkteinspritzung ohne Drosselklappenregelung besteht also darin, das Strömen der Gase im Brennraum so zu lenken, daß zur richtigen Zeit das richtige Gemisch an der Zündkerze ist.

Die Aufgabe wurde in langwierigen Entwicklungsarbeiten
gelöst, und zwar durch die Gestaltung eines sogenannten «Tumble»,
einer durch die spezielle Form der oberen Kolbenfläche verursachten walzenförmigen Strömung. Die Verbrennungsluft wird durch
das Einlaßventil von schräg oben zugeführt und auf eine aufragende
«Nase» am oberen Kolbenboden gelenkt, die die walzenförmige
Drehung verursacht. Die Drehgeschwindigkeit ist mit der Drehzahl
so abgestimmt, daß die Zündkerze ein brennfähiges Gemisch entzünden kann. Damit sich der Kraftstoff nicht gleichmäßig im Brennraum verteilt, sondern die Gemischfolge ihre kompakte Form bis
unmittelbar vor der Zündkerze behält, wird der Kraftstoff erst im
letzten Moment vor der Zündung in die Mulde des Kolbens gespritzt.
Die über den Brennraum ermittelte Kraftstoff-Luft-Zusammenset-
zung ist sehr mager, damit der Kraftstoff möglichst weitgehend verbrannt wird; an der Zündkerze selbst ist das Gemisch fett. Von diesem fetten Kern aus bildet sich die Flammfront aus und erfaßt das
Gemisch im gesamten Brennraum.

Erfolg: besserer Wirkungsgrad

Die magere Verbrennung und die Lastregelung ohne Drosselung
führen dazu, daß der Mitsubishi GDI deutlich sparsamer ist als ein
herkömmlicher Ottomotor (s. Bild 11 im Farbteil). Laut Mitsubishi
liegen die Einsparungen bei rund 20 Prozent. Im Spitzenmodell des
japanischen Herstellers auf dem deutschen Markt, dem Carisma,
leistet der Benzin-Direkteinspritzer mit 1,8 Liter Hubraum 92 kW
(125 PS) und benötigt im NEFZ nach Werksangaben nur 6,5 Liter
Kraftstoff – ein günstiger Wert für eine Limousine mit rund 1.300 kg
Leergewicht! Mit dem sogenannten GDI-Verfahren (Gasoline Direct
Injection) ist das Fahrzeug rund einen Liter sparsamer als das kon-
ventionelle 1,6-Liter-Modell – trotz 40 Prozent mehr Motorleistung.
Das Aggregat reicht an eine Ausführung mit Turbodiesel heran.
   Der Verbrauchsvorteil eines ungedrosselten Motors kommt vor
allem bei Teillastbetrieb zum Tragen, da dort ein konventioneller
Ottomotor die Drosselklappe am weitesten geschlossen halten muß.
Je höher die abgegebene Motorleistung durch Öffnen der Drossel-

klappe wird, desto geringer müßte der Verbrauchsvorteil ausfallen. Dies ist im übrigen auch die Erfahrung bei Vergleichsfahrten von Diesel- und Otto-Modellen. Bei hohen Motorlasten und hohen Drehzahlen hat der Diesel keine Verbrauchsvorteile mehr.

Mager reicht nicht für Vollast

Der magere Motorbetrieb hat nun allerdings einen bisher noch nicht angesprochenen Nachteil, nämlich den der geringeren Leistungsdichte. Damit ist der Umstand gemeint, daß im Magerbetrieb der angesaugten Menge Luft weniger Kraftstoff zugeführt wird als beim fetten Betrieb. Da sich die Motorleistung aber direkt aus der zugeführten Kraftstoffmenge ergibt, holt ein Magermotor aus dem gleichen Hubraum weniger Leistung heraus als ein fett eingestellter oder bei ausgeglichener Luft-Kraftstoff-Zusammensetzung betriebener Motor. Da fetter Motorbetrieb heute aufgrund der Anforderung des Drei-Wege-Katalysators nach einem Lambda von 1 nur noch selten vorkommt (zum Beispiel dann, wenn bestimmte Automobilhersteller sich unbeobachtet wähnen und außerhalb der Abgastest-Kennfelder eine Vollast-Anfettung durchführen, damit das Fahrzeug schneller beschleunigt), ergibt sich die geringere Leistungsdichte eines Magermotors direkt aus dem Verhältnis der Luftkennzahlen Lambda. Ein mit einer Lambdazahl von 1,5 betriebener Magermotor ist in der spezifischen Leistungsausbeute einem Lambda-1-Motor um ein Drittel unterlegen. Dieser Nachteil in der spezifischen Hubraumleistung gilt im übrigen auch für Dieselmotoren, bei denen aus diesem Grunde entweder größere Hubräume oder Aufladung üblich sind.

Um das Leistungsmanko des Magerbetriebes zu beseitigen, griffen die Mitsubishi-Entwickler zu einem für die Leistung zwar überzeugenden, aber für den Kraftstoffverbrauch dann nicht mehr vorteilhaften Verfahren. Bei einem höheren Bedarf von Antriebsleistung und Drehmoment wird das Aggregat blitzschnell auf konventionelle Gemischregelung mit Drosselklappe und Lambda-Sonde eingestellt, also mit ebenso ausgeglichenem Brenngemisch gefüttert wie jedes beliebige heutige Benzinaggregat mit Lambda-Regelung und Drei-Wege-Katalysator (s. Bild 12 im Farbteil). Als verbrauchsmindernde Innovation bleibt dem Mitsubishi auch in den höheren Lastzuständen natürlich noch *Direkteinspritzung*. Da der Motor im Lastmodus dann aber ein homogenes Gemisch verlangt, das aus Gründen der hohen Leistung den Brennraum auch vollständig einnehmen soll, erfordert dies eine längere Gemischbildungszeit als im Sparmodus. Dort war ja kurz vor der Zündung erst eingespritzt worden, um eine fette Wolke möglichst stabil zur Zündkerze zu transportieren. Im *Leistungsmodus* wird der Kraftstoff nun bereits einen halben Takt früher eingespritzt, nämlich in die Abwärtsbewegung des luftansaugenden Kolbens hinein. Als Folge des recht großen Abstandes zwischen Düse und oberer Kolbenfläche bildet sich ein breiter Sprühkegel aus, der Kraftstoff verbindet sich mit der Luft sehr gleichmäßig. Der im Brennraum verdampfende Kraftstoff sorgt übrigens dafür, daß die Kompressionstemperatur gesenkt wird, und verhindert dadurch eine unkontrollierte Selbstentzündung des Brenngemisches, die als Klopfen und Klingeln all denen bekannt ist, die jemals ein Fahrzeug mit einem hochverdichteten Motor mit schlechtem Kraftstoff betankt haben.

Klopfen vermeiden durch Einspritzmanagement

Da der GDI-Motor ein Verdichtungsverhältnis von 12,5:1 hat, was etwa drei Punkte über demjenigen normaler Ottomotoren liegt und zusätzlich dazu beiträgt, den thermischen Wirkungsgrad zu verbessern, besteht die Klopfgefahr natürlich auch bei diesem Aggregat. Typische Betriebszustände dafür sind stets das Anfahren oder die Vollastbeschleunigung mit sehr niedrigen Drehzahlen. Hierfür schaltet das Motormanagement des Mitsubishi auf eine *Zwei-Phasen-Einspritzung* um. Eine kleine Menge wird dann früh, das heißt bereits in den Ansaugtakt eingespritzt, die zweite, größere Menge erst kurz vor der Zündung. Damit könne, so die Mitteilungen des Herstellers, das überaus hohe Verdichtungsverhältnis problemlos gefahren werden.

Nach Erläuterungen von Mitsubishi-Entwicklern war in der Forschung die Strömungstechnik als entscheidender Fortschritt genannt: es galt, ein inhomogenes Gemisch zuverlässig verbrennen zu können. Durch die der Einspritzdüse benachbarten beiden Einlaßventile wird eine Strömungsstruktur der Luft hergestellt, welche die Einspritzwolke in die erwünschte Richtung bringt.

Ottomotor der Zukunft nur noch als DI?

Der Weg des Benzinmotors in das nächste Jahrtausend, so Mitsubishi, ist die Frucht der Arbeit von 25 Jahren in den Motorlabors. Für einen nachhaltigen Erfolg wichtig ist jedoch nicht nur das Funktionieren der Strömungsbewegungen und eine zuverlässige Verbrennung, vielmehr sind heutzutage auch scharfe Schadstoffgrenzwerte zu erfüllen. Ein Verbrauchsvorteil von mitgeteilten 20 Prozent und ein Leistungsvorteil von 10 Prozent gegenüber herkömmlichen Benzinmotoren sind zwar interessant, akzeptabel wird dieses Triebwerk jedoch durch eine Abgasqualität, welche den heutigen Stand von Benzinfahrzeugen mit Drei-Wege-Katalysator und Lambda-Regelung erfüllt. Hier sind es verfahrensbedingt vor allem die Betriebszustände im Teillastmodus, die Innovationen auch bei der Abgasreinigung erfordern. Im Leistungsmodus wird ja mit dem Lambda-1-Betrieb die Voraussetzung für die übliche Funktion von Drei-Wege-Katalysatoren erfüllt.

Im Magerbetrieb, das heißt mit Luftüberschuß, ist ein Drei-Wege-Katalysator nur sehr eingeschränkt wirksam. Eine Verringerung der Stickoxide gelingt dann nicht. Dies liegt an der bereits oben kurz angesprochenen Reaktionschemie: Die Schadstoffe Kohlenmonoxid und Kohlenwasserstoffe werden im Abgas verringert durch Oxidation, das heißt Reaktionen mit Sauerstoff; sie verbrennen. Stickoxide bedürfen nicht einer Oxidation, sondern einer Reduktion, damit sie unschädlich werden. Das Stickstoffmolekül muß also Sauerstoff abgeben. Im Drei-Wege-Katalysator wird dieses Sauerstoffmolekül praktischerweise gleich zur Oxidation der beiden übrigen Schadstoffe benutzt, sie nehmen dem Stickoxid sogar den Sauerstoff mit Nachdruck ab. Im mageren Betrieb bei Luftüberschuß ist für die Oxidation des Kohlenmonoxids und der Kohlenwasserstoffe noch so viel Sauerstoff im Abgas vorhanden, daß diese Reaktion stattfinden kann, ohne daß der Sauerstoff aus dem Stickoxid herausgebrochen wird. Bei Luftüberschuß findet also keine Verringerung der schädlichen Stickoxide statt. Dies ist im übrigen auch das Kernproblem der Dieselmotoren, selbst diejenigen mit nachgeschaltetem Katalysator können ihre Stickoxidbildung allenfalls durch Modifikationen im Verbrennungsprozeß selbst beeinflussen; eine Abgasreinigung ist nicht möglich. Daß Hersteller von Diesel-Pkw dennoch Katalysatoren für ihre Motoren anbieten, liegt mehr an dem Imagegewinn als an der tatsächlichen Effizienz.

Der Benzin-Magermotor ist bisher stets an der Abgashürde gescheitert. Seit Anfang der achtziger Jahre hatte besonders Ford große Hoffnungen auf das Verfahren (allerdings nicht mit Direkteinspritzung) gesetzt, die sich dann an der Realität der harten Schadstoffgrenzwerte zerschlugen. Nunmehr scheint für den verbrauchssparsamen Magerbetrieb durch die Entwicklung der sogenannten DeNOx-Katalysatoren eine Renaissance bevorzustehen. Diese Katalysatoren funktionieren auch bei Luftüberschuß, haben allerdings bei weitem nicht den Reinigungsgrad des Drei-Wege-Katalysators. Dennoch scheint ihre Wirkung auszureichen, um die EURO-3-Grenzwerte zu erfüllen. Zur Verringerung der sogenannten NO_x-Rohemission, also der Schadstoffmenge aus dem Brennraum vor dem Katalysator, wird eine Abgasrückführung eingesetzt. Nur dann reicht die Reduktionswirkung des Katalysators für die Einschaltung der Grenzwerte aus. Ein wirksameres Verfahren ist der sogenannte Speicherkatalysator, dabei werden die NO_x-Moleküle im Magerbetrieb von der aktiven Schicht so lange «festgehalten», bis – alle paar Minuten – kurzfristig auf fetten Betrieb umgestellt wird, um dann die Reduktion zu ermöglichen.

Im April 1998 störte ein Beitrag des TV-Wirtschaftsmagazins Plusminus die Branche auf. In diesem Beitrag wurde demonstriert, daß verschiedene Pkw-Modelle, unter anderem der Carisma GDI, im Fahrzyklus zwar günstige Abgaswerte aufweisen würden, bei stärkeren Beschleunigungswerten aber drastisch im Schadstoffausstoß zulegen würden. Ursache ist, daß verschiedene Hersteller bei ihren Lambda-1-Modellen unter Vollast noch weiter anfetten, um ein Quentchen mehr Leistung aus dem Motor herauszuholen. Das beeinträchtigt die Wirksamkeit des Katalysators. Hier ist der Gesetzgeber sicherlich gefordert, die Prüfbedingungen in diejenigen

Betriebszustände auszudehnen, die für den tatsächlichen Fahrbetrieb relevant sind (vgl. auch S. 98).

Weitere Ottomotor-DI werden folgen

Insgesamt hat Mitsubishi mit dem GDI auf dem Ottomotoren-Markt die lange ersehnte Innovation realisiert, die notwendig ist, um mit dem Dieselmotor Schritt zu halten. Auch andere Hersteller arbeiten an dem Verfahren. VW-Forschungschef Friedrich Quissek schätzte in einem Interview 1997 die bevorstehende Verbrauchsminderung bei Ottomotoren auf 15 Prozent. Das Zauberwort hieße Direkteinspritzung, und der Zauberstab, der alles erst in Gang setzen könne, sei der neue DeNOx-Katalysator. Quissek Mitte 1997: «Der funktioniert aber erst dann richtig, wenn wir schwefelfreies Benzin haben, wie heute schon in den USA und Japan.» Weil es den schwefelfreien Kraftstoff derzeit in Europa nicht gebe, stehe im Zeitplan der direkteinspritzenden Benziner bei VW noch so manches Fragezeichen.

Für die Firma Mitsubishi, so der Entwicklungsexperte der deutschen Niederlassung, Volker Indorf, sei dieses Problem seit September 1997, der Markteinführung des Carisma GDI, gelöst. Nach seiner Meinung ist der selektive Reduktionskatalysator, den man benutze, unempfindlich gegen den Schwefelanteil im europäischen Benzin. Bei einer Senkung des Schwefelanteils im Kraftstoff ähnlich wie in Japan und Schweden würde der Reinigungsgrad für NO_x noch höher liegen können.

Unter der Hand ist jedoch «aus der Szene» zu hören, daß Mitsubishi den Motor wegen des Schwefels sehr viel weniger mager fahren kann, als verbrauchsoptimal wäre. Würde der Schwefelgehalt nicht die Katalysatorwirkung verschlechtern, könnten im NEFZ 8 Prozent günstigere Verbrauchswerte erreicht werden; dies scheitert bei den gegenwärtigen Kraftstoffqualitäten an den Schadstoffgrenzwerten. Bei sauberem Benzin könnten sowohl die Grenzwerte eingehalten als auch der Kraftstoffverbrauch gesenkt werden. Es bleibt bei dem Zwei-Phasen-Betriebskonzept allerdings stets das Problem, daß bei hoher Motorbelastung bzw. bei Vollast der Verbrauch nicht in demselben Maße abgesenkt wird wie bei Teillast.

Zu wünschen wäre, daß Mitsubishi und später die anderen Hersteller von Benzinmotoren mit Direkteinspritzung Verbrauchsanzeigen vorsehen, welche den Fahrer über den Betrieb im Sparmodus bzw. im Vollastmodus informieren. Dann könnte man das Gasgeben so optimieren, daß der Motor möglichst häufig im Sparmodus und wenig unter Vollast läuft.

Teil III
Technik
für das Auto von morgen

12 Zwischenbilanz: Drei-Liter-Autos sind in Sicht – aber …

Angesichts der definitorischen Verrenkungen von Autoherstellern zu der Frage, welchen Kraftstoffverbrauch ein Drei-Liter-Auto aufweisen müßte, sind wir versucht auszurufen: Ein Drei-Liter-Auto ist ein Drei-Liter-Auto ist ein Drei-Liter-Auto! Mit anderen Worten: Wenn der durchschnittliche Kraftstoffverbrauch bei drei Liter auf 100 Kilometer oder darunter liegt, ist dieses Ziel erreicht. Dies entspricht einer Kohlendioxidemission von 70 Gramm CO_2 pro Kilometer. Die «Drei-Liter-Auto»-Definition des Gesetzgebers liegt mit 90g/km um 28 Prozent höher, weshalb auch noch 3,84-Liter-Autos steuerlich begünstigt werden. Beim Konvergenzkriterium zur Euro-Einführung wurde die Definition der Zahl 3 deutlich enger ausgelegt.

Um Chancengleichheit zwischen Ottomotoren und Dieselmotoren herzustellen, ist darüber hinaus das höhere spezifische Gewicht des Dieselkraftstoffes zu berücksichtigen. Nun hatten wir bereits darauf hingewiesen, daß es im Hinblick auf die angestrebte Reduzierung der Klimaemissionen wenig Sinn macht, nur einige Nischenmodelle mit niedrigem Kraftstoffverbrauch auf dem Markt zu haben, wenn die meisten Fahrzeugkilometer mit hohem spezifischem Verbrauch absolviert werden.

Das formulierte 50-Prozent-Ziel soll dagegen deutlich machen, daß es auf eine Absenkung in allen Fahrzeugklassen ankommt, besonders wirksam für die Gesamtbilanz wäre natürlich eine solche Absenkung bei den Modellen mit sehr hohen Jahresfahrleistungen. Ökologisch besonders bedeutsam wäre also eine Halbierung des Kraftstoffverbrauches beispielsweise der S-Klasse.

Nimmt man als Vergleichswert die S-Klasse des Jahres 1987 – schließlich beziehen sich die klimapolitischen Zielsetzungen des Bundestages auf den Vergleich 2005/1987 –, dann sieht man noch einen gehörigen Abstand dieser Marke. Heutige S-Klasse-Fahrzeuge mit vergleichbarer Motorisierung sind erst etwa 15 Prozent sparsamer, die Zielvorgabe von 50 Prozent läßt sich nur durch eine Verdoppelung der Effizienzsteigerungen bis 2005 noch erreichen.

Zur Erinnerung: Die Halbierung des spezifischen Kraftstoffverbrauches wurde deshalb überschlägig als erforderlich berechnet, um trotz einer um ca. 50 Prozent noch ansteigenden Verkehrsmenge das Emissionsminderungsziel zu erreichen. Setzt man die Gesamtfahrzeugkilometer im Deutschland des Jahres 1987 zu 100 Prozent und nimmt man bis 2005 ein Wachstum auf 150 Prozent an, so ist unmittelbar einsehbar, daß eine Emissionsminderung um 25 Prozent zwischen 1987 und 2005 nur dann insgesamt wirksam werden kann, wenn im Jahre 2005 die Fahrzeuge nur noch einen halb so hohen Kraftstoffverbrauch je Fahrstrecke aufweisen.

Damit diese Verbesserung dann auch im Bestand des Jahres 2005 wirksam wird, müssen die für die Gesamtfahrleistungen wesentlichen Autojahrgänge zwischen 2000 und 2005 mit eben diesen sparsamen Nachfolgegenerationen erneuert worden sein.

Verkehr verspielt bisher die Emissionssenkungen in anderen Branchen

Dies ist nur mehr eine theoretische Rechenübung, denn bereits wenige Jahre nach dem Bekenntnis zum Klimaschutz ließen Bundesregierung und Automobilindustrie erkennen, daß ihnen auch eine geringere Reduzierung der Treibhausgasemissionen im Verkehr genügen würde. Die deutsche Klimabilanz profitierte schließlich in den vergangenen Jahren vom Zusammenbruch der energieintensiven Industrien in den östlichen Bundesländern, mit der Produktion entfielen auch die Kohlendioxid-Emissionen. Im Verkehr wurde dagegen bislang sogar eine Emissionszunahme akzeptiert. Wenn nun tatsächlich in den kommenden Jahren die erwarteten «blühenden Landschaften» in den östlichen Bundesländern mit entsprechenden Produktionszahlen auch der Industrie entstehen, dann dürfte der zwangsläufig dazu notwendige Energieverbrauch dafür sorgen, daß die deutsche Klimabilanz getrübt wird. Die übrigen Wirtschaftsbereiche werden kaum freiwillig größere Anstrengungen zur Energieeinsparung machen, um die Zielverfehlungen des Autoverkehrs (und übrigens auch des Luftverkehrs) zu kompensieren.

Das Wachstum des Kraftfahrzeugverkehrs ist die kritische Größe. Ohne Verkehrszunahme könnten die für die Serie angedachten Lösungen durchaus die Verbrauchssenkungsziele erreichen, mit der Zunahme werden verschärfte Anstrengungen erforderlich. Dabei muß es sowohl um technische Konzeptänderungen gehen als auch um ein anderes Marketing der umweltgerechteren Autos. Letzteres wiederum wird nur erfolgreich sein können, wenn die Politik dafür sorgt, daß das Kraftstoffsparen für die Autofahrer lohnender wird. Dies ist gleichzeitig die Voraussetzung dafür, daß die Autohersteller sich trauen, Ökofahrzeuge mit größerem Nachdruck zu entwickeln und anzubieten.

Die motortechnischen Fortschritte in den neuen Serienfahrzeugen und die weiteren absehbaren Innovationen sind beeindruckend: Der Diesel hat mit der weiteren Erhöhung der Einspritzdrücke im Direkteinspritzer, vor allem auch mit der neuen Speichertechnik (Common Rail) und den dadurch erzielbaren Freiheitsgraden der exakten Bemessung auch kleinster Kraftstoffmengen mit Voreinspritzung usw. zusätzliche Verbrauchspotentiale erschlossen.

Der Ottomotor mit Direkteinspritzung wird einen neuen Minderungsschub erleben; dieses Aggregat war ja in den vergangenen Jahren in der Entwicklung etwas vernachlässigt worden. Auch der Benziner der Zukunft wird mit Common-Rail-Einspritztechnik ausgerüstet sein und noch erheblich mehr Motorelektronik benötigen, um alle Anforderungen hinsichtlich Sparsamkeit, niedriger Schadstoffentwicklung für EURO 4 und guten Motorlauf kostengünstig unter einen Hut zu bringen.

Die Katalysatortechnik wird für die Reduzierung des Energieverbrauches deswegen wichtig, weil sie jetzt den Betrieb mit mageren, sparsameren Gemischen ermöglicht. Ob dazu der Reduktionskatalysator wie im Mitsubishi GDI die besseren Aussichten hat oder

der Speicherkat, den die deutschen Entwickler favorisieren, läßt sich noch nicht eindeutig voraussagen. Beide benötigen ein verbessertes Benzin mit weniger Schwefelgehalt; dies wird gegenwärtig zwischen den europäischen Behörden und der Mineralölindustrie verhandelt.

Das Drei-Liter-Auto als in der Kompaktklasse kurzfristig erreichbare Ziel bleibt noch außerhalb der Reichweite des Kunden. Weder von den deutschen Automobilherstellern noch von den Importeuren gibt es Modelle, welche unsere Anforderungen erfüllen.

Auch die noch vor der Serienfertigung befindlichen Studien überzeugen nicht:

- Die angekündigten Öko-Varianten des VW Lupo bzw. Seat Arosa sollen 2.000,– DM teurer sein als die Normalmodelle, ohne wirklich das Drei-Liter-Ziel zu erreichen – kündigt sich da nach dem Golf Ecomatik ein weiterer Eco-Flop wegen des hohen Aufpreises an?
- Der Opel Corsa Eco 3 muß noch deutlich Gewicht abspecken, ließe sich dies vielleicht mit einer Aluminiumstruktur, d. h. Anleihen bei Audi erreichen?
- Auch der Audi A12 schleppt mit 750 bis 810 Kilogramm Leergewicht zu viel mit sich, um einen Sprung in der Treibstoffeffizienz zu schaffen – vielleicht sollte man auf die sportwagenmäßige Motorisierung einmal verzichten?
- Für die Mercedes A-Klasse, heute bereits auf dem Markt, gilt für die absehbaren Motorvarianten Ähnliches, vor allem aber enttäuscht einmal mehr das hohe Leergewicht. Gleiches gilt für den Smart: Mehr als 360 Kilogramm je Sitzplatz sind zwar erheblich weniger als in der S-Klasse, vor allem, wenn man die durchschnittliche Ausnutzung berücksichtigt, gehen aber letztlich an den Erfordernissen vorbei.
- Für den Mitsubishi mit der GDI-Benzin-Direkteinspritzung bleibt als unbefriedigend zu bemerken, daß mit den Fortschritten in der Motorentechnik keine Fortschritte im Karosserie-Leichtbau einhergehen. Wo ist der Mitsubishi Carisma mit 30 Prozent weniger Fahrzeugmasse? Überdies hat der Motor bei hohen Leistungen keinen Verbrauchsvorteil mehr.

Wird das Drei-Liter-Auto aus Amerika kommen?

Im September 1993 startete die US-amerikanische Regierung gemeinsam mit den drei großen Autofirmen General Motors, Ford und Chrysler ein Forschungsprogramm mit dem Namen «Partnerschaft für eine neue Generation von Fahrzeugen» (Partnership for a New Generation of Vehicles, PNGV). Kurz zuvor war der frisch gewählte US-Präsident Bill Clinton mit seinem Versuch gescheitert, den Benzinpreis um 5 Cent zu erhöhen. Die amerikanische Bevölkerung schrie auf und machte ihrem Präsidenten klar, daß eine auch nur geringfügige Erhöhung des Benzinpreises den Nerv der Nation treffen würde.

So blieb der US-Regierung nur der Weg, über ein teures Forschungsprogramm gemeinsam mit der Autoindustrie nach Lösungen zu suchen, um die Energieeffizienz im Fahrzeugbereich zu verbessern. Denn amerikanische Fahrzeuge waren im Vergleich zu europäischen und japanischen deutlich durstiger, was sich zunehmend auf den Export auswirkte. Auch waren die USA trotz hoher inländischer Erdölförderung in zunehmendem Maße auf Erdölimporte angewiesen, eine teure und unsichere Abhängigkeit, wie allen Beteiligten während des zweiten Golfkrieges wieder einmal zu Bewußtsein kam. So wurde es denn auch zum ausdrücklichen Hauptziel der neuen Partnerschaft, Amerikas Wettbewerbsfähigkeit zu stärken.

Neben Verbesserungen im Bereich der Fertigungstechnik sollte dies durch die Entwicklung eines Prototyps bis zum Jahr 2004 erreicht werden. Dieser Prototyp sollte einen ehrgeizigen Anforderungskatalog erfüllen, insbesondere eine dreifache Verbesserung der Energieeffizienz auf einen Verbrauchswert von umgerechnet weniger als drei Liter pro 100 Kilometer. Nach der in den USA üblichen Angabe «Fahrstrecke pro Benzinmenge» lautet das Ziel «mindestens 80 Meilen pro Gallone» (siehe Kasten).

In der Begründung des Forschungsprogramms wird ausgeführt, daß die Zahl der zugelassenen Fahrzeuge in den USA von 194 Millionen im Basisjahr 1993 bis zum Jahr 2010 auf 270 Millionen zunehmen werde. Ein Erfolg des PNGV-Programms sei angesichts dieses prognostizierten Wachstums für die weltweite Reduktion von Treibhausgasen notwendig. Auch die städtische Luftqualität werde

> ## Anforderungskatalog für das PNGV-Fahrzeug mit einem Drittel des heutigen Verbrauchs (PNGV 1995)
>
> - Beschleunigung: von 0 auf 60 Meilen pro Stunde (ca. 100 km/h) in 12 Sekunden
> - Zahl der Sitzplätze: bis zu 6
> - Lebensdauer: mindestens 100.000 Meilen (ca. 160.000 km)
> - Reichweite: 380 Meilen (ca. 610 km) im US-Fahrzyklus
> - Emissionen: Einhaltung der strengen US-Norm Tier II
> - Gepäck-Zulademöglichkeit: umgerechnet ca. 475 Liter, ca. 90 kg
> - Recyclingfähigkeit: 80 Prozent
> - Sicherheit: Einhaltung der US-Sicherheitsstandards FMVSS
> - Gebrauch, Komfort, Fahreigenschaften und Handhabung: Entsprechend heutigen Fahrzeugen
> - Anschaffungs- und Unterhaltungskosten: Entsprechend heutigen Fahrzeugen (unter Berücksichtigung der Preisentwicklung)

profitieren. Der Anteil des Importöls würde ohne verschärfte Anstrengungen zur Energieeinsparung von heute 50 Prozent auf 60 Prozent im Jahr 2010 ansteigen. Erdöl umfaßt 10 Prozent des gesamten US-Importvolumens und ist damit für einen großen Teil des amerikanischen Außenhandelsdefizits verantwortlich. Eine weitere verstärkte Abhängigkeit von Ölimporten soll aus außenpolitischen und strategischen Gründen vermieden werden.

Vier Jahre nach dem Start des Programms wird sein ehrgeiziges Ziel nach wie vor hochgehalten. Schließlich seien in der Zwischenzeit Fortschritte in folgenden Bereichen gemacht worden:

- Produktion von preisgünstigen Leichtbaumaterialien
- Elektronische Steuerungssysteme
- Batterien
- Kompakte, kostenreduzierte Brennstoffzellen
- Verbesserte Verbrennungsmotoren für Hybridantriebe

Über die Kosten des PNGV-Programms existieren keine offiziellen Angaben. Einen Eindruck von den Dimensionen dieses zehnjährigen Forschungsprogramms erhält man jedoch, wenn man sich die Zahl der Beteiligten vergegenwärtigt. Auf staatlicher Seite arbeiten sieben Behörden und 20 Bundesinstitute mit, die Forschungsgelder werden auf über 350 Fahrzeugfirmen, Universitäten und Kleinunternehmen verteilt.

Trotz enormer Forschungsleistungen bleibt die Frage offen, wie angesichts von Benzinpreisen, die im Vergleich zu europäischen geradezu lächerlich erscheinen, verbrauchsärmere Fahrzeuge den amerikanischen Markt erobert sollen. Der Trend in den USA geht in den letzten Jahren jedenfalls in Richtung Pick-up, Trucks und Geländewagen, beides am besten noch mit Allradantrieb. Deren Verbrauchswerte liegen heute mit ca. 15 Litern auf 100 Kilometer auf dem fünffachen Wert des PNGV-Ziels – ein sicheres Zeichen dafür, daß Spritkosten bislang weder eine große Rolle bei den Automobilproduzenten noch bei den Käufern spielten. Wenn dies selbst der amerikanische Präsident nicht zu ändern vermag, wer dann?

Auch wenn im Zieljahr 2005 des PNGV-Forschungsprogramms einige «serienreife Lösungen für das 80-Meilen-pro-Gallone»-Auto nach den US-Anforderungen vorliegen sollten, stellt sich das Problem der Markteinführung. Werden die Konzepte so überzeugend und vor allem so kostengünstig sein, daß sie gekauft werden? Wird es ohne Verbrauchervorschriften und ohne steuerliche Anreize gelingen, den Durchschnittsverbrauch radikal zu senken? Dies wird von den technischen Lösungen abhängen. Wir erwarten wie die PNGV-Programmacher, daß ein Drei-Liter-Auto ohne extrem teure Lösungen machbar sein wird. Damit könnte es für die Kunden sogar aus Kostengründen attraktiv sein – wenn der Kraftstoff-Minderverbrauch eine Amortisation von Herstellungsmehrkosten in etwa drei bis fünf Jahren ermöglicht. Längere Amortisationszeiten, so ist die Position von Marketingexperten aus der Autoindustrie, werden von den Kunden nicht akzeptiert. Natürlich spielt für die Akzeptanz von Kraftstoffsparkonzepten der Kraftstoffpreis eine wichtige Rolle. Daneben sind für einen Teil der Kundschaft sicherlich auch emotionale Aspekte wichtig, das Aussehen, die Beschleunigungsfähigkeit, der Sound – wird es gelingen, energieeffiziente Lösungen so zu verpacken, daß sie bei den Käufern Anklang finden?

In den nachfolgenden vier Kapiteln stellen wir wichtige technische Entwicklungen vor, die bisher noch nicht den Zustand der Serienreife erreicht haben bzw. deren Marktbedeutung noch nicht absehbar ist. Es handelt sich dabei zunächst um das Elektroauto mit

Batterie-Energiespeicher, das trotz jahrzehntelanger Entwicklungsarbeiten immer noch unbefriedigende Eigenschaften hat. Dann
beschreiben wir das Hypercar-Konzept des Amerikaners Amory
Lovins, der Hybrid-Antriebstechologie und extremen Leichtbau als
Chancen für das Zwei-Liter-, ja das Ein-Liter-Auto sieht. In dem darauf folgenden Kapitel betrachten wir das Problem der Kohlefaser-
verbundwerkstoffe etwas näher; diese Materialien sind aus dem
Flugzeug- und Rennwagenbau bekannt, sie sind leicht und fest.
Warum werden sie trotzdem nicht angewandt? Wir diskutieren
einige der Argumente. Den Abschluß der Auseinandersetzung mit
längerfristigen technologischen Perspektiven bildet ein Kapitel über
die Brennstoffzelle, insbesondere in der von Daimler-Benz in den
NeCar-Prototypen vorgestellten Formen.

Modellrechnungen – Verbrauch – Masse – Wirkungsgrad

Wir werden einige Modellrechnungen durchführen, um theoretische Fahrzeugkonzepte miteinander vergleichen zu können. Die
physikalischen Grundlagen für diese Modelle sind schon über drei
Jahrhunderte alt, es handelt sich um die Bewegungsgesetze von Sir
Isaak Newton (1642 bis 1727), dem Begründer der klassischen
Mechanik. Daß seine Erkenntnisse bis in unsere Zeit ihre Gültigkeit
nicht verloren haben, zeigt die Aufschrift des Kranzes, der nach der
ersten Mondlandung im Jahre 1969 auf seinen Grabstein gelegt
wurde: «The eagle has landed.»

Unsere Berechnung zielt zunächst auf die Ermittlung der Energiemenge, die für die Fahrzeugbewegungen mit vorgegebenen
Geschwindigkeiten mindestens aufgebracht werden muß. Dabei ist
es von Vorteil, daß die europäisch vorgeschriebenen Normzyklen
sehr einfach aufgebaut sind.

Die Fahrkurven der Meßzyklen lassen sich in Strecken mit konstanter Beschleunigung unterteilen, für die sich jeweils der Antriebsenergiebedarf eines Fahrzeuges der Masse m, des Luftwiderstandes
C_w*A und des Rollwiderstandes f bestimmen läßt. Summiert man
diese Energiebedarfe über alle Strecken des Fahrzyklus auf, so ergibt
sich der theoretische Mindestbedarf an Kraftstoff für die Zyklusfahrt.

Das Verhältnis dieses Antriebsenergiebedarfs zum gemessenen Kraftstoffverbrauch bezeichnen wir als den Gesamtwirkungsgrad des Fahrzeugs.

Ein Beispiel: Unser Standard-Vergleichsfahrzeug definieren wir in den Dimensionen eines normalen VW Golf, schließlich macht diese Modellreihe etwa ein Siebtel des gesamten deutschen Fahrzeugmarktes aus. Mit seiner Masse von etwa 1.000 Kilogramm, seiner Frontfläche von etwa zwei Quadratmetern, seinen Luft- und Rollwiderstandsbeiwerten von $C_w = 0,3$ und $f = 0,015$ hat er einen (theoretischen Mindest-) Antriebsenergiebedarf von 1,13 Litern Benzin auf 100 Kilometern im NEFZ. Die Löwenanteile dieser Energie werden über die Rollreibung mit der Straße (41 Prozent) bzw. über den Luftwiderstand (37 Prozent) in Wärme umgewandelt und gehen damit dem System Fahrzeug verloren. Die zur Beschleunigung des Fahrzeuges aufgewandte Energie geht dann als Wärme verloren, wenn es abgebremst wird, im Normalverbrauchs-Meßzyklus beträgt der Anteil 22 Prozent des gesamten Energiebedarfs.

Einige wichtige Einflußgrößen auf den Kraftstoffverbrauch sind in Kapitel 6 «Wieviel Kraftstoff muß ein Auto verbrauchen?» angesprochen worden. Wir stellten fest, daß es letztlich auf zwei Feldern entscheidende Verbesserungen geben muß, bei dem Energiebedarf für die Fahrzeugbewegungen und bei dem Wirkungsgrad des Antriebsaggregates.

Aus der Werksangabe für den Kraftstoffverbrauch des Golf III mit 1,4 Liter Hubraum von 6,8 Liter auf 100 Kilometer im NEFZ und unserem berechneten Energiebedarf für das Zurücklegen der Fahrstrecke von 1,3 Liter auf 100 Kilometer folgt, daß der Gesamtwirkungsgrad lediglich 17 Prozent beträgt – etwa fünf Sechstel des im Kraftstoff steckenden chemischen Energieinhaltes werden nicht für die Bewegung genutzt, sondern gehen aufgrund der unwirtschaftlichen Arbeitsweise des Verbrennungsmotors mit dem Abgas und mit der Kühlwasserwärme in die Umgebung, ohne zur Vorwärtsbewegung genutzt zu werden.

Wenn der Antriebswirkungsgrad unverändert schlecht bliebe, also bei den berechneten 17 Prozent, und auch die Reifen und der Luftwiderstand unverändert, dann müßte für eine Halbierung des Kraftstoffverbrauches die Fahrzeugmasse um den Faktor vier auf

250 kg heruntergebracht werden – utopisch wenig für ein Auto. Die Modellrechnungen zeigen jedoch: Wenn der Rollwiderstandsbeiwert der Pkw-Reifen auf den Bestwert von 0,062 verringert würde, den bisher allerdings erst Prototypen erreichen (und Lkw-Reifen), und wenn es gelänge, den Luftwiderstandsbeiwert c_w auf 0,19 zu senken, dann reicht es für eine Halbierung des Kraftstoffverbrauches, ein Fahrzeuggewicht von 650 kg zu erreichen.

Für ein Fahrzeug der Golf-Klasse lauten also die Schritte zur Halbierung des Energiebedarfs: Massenreduzierung von 1.000 kg auf 650 kg, Luftwiderstandsverbesserung von 0,3 auf 0,19, Rollwiderstandssenkung von 0,15 auf 0,062. Dann dürften die kurzfristigen Handlungspotentiale erst einmal ausgenutzt sein, Karosserie und Reifen sind optimiert.

Die weiteren Optimierungsschritte müssen sich auf den Antrieb beziehen. Mit einem Wirkungsgrad von 34 Prozent – der in bestimmten Betriebspunkten bei Ottomotoren erreichbar ist, bei Dieselmotoren ginge es noch etwas höher – wäre zusammen mit dem halbierten Antriebsbedarf eine nochmalige Halbierung des Kraftstoffverbrauches möglich. Das Modellfahrzeug der Golf-Klasse würde gegenüber dem Norm-Serienwert von 6,8 Liter pro 100 Kilometer drei Viertel sparen – 1,7 Liter pro 100 Kilometer müssen kein unerreichbares Ziel bleiben. Weitere Perspektiven böte dann noch die Energierückgewinnung beim Bremsen – die Hälfte der Beschleunigungsenergie zurückzugewinnen und für eine erneute Nutzung zu speichern, wird im PNGV-Programm als realistisches Ziel bezeichnet. In dem optimierten Fahrzeugbeispiel beträgt der Energieanteil für die Beschleunigung 32 Prozent – davon die Hälfte zurückzugewinnen, würde den 1,7-Liter-Wert nochmals um 16 Prozent senken, also auf etwa 1,4 Liter. Andere Forscher denken über Antriebsaggregate nach, mit denen ein Wirkungsgrad von mehr als 50 Prozent erreicht wird. Damit wäre dann das Ein-Liter-Auto erreicht. Noch ist dies alles Zukunftsmusik.

13 Das Batterieauto: Energiekrise auf Rädern

Die Zwischenbilanz des letzten Kapitels wird für viele Leser zwiespältig gewesen sein. Einerseits stehen da die Perspektiven eines Zwei-Liter- oder Ein-Liter-Autos, andererseits hinkt die Realität diesen Erwartungen weit hinterher. Offensichtlich nur im Schneckentempo geht die Entwicklung in Richtung Energieeffizienz voran. Bis auf wenige Feigenblätter im Kleinwagensegment scheint keine Trendwende im Kraftstoffverbrauch in Sicht. Andere Leser vermag diese Erkenntnis weniger zu überraschen, werden doch im Prinzip dieselben Benzinkutschen verkauft, die schon vor hundert Jahren unsere Urgroßväter entzückten. Zugegeben, einige technische Verbesserungen sind in der Zwischenzeit schon eingeführt worden, aber der große Sprung hin zu neuen Produktkonzepten ist ausgeblieben.

Für viele Menschen ist das Elektroauto eine solche Innovation, die ein Kraftfahrzeug zukunftstauglich machen könnte. Die Vision sauberer, leise dahingleitender Autos ist in der Tat verführerisch. Es gibt jedoch gute Gründe, weshalb sich das elektrische Kraftfahrzeug nicht durchgesetzt hat. Um die Jahrhundertwende hatten diese Automobile eine kurze Blütezeit, sie sind jedoch bis etwa 1910 fast vollständig vom Verbrennungsmotor verdrängt worden, trotz dessen Nachteilen. Maßgeblich war der Vorteil der einfacheren Energiespeicherung in Form von Benzin.

Wie sehen die Chancen heute aus? In den vergangenen Jahrzehnten ist intensiv an verbesserten Batterien gearbeitet worden, auch hat die Besorgnis wegen der Schadstoffemissionen zugenommen. Ist möglicherweise eine neue Blütezeit des elektrischen Antriebs in Sicht?

Eigenschaften des Elektroautos

Elektromotoren besitzen einen hohen Wirkungsgrad, sie wandeln 80 bis 95 Prozent der elektrischen Energie in mechanische um. Zudem eignen sie sich für die Rekuperation, d. h. Rückgewinnung der Bremsenergie. Die Leistungsdichte ist ebenfalls sehr hoch, d. h. man kann je Kilogramm Motormasse mehr Leistung erzeugen als mit einem Vebrennungsmotor. Ein Hauptvorteil des Elektroantriebes liegt in der lokalen Emissionsfreiheit.

Eine generelle Aussage zum Emissionsvergleich Verbrennungsmotor – Elektromotor ist nicht möglich, da die in den Kraftwerken verwendeten Energieträger zu berücksichtigen sind. Braunkohle und Steinkohle bewirken andere Emissionen als die Kernenergie, und Wasser- sowie Windkraft haben bisher – leider – nur einen kleinen Anteil an der Stromerzeugung. Man muß nun entweder dem Elektroauto diejenigen Emissionen zuordnen, die im Durchschnitt bei der deutschen Stromerzeugung anfallen – als ein Mix aus Braunkohle, Steinkohle, Kernenergie, Wasserkraft usw. –, oder aber tageszeitliche Präferenzen berücksichtigen. Wenn die Antriebsbatterien von Elektroautos nur nachts aufgeladen werden, bedeutet das einen geringeren Steinkohleanteil als bei der Ladung am Tage, weil Steinkohle mehr an der sogenannten Mittellast beteiligt ist. Die Emissionsbilanzen in diesem Beitrag beziehen sich auf die durchschnittliche deutsche Stromerzeugung.

Ein weiterer wichtiger Aspekt im Vergleich Elektroauto – konventioneller Pkw betrifft die verwendeten Batterien. Sie unterscheiden sich sowohl hinsichtlich der Nutzungseigenschaften, also des Speichervolumens für die elektrische Energie, das Gewicht und z. B. die Aufladezeit, sondern auch in Faktoren, welche die Energiebilanz beeinflussen. Es sind dies u. a. die Wirkungsgrade bei der Ladung und bei der Entladung.

Weil das Automobil kein Perpetuum mobile ist, also nicht die von zahllosen Erfindern angestrebte Maschine, die aus dem Nichts heraus Arbeit leistet, muß ihm Energie zugeführt werden. Welches Antriebsverfahren auch immer zum Einsatz kommt – die Energie für die beabsichtigte Fahrstrecke muß an Bord des Fahrzeuges mitgeführt werden. Damit sind Konflikte hinsichtlich Einsatzmöglichkeit, Raumangebot und Zulademöglichkeit des Fahrzeugs programmiert. Folgende Anforderungen sind an einen Fahrzeugantrieb und an die Energiespeicher zu stellen:

- Tank oder Batterie sollten möglichst wenig zusätzliches Gewicht verursachen und schnell und bequem füllbar sein.
- Der Energiespeicher sollte nicht zuviel Platz im Fahrzeug einnehmen und darf kein Sicherheitsrisiko für die Insassen sein.
- Die beste Speichertechnik ist wertlos, wenn die nächste Ladestation/Tankstelle außer Reichweite liegt oder der Energieträger bereits in wenigen Jahren zur Neige geht.
- Der Kraftstoff sollte preiswert sein, seine negativen Auswirkungen auf Mensch und Umwelt sollen auf ein Minimum reduziert werden.

Wie sind nun Elektroantrieb und Batteriespeicherung vor dem Hintergrund dieser Anforderungen zu bewerten? Die heute verwendeten Fahrzeugbatterien speichern im Vergleich zu Benzin weniger als ein Hundertstel der Energie pro Masseneinheit. Will man die Speichermasse nicht um das Hundertfache erhöhen, muß die Reichweite drastisch eingeschränkt werden, weshalb Batteriefahrzeuge bislang nur für den Einsatz im städtischen Betrieb in Frage kommen. Zusätzlich besitzen Batterien die längste Wiederauffüllzeit aller Energiespeicher; es dauert mehrere Stunden, bis ein leerer Speicher aufgefüllt ist. Auch sind sie im Winter bei Minusgraden störanfällig. Außerdem: Nach längerem Parken ist der «Tank» leer, denn selbst ungenutzt entladen sich die Batterien während längerer Standzeiten.

Auf dem Weg von der Primärenergiequelle bis zur Batterie entstehen erhebliche Energieverluste. Für jede Kilowattstunde, die aus einem deutschen Netzstecker kommt, gehen zwei Kilowattstunden Primärenergie verloren. Mindestens weitere 15 bis 18 Prozent Verluste entstehen beim Batterieladen.

Aufgrund des hohen Batteriegewichtes, das jedes Elektrofahrzeug mit sich schleppt, ist der Energiebedarf für die Fahrbewegungen immer höher als bei Autos mit Verbrennungsmotor. Ebenfalls müssen die Reifen verstärkt werden; daraus und aus dem höheren Gewicht resultieren auch höhere Rollgeräusche. Insgesamt summieren sich die Verluste aus der Stromproduktion und -verteilung bis hin zum Antriebsrad im Fahrzeug so stark, daß der Gesamtwirkungsgrad des Konzeptes schlechter ist als bei einem herkömmlichen Verbrennungsmotor. Man erreicht also nicht einmal die 17 Prozent Fahrzeugwirkungsgrad, die im vorigen Kapitel für ein Auto der Golf-Klasse mit Benzinmotor berechnet wurden. Angesichts hoher Batteriepreise, deren kurzer Lebensdauer und eines enormen Stromverbrauchs sind Batteriefahrzeuge unwirtschaftlich. Läßt sich trotz dieser Nachteile die Forderung nach Elektrofahrzeugen wenigstens aus ökologischer Sicht begründen?

Ökologische Bewertung von Batteriefahrzeugen

Das Bundesforschungsministerium hat gemeinsam mit der Automobil- und der Batterieindustrie unlängst ein mehrjähriges Forschungsprojekt durchgeführt, in dem insgesamt 60 Elektrofahrzeugen der neuesten Generation auf der Insel Rügen unter wissenschaftlicher Aufsicht erprobt wurden. Die Ergebnisse dieses mehrjährigen «Rügen-Feldversuchs», wie er in Fachkreisen betitelt wird, hat Dr. Ulrich Höpfner vom Heidelberger Institut für Energie und Umwelt in einem umfassenden Bericht zusammengestellt. Im Detail wurden folgende Faktoren genauer untersucht:

- der Energieverbrauch der Fahrzeuge und ihrer Baugruppen, insbesondere der Batterien,
- der Einfluß der Einsatz- und Nutzungsbedingungen auf Energieverbrauch und Emissionen und
- die Lebenszyklen der unterschiedlichen Baugruppen von Elektro- und Verbrennungsmotorfahrzeugen.

Dabei wurde von den 1996 in Deutschland geltenden Rahmenbedingungen wie z. B. der Stromproduktion ausgegangen. Über verschiedene Indikatoren wurden sieben unterschiedliche Arten von Umweltbelastungen bewertet:

- die Erwärmung der Atmosphäre durch die Emissionen der Treibhausgase Kohlendioxid und Methan,
- der Sommersmog in Form erhöhter Ozonwerte durch die Emissionen der Vorläufersubstanzen Stickoxide und Kohlenwasserstoffe (ohne Methan),
- die Versauerung der Wälder, Böden und Seen durch die Emissionen der Säurebildner Stickoxide und Schwefeldioxid,
- der den pflanzlichen Stoffwechsel beeinflussende Stickstoffeintrag durch Stickoxide,
- die Schädigung von Sachgütern und Gebäuden durch die Säurebildner Stickoxide und Schwefeldioxid,
- die Belastung der menschlichen Gesundheit durch Luftverunreinigungen wie Benzol, Stickstoffdioxid, Kohlenwasserstoffe (ohne Methan) und Partikel sowie
- die Belastung durch Lärm aufgrund der Schallemissionen der Fahrzeuge in verschiedenen Fahrsituationen.

Es wurden die drei Batterietypen Blei-Gel (Pb/PbO), Nickel-Cadmium (NiCd) und Natrium-Nickelchlorid (NaNiCl2) als Energiespeicher im Pkw betrachtet. Dabei zeigte sich, daß diese Batterietypen einen teilweise erheblichen Anteil der gespeicherten Energie für die Aufrechterhaltung der eigenen Funktion verwenden. So besitzen NaNiCl2-Batterien einen hohen Innenwiderstand beim Entladen und müssen zudem über eine Batterieheizung auf 300 °C Betriebstemperatur gehalten werden. Beides kostet Energie. Auch Bleibatterien müssen bei Außentemperaturen unter 10 °C beheizt werden und zeigen, ähnlich wie NiCd-Batterien, hohe Verluste beim Laden (siehe Abbildung 15). Letztere haben zwei weitere Verlustquellen: ihre Selbstentladung und die deshalb von Zeit zu Zeit notwendige Nachladung.

Diese Eigenverbräuche tragen zu einem wesentlichen Teil zum Gesamtenergieverbrauch der Batteriefahrzeuge bei. So werden bei einer Wegelänge von 5 Kilometer pro Tag knapp 70 Prozent des Stromverbrauchs eines Bleibatteriefahrzeugs für die Heizung der Batterie verbraucht – wohlgemerkt im Jahresmittel: Weniger als 20 Prozent werden tatsächlich für den Antrieb verwendet, die restlichen 10 bis 12 Prozent werden hauptsächlich beim Ladevorgang ver-

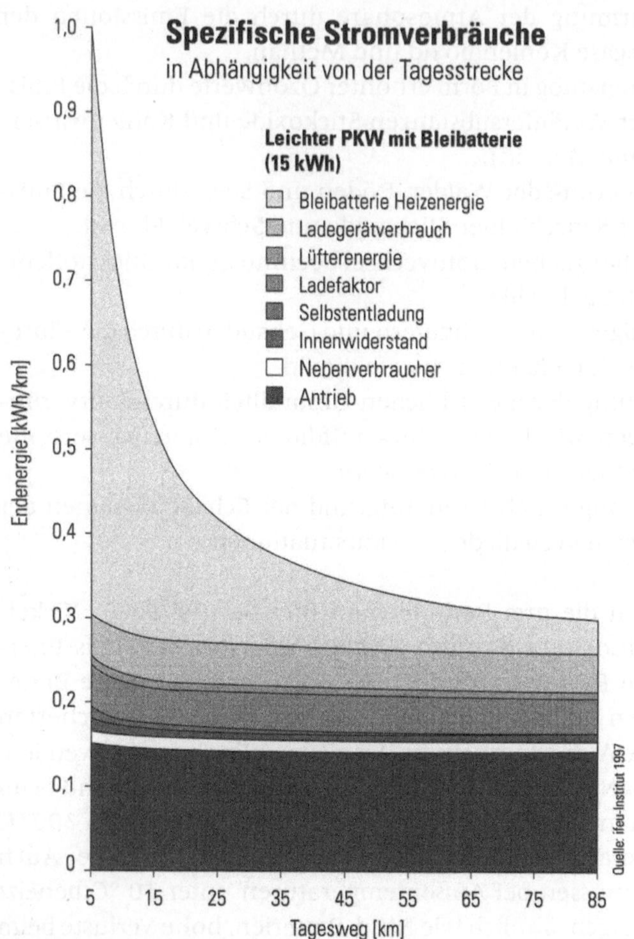

Abbildung 15

braucht. Auch Nebenverbraucher wie Scheinwerfer, Lüfter, Servolenkung und -bremse schlagen mit bis zu 15 Prozent des Antriebs-
energiewerts zu Buche. Besonders frappierend ist jedoch die Tatsache, daß auch Elektroautos Benzin verbrauchen – nämlich zur
Beheizung der Fahrgastzelle. Da der Elektromotor kaum Abwärme
erzeugt, wird eine Zusatzheizung eingebaut, die im Jahresmittel 0,4

214

Liter Benzin auf 100 Kilometer verbraucht und dabei die zugehörige Menge an Luftschadstoffen emittiert.

Ergebnisse des Rügen-Feldversuchs

Batteriefahrzeuge sind nur oberflächlich betrachtet abgasfrei. Die durch die Stromerzeugung und Batterieherstellung freiwerdenden Emissionen sind keineswegs vernachlässigbar. Insgesamt ist die Bilanz zwiespältig. Vorteile bei einzelnen Schadstoffen stehen Nachteilen bei anderen Schadstoffen sowie einem Gesamtenergieverbrauch gegenüber. Im einzelnen können folgende Vergleichsergebnisse festgehalten werden:

- Die Elektrofahrzeuge emittieren zwar weniger Stickoxide, der quantitative Vorteil schrumpft jedoch mit Abnahme der Nutzungshäufigkeit des Fahrzeugs.
- Auch die Kohlenwasserstoff-Emissionen (ohne Methan) sind niedriger, so daß insgesamt weniger Ozonbildungspotential von Elektroautos ausgeht.
- Umgekehrt weisen Batteriefahrzeuge eine deutlich höhere Emission von Schwefeldioxid auf. Geschädigt werden dadurch u. a. die Wälder und die Süßwasserseen.
- Da Batteriefahrzeuge einen 1,5- bis 4fach höheren Primärenergieverbrauch aufweisen, emittieren sie – unter Verwendung des durchschnittlichen bundesdeutschen Stroms – auch deutlich mehr Kohlendioxid.
- Ebenso liegen die Methanemissionen (aufgrund von Kohle- und Erdgasanteilen im Stromerzeugungsmix) beim Batteriefahrzeug über denen des Verbrennungsmotorfahrzeugs, so daß auch hinsichtlich dieses Treibhausgases eine größere Klimaschädlichkeit festzustellen ist.

Das Ausmaß der beschriebenen Effekte hängt allerdings von der angenommenen Fahrzeugnutzung sowie von dem jeweiligen Batteriesystem ab. Auch könnte eine zukünftige Veränderung in der Stromerzeugung weg von fossilen Primärenergieträgern das Bild deutlich verändern. Eine ökologisch verträglichere Stromerzeugung, die zu besseren Wirkungsgraden, besserer Abwärmenutzung und erhöhtem Einsatz regenerativer Energieträger führt, würde sich auch günstig auf die Emissionen der Batteriefahrzeuge auswirken. Allerdings erscheint es in diesem Fall sinnvoll, zunächst den stationären Sektor ökologisch zu verbessern, bevor der Schritt zu der sehr kostenaufwendigen und – siehe Gewichts- und Ladeprobleme – mit erheblichen Nachteilen behaftete Schritt in die mobile Nutzung getan wird. Wenn also der Anteil der regenerativen Stromerzeugung in Zukunft erhöht würde, sollte erst der Atom-, Braunkohle- und Steinkohlestrom ersetzt werden, bevor man die Energie in Batterien packt und damit Benzin und Diesel in Kraftfahrzeugen ersetzt. Elektroautos mit Batterien machen vorher keinen klimatisch-ökologischen Sinn.

Ein Ausblick auf das Jahr 2000 verspricht zwar Energieeinsparungen von ca. 33 Prozent im Batteriefahrzeugbereich durch Reduktion des Fahrzeuggewichts, Verbesserung der Bremsenergierückgewinnung, Reduktion von Wärmeverlusten sowie Verbesserungen des Ladewirkungsgrades, allerdings werden auch im Bereich konventioneller Fahrzeuge Einsparpotentiale erheblicher Größenordnungen gesehen, wie wir auch im vorliegenden Buch an mehreren Stellen ausführten.

Nach der Auswertung des Rügen-Feldversuches lautet daher das Fazit von Dr. Höpfner vom ifeu-Institut: «... Es greift (deshalb) zu kurz, mit Hinweis auf die lokalen Vorteile einen schnellen und umfassenden Einsatz von Elektro-Kfz zu fordern. Nach allem Wissen um die Entwicklung der Luftschadstoffemissionen aus dem Pkw-Verkehr wird die Verwendung mit weiter verbesserten konventionellen Pkw sehr viel schneller, zuverlässiger und vor allem preiswerter die reale Schadstoffsituation den Luftqualitätszielen annähern, als dies Elektro-Pkw heutiger Prägung tun könnten. Dem aus heutiger Sicht langfristig wichtigsten Ziel der Luftreinhaltung, der drastischen Minderung der Kohlendioxidemissionen, müssen sich beide Antriebsarten stellen. Zur Zeit haben hierbei die konventionellen Pkw die Nase vorn.»

Das bedeutet: Die weitere Verbesserung der Luftqualität, d. h. eine weitere Verringerung der Schadstoffemissionen des Verkehrs gelingt besser und billiger mit Otto- und Dieselmotor-Pkw; die verfügbaren Lösungen für weniger Stickoxid-, Kohlenwasserstoff- und Partikelemissionen können kurzfristig und wirtschaftlich eingeführt werden. Damit können die Luftqualitätsziele schnell und effizienter erreicht werden als mit Elektroautos. Bei allen Benzinautos werden verbesserte Katalysatoren z. B. mit Vorheizung eingesetzt werden, um bereits die Startemissionen zu vermeiden, bei den Dieselmotoren z. B. Rußpartikel. Die Kohlendioxidemissionen des Verkehrs, also die Klimaemissionen, würden durch eine Einführung von Elektroautos nicht nur nicht gesenkt, sie würden sogar höher liegen. Die Minderungspotentiale der Otto- und Diesel-Pkw sprechen gegen eine Unterstützung des Elektroautos. Wer aus Klimaschutzgründen die Elektroautos mit Batterien favorisiert, muß vorher eine vollständig andere Stromerzeugung verwirklichen.

Kalifornien: Null Emissionen per Gesetz

Wie wir gesehen haben, zeigen Batteriefahrzeuge in der Gesamtbilanz weder technische, ökonomische noch ökologische Vorteile gegenüber konventionellen Fahrzeugen mit Verbrennungsmotoren. Sind sie also reif für das Museum der Technikgeschichte?

Nein, denn für bestimmte Nischenanwendungen sind Batteriefahrzeuge durchaus geeignet. Innerstädtischer Lieferservice in besonderen Problemsituationen, Transporte mit geringen Einsatzradien und niedrigeren Geschwindigkeiten sind ein Beispiel dafür. Kurgebiete, Freizeitparks oder andere Orte mit strikten lokalen Anforderungen könnten von einem Einsatz von Batteriefahrzeugen profitieren.

Der US-amerikanische Bundesstaat Kalifornien bewertet die Situation vollständig anders, als wir es hier getan haben. Kalifornien hat im Jahr 1994 umfassende Ausführungsbestimmungen zum Clean Air Act (Luftreinhaltegesetz der USA) von 1990 erlassen. Aufgrund der besonderen geographischen, topographischen und meteorologischen Situation ist die Luftqualität in den dortigen Ballungsräumen in extremem Maße von den Emissionen des Straßenverkehrs abhängig. In den südlichen Ballungszentren entstammen allein 83 Prozent der Stickoxid-Emissionen aus Auto-Abgasrohren.

Kalifornien hat angesichts dieser besonderen Problematik in den USA traditionell eine Vorreiterrolle hinsichtlich staatlicher Umweltschutzvorgaben, und dennoch sind dort nach wie vor erhebliche Gesundheitsschäden und sogar Todesfälle durch Luftverschmutzungen zu beklagen. Eine dieser Ausführungsbestimmungen aus dem Jahr 1994 enthielt die Auflage für große Automobilfirmen, ab dem Jahr 1998 mindestens 2 Prozent ihrer abgesetzten Autos als «Null-Emissions-Fahrzeuge (Zero-Emission-Vehicles, ZEV) auf den Markt zu bringen. Die staatliche Regelung enthielt zwei weitere Stufen zur Verschärfung, ab 2001 müßten 5 Prozent und ab dem Jahr 2010 gar 10 Prozent aller verkauften Fahrzeuge einer Firma diesem Prädikat entsprechen. Im März 1996 wurde diese Regelung aufgrund heftiger Proteste seitens der Auto- und Ölindustrie entschärft. Statt der festen ZEV-Quote verpflichteten sich die großen US-amerikanischen und japanischen Fahrzeugfirmen zu einer freiwilligen Markteinführung von Elektroautos. So sollen ab 1998 in Kalifornien mindestens 3750 Elektroautos mit fortgeschrittener Batterietechnik verkauft werden; im Jahr 2002 soll der Absatz auf 14.000 Elektrofahrzeuge steigen. Die Forderung nach 10 Prozent ZEVs an den Neuzulassungen des Jahres 2003 wird aber bislang vom kalifornischen Staat aufrechterhalten.

Wie wir oben gesehen haben, emittieren auch Batteriefahrzeuge Abgase in nicht vernachlässigbarer Menge, allerdings am Ort der Stromerzeugung. Strenggenommen gibt es also außer Fahrrädern noch keine Null-Emissionsfahrzeuge.

Man sieht bereits an der Bezeichnung ZEV, daß für die kalifornischen Behörden nur die Emissionen im Betrieb am Auspuff zählen, nicht bei den vorgelagerten Prozeßschritten. Bei der Bewertung vernachlässigt werden auch die CO_2-Emissionen; Klimaschutz hat ja in den USA ohnehin – bisher – einen geringen Stellenwert. Aus den ZEV-Regelungen spricht also auch ein gewisser regionaler Egoismus, der auf die lokale Verbesserung der Luft unabhängig von etwaigen Mehremissionen an anderer Stelle, insbesondere auch unabhängig von dem globalen CO_2-Problem, abzielt.

Doch auch aus wirtschaftlichen Erwägungen heraus werden die ZEV-Vorstellungen der kalifornischen Behörden von vielen Experten kritisiert. Maßgeblich für die Verkehrsemissionen seien die 10 bis

20 Prozent älteren und schlecht gewarteten Autos, heißt es in kritischen Analysen. Wäre es da nicht besser, diese «high emitters» aus dem Verkehr zu ziehen, als eine neue Kategorie von Zusatzfahrzeugen, also Zweit- und Drittautos, in den Bestand zu bringen, die nur in wenigen Verkehrssegmenten einsetzbar sind? Wahrscheinlich treffen derartige rationale Überlegungen jedoch nicht den eigentlichen Kern des Problems. Es geht wohl sehr stark um die Förderung neuer Technologien, und das Umweltargument wird eben dazu verwendet. Auch in Deutschland sind derartige Argumentationsstrategien bekannt, man denke neben dem Elektroauto an die Brennstoffzelle und an den Transrapid.

Dabei ist es natürlich durchaus möglich, daß mit den neuen Technologien wirklich Verbesserungen für die Umwelt erreicht werden können: Kalifornien hat mit dem gesetzlichen Druck weltweite Bemühungen bei der Industrie in Gang gesetzt; die Batterieentwicklung und letztlich auch die Brennstoffzellenentwicklung wären ohne diese Vorgaben niemals so weit gekommen. Auch wenn beide in der Praxis auf kurze und mittlere Frist keine große Verbreitung finden sollten, haben sie bereits indirekt dazu beigetragen, daß bei beiden verbrennungsmotorischen Antrieben ebenfalls Fortschritte erzwungen worden sind, die vorher unerreichbar schienen.

Mit der Einführung einer neuen Kategorie «EZEV» (Equivalent Zero Emission Vehicle) hat Kalifornien nun weiter das Rennen verschärft. Diese Anforderungen laufen auf Techniken mit derart niedrigen Emissionen hinaus, daß gegenüber dem bisher erreichten Stand nochmals ein um den Faktor 5 bis 10 niedrigerer Schadstoffausstoß realisiert wird. Damit könnte das Batteriefahrzeug auch für Kalifornien überflüssig werden.

Es bleibt abzuwarten, ob bis zum Jahr 2003 Entwicklungen wie z. B. die Brennstoffzelle einen dem Batteriefahrzeug äquivalenten Status (Equivalent Zero Emission Vehicle, EZEV) erhalten. Ob die Abgasminderungstechnik im verbleibenden Zeitraum solche Entwicklungssprünge unternehmen wird, daß selbst Fahrzeuge mit Verbrennungsmotoren ein vergleichbares Prädikat erhalten werden, ist aus heutiger Sicht zumindest nicht auszuschließen. Der kalifornische Staat spornt die Industrie mit seiner Gesetzgebung jedenfalls deutlich sichtbar zu Innovationen an.

Was leisten die neuen Batterien?

Die ZEV-Anforderungen haben die Batterieentwicklung weiter vorangebracht. Nicht nur im Fahrzeugbereich, auch für tragbare elektrische Geräte wird immer wieder nach leistungsfähigen Batterien gefragt, die bei geringem Gewicht für lange Zeit Energie liefern. Das Batteriefahrzeug stellt jedoch im Vergleich die höchsten Anforderungen an Energie und Leistung, aber auch an Belastungsfähigkeit und niedrige Kosten. Drei neue Batterietypen werden im wesentlichen genannt, wenn es um zukünftige Elektroantriebe geht: Zink-Luft, Nickel-Metallhydrid und Zebra-Batterien. Ihre Eigenschaften im Vergleich zu herkömmlichen Blei-Gel-Batterien zeigt die folgende Tabelle.

Tabelle 3: Vergleich von Batterietypen

Batteriesystem	Kochsalz-Nickel (Zebra)	Nickel-Metallhydrid	Nickel-Cadmium	Blei-Gel	Zink-Luft
Energiedichte	Hoch	Mittel	Mittel	Niedrig	Hoch
Leistungsdichte	Mittel	Hoch	Hoch	Mittel	Niedrig
Beliebiges Laden/Entladen	Ja	Bedingt	Nein	Ja	–
Einsatzdauer	Hoch	Hoch	Mittel	Niedrig	–
Umgebungstemperaturen	Ohne Einschränkung	Eingeschränkt	Eingeschränkt	Eingeschränkt	Ohne Einschränkung
Wartungsfreiheit	Ja	Ja	Ja	Ja	Nein
Sicherheit	Gut (?)	Mittel	Schlecht	Gut	Gut
Recycling	Gut	Gut	Gut	Gut	Gut
Preis	Mittel	Hoch	Hoch	Niedrig	Mittel
Besonderheit	Pilotfertigung; besonders für Elektroautos geeignet	Besonders für Hybridfahrzeuge geeignet	Serieneinsatz in Frankreich	Langfristig für Elektrofahrzeuge ungeeignet	Primärbatterie erfordert Infrastruktur für Aufbereitung; insbesondere für Flottenanbieter geeignet

Quelle: Dustmann, 1996

- Blei-Gel-Batterien sind die preiswertesten, doch zugleich schwersten Batterien dieses Vergleichs. Nicht zuletzt aufgrund ihrer Anfälligkeit bei niedrigen Temperaturen und ihres hohen Eigenverbrauchs erscheinen sie als ungeeignet für den Einsatz in Elektrofahrzeugen.

- Nickel-Cadmium- und Nickel-Metallhydrid-Batterien sind die teuersten Batterien (pro gespeicherter Energiemenge). Obwohl sie deutlich bessere Energie- und Leistungsdichten aufweisen als die Bleibatterie, stellen sie aufgrund ihrer Empfindlichkeit gegenüber winterlichen Temperaturen und ihrer beschränkten Reichweite keine wesentliche Verbesserung dar. Nickel-Metallhydrid-Batterien eignen sich allerdings als Zwischenspeicher in Hybridfahrzeugen (siehe auch Kapitel 14).

- Die Kochsalz(NaCl)-Nickel-Batterie und die Zink-Luft-Batterie ermöglichen bei mittleren Kosten eine passable Reichweite von gut 400 Kilometern. Ihr gemeinsamer Nachteil ist die geringere Leistungsdichte, welche die Beschleunigung und die Höchstgeschwindigkeit des Fahrzeugs bestimmt. Gegenüber der Kochsalz-Nickel-Batterie ist kritisch anzumerken, daß während des Betriebs hochexplosives Natrium entsteht. Der Hersteller AEG verwendet ein stählernes Gehäuse, das auch hohen Innendrücken standhalten soll, und beteuert, daß selbst bei einem Unfall das flüssige Natrium sofort zu unschädlichem Kochsalz reagieren würde. Ob letzte Zweifel damit wirklich ausgeräumt werden, bleibt abzuwarten.

- Die Zink-Luft-Batterie eignet sich nur für einen innerstädtischen Flottenbetrieb. Ursache hierfür sind die durch die Leistungsdichte begrenzte Höchstgeschwindigkeit sowie die fehlende Wiederaufladbarkeit – sie wird nach Nutzung komplett ausgebaut und in einer stationären Anlage neu konditioniert. Auch den prinzipiellen Vorteil der Rekuperation (Bremsenergierückgewinnung) von Elektrofahrzeugen kann sie nicht wahrnehmen. Ein großangelegter Feldversuch in Bremen untersuchte von 1995 bis 1997 die Praxistauglichkeit dieses Systems. Die Deutsche Post AG hatte insgesamt 64 Elektroautos im Einsatz, davon 44 Opel Corsa. Der israelische Batteriehersteller verspricht eine dem Dieselantrieb vergleichbare Energiebilanz. Die Vollkosten liegen mit DM 1,40 pro gefahrenem Kilometer allerdings auf dem dreifachen Niveau.

Wir stellen fest: Auch am Horizont sind keine Wunder in Sicht, die dem Batterieauto eine realistische Chance im Wettbewerb mit dem Verbrennungsmotor geben.

Leichtbau und Elektroantrieb

Die vermutlich noch sehr lange dauernde Diskussion um den Elektroantrieb hat mindestens zwei weitere Aspekte, die wir nicht unerwähnt lassen wollen. Der erste geht von dem gesamten Fahrzeugdesign aus und behauptet, daß Elektroantriebe bisher nur deshalb schlecht abschneiden, weil sie lediglich umgebaute Benzinfahrzeuge seien. Diesem Conversion-Design wird ein den Besonderheiten des Elektroantriebes angepaßtes Purpose-Design gegenübergestellt, das durch Leichtbau und geringere Fahrwiderstände gekennzeichnet ist. Und in der Tat schneiden solche Fahrzeuge bei einem Vergleich mit konventionellen Personenkraftwagen besser ab. Ein Beispiel für ein Purpose-Design-Fahrzeug ist z. B. der Trapos Innovan (siehe Photo im Farbteil), der mit einer selbsttragenden Karosserie aus Faserverbundwerkstoffen (GFK) sechs Sitzplätze auf einer Fahrzeuglänge von nur 2,70 Metern bietet. Zum Vergleich: der zweisitzige Smart von MCC ist nur 20 Zentimeter kürzer.

Das Leergewicht des Fahrzeugs besticht mit sparsamen 500 Kilogramm, allerdings erhöht es sich nochmals um 40 Prozent nach Einbau der Batterien. Der Energieverbrauch von nur 11 kWh pro 100 Kilometern ab Netz erscheint unglaublich niedrig, ein Vergleich mit einem konventionell betriebenen Fahrzeug verbietet sich allerdings aufgrund der unterschiedlichen Ausgangsbedingungen. Interessant wäre es, durch den Einbau eines kleinen Verbrennungsmotors anstelle der schweren Batterien einmal festzustellen, wie sich das Verbrauchsverhalten dieses nun gewichtsmäßig erheblich entlasteten Fahrzeugs entwickeln würde!

Hinter dem Begriff Purpose-Design verbirgt sich demzufolge nur die bereits im letzten Kapitel diskutierte Reduktion des Antriebsenergiebedarfs durch verringerte Fahrzeugmasse, kleine Stirnfläche und verbesserte Luft- und Rollwiderstände. All diese Maßnahmen können selbstverständlich auch bei Verbrennungsmotorfahrzeugen angewendet werden, wie wir im nächsten Kapitel noch sehen werden.

Auch die sogenannten «Solarfahrzeuge» sind übrigens nur Elektroautos mit einem besonderen Purpose-Design-Element: Solarzellen auf dem Dach. Die Solargeneratoren reichen jedoch allenfalls für Solarrallyes aus, für den täglichen Gebrauch ist ihre Leistung zu gering.

Der Bundesverbandes Solarmobil e.V. bezeichnet Elektroautos aber auch dann als Solarmobile, wenn unter Einschluß fahrzeugexterner Schritte die Antriebsenergie ausschließlich oder vorwiegend aus erneuerbaren Quellen wie Solar-, Wind- oder kleinen Wasserkraftwerken stammt. Die Betreiber müssen dann dafür sorgen, daß ebensoviel umweltfreundlicher Strom ins Netz gespeist wird, wie ihre Elektroautos verbrauchen. Auf diese Weise können auch Batterieautos in den Genuß der Bezeichnung «Solarmobil» kommen, die schwer sind und mit dem Strom aus eigener Dachfläche niemals fahren könnten. Man rechnet einem «Solarmobil» also Strom aus einer stationären Solaranlage zu, der dann sinnvollerweise ins Netz gespeist wird. Bei der Aufladung der Fahrzeugbatterie wird wieder Strom aus dem Netz entnommen – der dann nach unserer Ansicht allerdings mit den Emissionsfaktoren der gesamten Stromerzeugung belegt werden müßte.

Dieser Faktor ist jedoch entscheidend dafür, daß die Gesamtbewertung ungünstig wird: Würde man den Solarstrom dazu verwenden, Kohlestrom zu ersetzen, würden Umwelt und Klima stärker entlastet, als wenn dieser Strom über Batterien im Fahrzeug eingesetzt wird, um Benzin zu ersetzen. Sparsame Verbrennungsmotoren haben eine bessere Bilanz.

Elektroautos als «Ausstiegsdroge»?

Trotz dieser ungünstigen Bilanz des Elektro-(Batterie-)Autos gibt es jedoch ernst zu nehmende Befürworter dieser Technik, denen gerade die technischen Defizite, nämlich die geringfügige Motorleistung und die geringe Reichweite der Autos, wichtig sind. Diese Position wird u. a. von einigen Sozialwissenschaftlern des Wissenschaftszentrums Berlin vertreten. Die Berliner Forschergruppe stieß bei einer Befragung von Schweizer Elektroautofahrern auf ein bislang unerkanntes Phänomen: Wer ein Elektroauto fährt, so die Forscher, ändere zumeist seine Einstellung zum Autoverkehr, fahre kritischer und bald weniger. Die herkömmliche Verkehrswissenschaft habe es versäumt, diesen Effekt in ihre Berechnungen einzubeziehen.

Die befragten Elektroautofahrer, in der Mehrzahl übrigens hochschulgebildete, gut verdienende, umweltsensible und technisch interessierte Männer, berichteten in ausführlichen Interviews, daß sich ihr Verhalten während der Nutzung des Elektroautos verändert habe. War das Batteriefahrzeug bei der Anschaffung noch als Zweitwagen gedacht, avancierte es schnell zum bevorzugten Untersatz für den täglichen Pendlerweg. Nicht selten wurde nach einer gewissen Anpassungszeit dann der Erstwagen abgeschafft, statt dessen trat man lieber einer Car-Sharing-Organisation bei.

So interessant diese Untersuchungsergebnisse auch sein mögen, so voreilig wäre es nach unserer Ansicht, daraus Schlüsse über die Wirkung einer Elektrofahrzeug-Strategie auf das Mobilitätsverhalten der gesamten Bevölkerung zu ziehen. Die Tatsache, daß weniger als 0,01 Prozent aller Pkw in Deutschland mit Batteriebetrieb ausgerüstet sind, zeigt bereits die Exotik der untersuchten Personengruppe. Es ist nicht sehr wahrscheinlich, daß mit der «Ausstiegsdroge» Elektroauto der Entzug vom Hoch-PS-Fahrzeug in nennenswertem Umfang bei den durchschnittlichen Autofahrern gelingt. Dennoch sind die Erkenntnisse wichtig, zeigen sie doch, daß die Technik das Verhalten verändert. Dies ist ja ein alter Diskussionspunkt zwischen Autokritikern und der Autoindustrie: Die übermotorisierten und schnellen Autos verführen zum unverantwortlichen Verhalten, lautet die Kritik der einen Gruppe – wir liefern nur die Fahrzeuge, die der Kunde haben will. Die Industrie könne (und wolle) das Fahrverhalten der Kunden nicht beeinflussen, lautet die Gegenposition. Mit den Ergebnissen der Berliner Untersuchungen könnte man – zumindest für einen Teil der Autofahrer – damit rechnen, daß bei einer anderen Autotechnik, die als modern, effizient und umweltschonend aufgefaßt wird, ein ganz besonderer «Appeal» zum Vorschein kommt, der als Absage an soziopathologischen Geschwindigkeitswahn und Kilometerfresserei wirken kann. Das läßt doch hoffen ...

Einen wichtigen Vorteil hat das Elektroauto dann aus ökologischer Sicht: Der Nutzer muß energiebewußt fahren, will er nicht nach rund 100 Kilometern mit leerem Speicher dastehen.

14 Die große Vision:
Das Ein-Liter-Auto

Verlassen wir für einen kurzen Augenblick die Automobilgegenwart und schauen uns hinsichtlich der Energieeffizienz von Autos ein hoffnungsfrohes Zukunftsszenario an. Was könnte uns erwarten, wenn wir die Weichen im Automobilbereich in Richtung Effizienzsteigerung stellen? Stoßen wir schon bald an unüberwindbare physikalische Grenzen? Sind drei Liter Benzin etwa schon das Minimum dessen, was ein richtiger Mittelklassewagen braucht, um 4 Personen komfortabel über eine Strecke von 100 Kilometern zu transportieren?

Keineswegs – behauptet Amory Lovins, Präsident und Gründer des Rocky Mountain Institute in Snowmass, Colorado/USA. Seine sehr reale Vision eines Hypercars zeigt den Weg zum Ein-Liter-Auto auf. «Warum sollten wir nicht mit nur einer Tankfüllung von Sizilien bis ans Nordkap fahren?» fragt Lovins provokant. Er fordert uns auf: «Laßt uns das Rad neu erfinden, das Auto von Grund auf neu überdenken und damit eine neue industrielle Revolution auslösen.» Der Physiker hatte sich bereits mit Innovationen zur Energieeinsparung in Gebäuden und industriellen Prozessen einen Namen gemacht, bevor er das Hypercar entwickelte. Mit zahlreichen revolutionären Neuerungen konzipierte er das neuartige Auto und konfrontierte Autofirmen in aller Welt – verständlicherweise nicht zur Freude von deren Entwicklungschefs – mit der Forderung nach einem Bruch mit althergebrachten Traditionen. Bedenken hinsichtlich der Realisierbarkeit seiner Visionen begegnet Lovins mit detailliert ausgearbeiteten Berechnungen, Beispielen von Detaillösungen und einer ungewöhnlichen persönlichen Überzeugungskraft. Dabei geht es Lovins um mehr als nur um eine Verbesserung der *konventionellen* Autotechnik. Mit seinem neuen Autokonzept sieht er die Industrie vor einer ähnlichen Revolution wie zur Zeit der Einführung von Mikroelektronik. Wir werden das Herzstück seiner Antriebskonzeption, den Hybridantrieb, weiter hinten in diesem Kapitel an zwei von der Automobilindustrie ausgeführten Beispielen diskutieren. An dieser Stelle vorab die Anmerkung: So hat sich Lovins den Hybridantrieb nicht vorgestellt!

Denkschmiede RMI

Das Hypercar ist eines von vielen Energieeffizienz-Lösungskonzepten, die seit 1991 am Rocky Mountain Institute (RMI) entwickelt werden. Die Erfahrungen mit großen Einsparpotentialen bei Gebäuden, Motoren, Lampen und Computern haben die RMI-Forscher ermutigt, sich seit 1993 mit Einsparungen im Fahrzeugbereich zu befassen.

Im Jahr 1996 ist man dort nach intensiver technischer und ökonomischer Analyse zu der Überzeugung gekommen, daß im Fahrzeugsektor ein Technologiesprung zu Effizienzsteigerungen um einen Faktor 4 bis 10 führen könnte, während stetige Verbesserungen an den traditionellen Fahrzeugkonzepten bereits bei sehr viel kleineren Verbesserungsschritten an ihre ökonomischen Grenzen stießen. (Faktor 4 bedeutet eine Verringerung des Kraftstoffverbrauches von beispielsweise 9 Litern pro 100 Kilometer auf 2,25 Liter, Faktor 3 entspricht in diesem Beispiel 3 Liter pro 100 Kilometer, also dem Drei-Liter-Auto.) Wie kann es gelingen, daß technische Maßnahmen zur Verbrauchsverbesserung in geringem Umfang an Kosten scheitern, während weit größere Effizienzsprünge kostengünstiger sind?

Diese scheinbar widersprüchliche Aussage beobachteten die RMI-Forscher bereits in anderen Produktbereichen. In einem 1997 unter dem Titel «Der Tunnel durch die Kostenbarriere» (Tunneling through the Cost Barrier) erschienenen Artikel (s. Literaturver-

«Hypercar» – Das General Motors «Ultralite»-Modell für 4 Personen

Abbildung 16

zeichnis) behauptet Lovins, daß der Technologiesprung einfacher, kostengünstiger und strategisch vorteilhafter sei als stetige Verbesserungen an traditionellen Fahrzeugkonzepten.

Das Hypercar-Konzept nach Lovins basiert auf den folgenden Säulen (siehe Abbildung 16):

- Das Fahrzeug muß extrem leicht sein und darf nur die Hälfte bis ein Drittel unserer heutigen Stahlkarossen wiegen.
- Es muß einen extrem niedrigen Luft- und Rollwiderstand haben, damit es «durch die Luft schlüpfen und auf der Straße gleiten kann».
- Es soll größtenteils oder vollständig von Elektromotoren angetrieben werden; die dazu benötigte Elektrizität wird erst an Bord erzeugt.
- Mit der Erzeugung des elektrischen Stroms an Bord des Autos umgeht Lovins das bisher in der Fahrzeugtechnik ungelöste Problem der Speicherung von elektrischer Antriebsenergie. Der Begiff «Hybrid» (im Lateinischen «von beiderlei Art, zwitterhaft») kennzeichnet die Verwendung zweier Antriebsmotoren, eines Verbrennungsmotors, der einen Generator zur Stromerzeugung antreibt, und eines oder mehrerer Elektromotoren zum Antrieb der Räder. Das Antriebskonzept soll es ermög-

lichen, mit bestem Wirkungsgrad zu fahren. Außerdem soll der Energiebedarf für die Fahrbewegung durch extremen Leichtbau sowie weniger Roll- und Luftwiderstand drastisch gesenkt werden. Die Steigerung von «Super»-Technik führt dann zu dem Namen «Hypercar».

Durch eine optimale Kombination dieser Elemente will Lovins den Kraftstoffverbrauch um mehr als 75 Prozent reduzieren, also um mehr als einen Faktor 4. Gemeinsam mit Ernst Ulrich von Weizsäcker ist er Autor des gleichnamigen Bestsellers. Ein Hypercar der Golfklasse könnte demnach ein Ein- oder Zwei-Liter-Auto werden. Wir wollen dies anhand folgender Modellrechnung nachvollziehen.

Noch Theorie: Golf als Hypercar

Ausgangspunkt unserer Überlegungen sei der VW Golf III mit 1,4 Litern Hubraum, 44 kW Motorleistung und einem Normverbrauch von 6,8 Litern auf 100 Kilometer im NEFZ. Wir unterstellen die bereits in Kapitel 6 genannten verbrauchsbeeinflussenden Parameter (1.000 kg Leergewicht, 2 m² Stirnfläche, c_w-Wert 0,3, Rollwiderstandsbeiwert 0,015). Aus dem berechneten Antriebsenergiebedarf von 1,13 l/100 km ergibt sich ein Gesamtwirkungsgrad des Golf von 17 Prozent im NEFZ (vgl. Kapitel 12).

Eine Umwandlung des Golf zum Hypercar würde theoretisch folgende Schritte umfassen (die Realisierbarkeit aller Einzelparameter sieht Lovins grundsätzlich als gegeben an): Er will

- das Leergewicht um 42 Prozent reduzieren auf 585 Kilogramm
- die Stirnfläche auf 1,9 m² reduzieren
- den c_w-Wert um ein Drittel auf 0,19 reduzieren und
- einen Rollwiderstandsbeiwert von 0,0062, den wir heute schon von Lkw-Reifen kennen, einführen.

Unter diesen Rahmenbedingungen ergibt sich ein mehr als halbierter Antriebsenergiebedarf von 0,52 Litern pro 100 Kilometer und – bei zunächst gleichem Gesamtwirkungsgrad – ein Kraftstoffverbrauch von 3,2 Litern auf 100 Kilometer im NEFZ. Um sein Verbrauchsziel Faktor vier zu erreichen, muß der Gesamtwirkungsgrad des Autos (von heute ca. 17 Prozent) beispielsweise, mittels Hybridantrieb, auf 31 Prozent verbessert werden. Eine weitere Steigerung des Gesamtwirkungsgrades auf 42 Prozent würde den Kraftstoffverbrauch auf 1,25 Liter pro 100 Kilometer drücken. Beließe man das Tankvolumen auf der heute üblichen Größe von 50 Litern, wäre das Nordkap für Sizilianer tatsächlich ohne Tankstop erreichbar – eine Distanz von rund 4.000 Kilometern.

Der skeptische Fahrzeugingenieur würde spätestens bei der Angabe des Gesamtwirkungsgrades von 42 Prozent die Augenbrauen heben, denn bisherige Wirkungsgrade liegen im Bereich von 17 bis höchstens 25 Prozent (der niedrigere Wert für Ottomotoren, der höhere Wert unter optimalen Bedingungen für TDI). Lovins sieht als wesentliche Ursache der schlechten Wirkungsgrade heute die Verwendung von Verbrennungsmotoren mit zu großem Hubraum. Wir haben in diesem Buch ebenfalls mehrfach darauf hingewiesen, daß in den überwiegenden Betriebszuständen in Teillast gefahren wird, wo die Motoren nur zu einem kleinen Teil in ihrer Leistungsfähigkeit ausgenutzt werden. In ihren optimalen Betriebszuständen können Verbrennungsmotoren eine sehr viel bessere Kraftstoffausnutzung erreichen. Würde man nun einen kleinen Verbrennungsmotor konstant in dem besten Betriebspunkt laufen lassen, so argumentiert Lovins, könnte – auch nach unserer Ansicht – ein Wirkungsgrad (bei Dieselmotoren) von 42 Prozent erreicht werden. Das ist aber noch nicht realisiert. Dieser konstante Betrieb erfordert dann, daß die im Verkehr erforderlichen schwankenden Leistungsanforderungen von anderen Aggregaten erfüllt werden, für die der Verbrennungsmotor die elektrische Energie bereitstellt.

Kommen wir zunächst zur Funktionsweise des Hybridantriebes (siehe Abbildung 17). Er besteht aus zwei verschiedenen Antriebsaggregaten, die sich aufgrund einer intelligenten Kopplung optimal ergänzen. In einem seriellen Hybrid sind beide direkt hintereinandergeschaltet, so daß nur ein Aggregat die Antriebsenergie an die Räder weiterleitet. In einem parallelen Hybrid dagegen kann jedes Aggregat unabhängig vom anderen die Räder mit Antriebsenergie versorgen.

Im Hypercar-Konzept wird z. B. ein Elektromotor mit einem kleinen Verbrennungsmotor samt Generator in Serie gekoppelt. Der

Antriebskonzepte für Hybridfahrzeuge

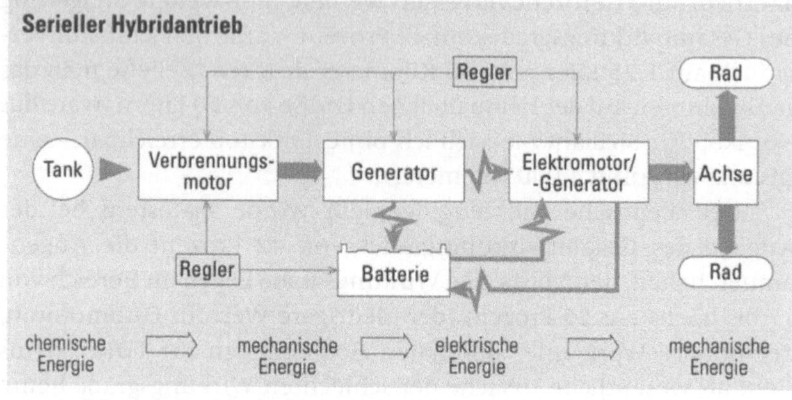

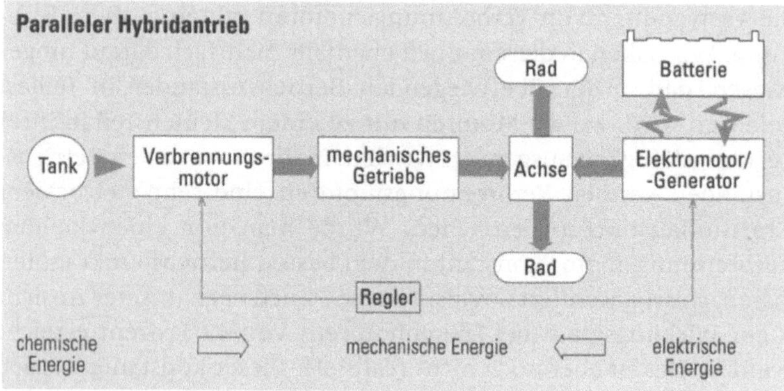

Quelle: Höhn / Pinnekamp 1994

Abbildung 17

kleine Motor dient nur zur Stromerzeugung an Bord. Auf diese Weise können die Vorteile des Elektroantriebs wie

- hoher Wirkungsgrad des Elektromotors von über 90 Prozent
- hohe Leistungsdichte von bis zu 700 Watt pro Kilogramm und
- Bremsenergie-Rückgewinnung

  mit den Vorteilen des Benzinfahrzeugs wie
- hohe Energiedichte des Kraftstoffes

230

- einfache Betankung sowie
- kleiner und leichter Energiespeicher
  miteinander kombiniert werden.

Da der Verbrennungsmotor unter konstanten Bedingungen arbeitet, kann er hinsichtlich Verbrauch und Schadstoffausstoß optimiert werden. So werden bis hinunter zu 230 g Kraftstoffverbrauch pro erzeugter Kilowattstunde erreicht. Dieser kleine Verbrennungsmotor speist also den Elektroantrieb, zusätzlich lädt er eine Batterie mit elektrischer Energie. Als Kurzzeit-Zwischenspeicher (für Beschleunigungsvorgänge) ist nämlich eine kleine, wenn auch teure Hochleistungsbatterie an Bord. Damit werden die zusätzlichen Beschleunigungsleistungen aufgebracht, die der (kleine) Verbrennungsmotor nicht vornehmen kann. Der Energiefluß zwischen diesen drei Elementen wird je nach Leistungsanforderung des Fahrers von einem Bordcomputer gesteuert.

Das Erstaunliche an diesem Antriebssystem: Laut Lovins besitzt diese Kombination von Motoren viel weniger mechanische Teile als ein heutiger Verbrennungsmotor. Der Verbrennungsmotor im Hypercar wäre deutlich kleiner und leichter als unsere heutigen Motoren. Interessanterweise sieht Lovins den maximalen Wirkungsgrad des in Kapitel 8 behandelten Opel Corsa-Motors von 36 bis 39 Prozent als eine mögliche Ausgangsbasis für sein Konzept. Im Hypercar würde ein Verbrennungsmotor ständig in der Nähe des Bestpunkts betrieben, während er üblicherweise aufgrund der Teillastproblematik lediglich 10 bis 15 Prozent Wirkungsgrad erreicht. Die Verdreifachung des Wirkungsgrades durch Konzentration auf den Bestpunkt wird laut Lovins durch die anschließende Energiewandlung im Generator und Elektromotor bei jeweils hohem Wirkungsgrad nur wenig geschmälert. Berücksichtigt man darüber hinaus, daß der Hybrid einen Teil der Bremsenergie zurückgewinnen kann und zudem im Leerlauf abgeschaltet wird, erscheint der oben genannte Gesamtwirkungsgrad von 42 Prozent nicht mehr unerreichbar. Dies bestätigt auch eine Untersuchung des Instituts für Maschinenlehre der TU München, deren Ergebnisse 1994 in der Automobiltechnischen Zeitschrift (s. Literaturverzeichnis) veröffentlicht wurden. Damals wurden für den sogenannten «autarken

Hybrid» Kraftstoffeinsparungen von zirka 40 Prozent im NEFZ als theoretisch möglich eingeschätzt.

Große Elektromotoren sind schwer und haben eine vergleichsweise geringe Dynamik. Diesem Nachteil begegnet Lovins, indem er vier kleine Elektromotoren statt eines großen vorschlägt. So könnte jedes Rad einzeln mit Antriebsenergie versorgt werden, wodurch lange mechanische Antriebsstränge, Differentiale und Achsübersetzungen überflüssig werden. Das Fahrzeug würde so nochmals leichter und der Antrieb einfacher, selbst das Bremssystem würde noch profitieren. Das Kernproblem scheint die Abstimmung der Energieflüsse zwischen den genannten Aggregaten durch den Bordcomputer zu sein. Hier bedarf es einer ausgeklügelten Steuerung, die

- jederzeit den aktuellen Status aller Antriebsaggregate erfaßt,
- die Leistungsanforderung des Fahrers erkennt, evtl. sogar voraussieht,
- den sich daraus ergebenden Leistungsbedarf ermittelt und
- die dazu notwendigen Energieflüsse veranlaßt.

Bremsungen und Beschleunigungen, Bergabfahrten und längere Steigungen stellen besondere Anforderungen an die elektronische Steuerung, die für diese Fälle überschüssige Energie in den Hochleistungsbatterien vorausschauend verwalten muß. Insgesamt scheint der Hybridantrieb hohe Anforderungen an die Soft- und Hardware der Steuerung zu stellen, die jedoch angesichts der rasanten Entwicklung im Computerbereich bereits in naher Zukunft lösbar erscheinen. Dieser Eindruck wird bestärkt durch den zunehmenden Einsatz von Hochleistungselektronik in japanischen Fahrzeugen, wie etwa dem Toyota Prius.

Jenseits des Hybridantriebs erscheinen auch die Vorstellungen der Reduzierung der Fahrzeugmasse unter 600 Kilogramm sowie des Luftwiderstandsbeiwertes auf 0,19 (und dem sich daraus für eine Stirnfläche von 1,9 m² ergebenden Produkt c_w*A = 0,36 m²) als durchaus ehrgeizig. Hier verweist Lovins auf Prototypen verschiedener Hersteller, die seinen Zielvorstellungen sehr nahe kommen (s. Tabelle 4). Auf die Reduktionspotentiale im Bereich der Fahrzeugmasse, insbesondere durch die Verwendung von kohlefaserverstärkten Verbundwerkstoffen, werden wir in Kapitel 16 eingehen.

Der Vollständigkeit halber sei ergänzt, daß laut Lovins die Sicherheits-, Komfort- und Leistungsmerkmale eines Hypercars gegenüber traditionellen Fahrzeugen verbessert, ästhetische und Umweltaspekte nicht beeinträchtigt und der Kaufpreis möglicherweise sogar niedriger sein könnte.

Tabelle 4: Fahrzeugkennziffern von Viersitzer-Prototypen verschiedener Hersteller

Hersteller	Prototyp	Baujahr	Leergewicht	c_w*A	r0
General Motors	Ultralite concept car	1991	635 kg	0,33 m²	0,007
Esoro	H 301	1994	670 kg	0,41 m²	0,007
Toyota	AXV		649 kg		
Renault	Vesta II		475 kg		
Peugeot	ECO 2000		449 kg		

Quelle: Lovins 1996

Folgen einer Hypercar-Strategie

Mit seinen außergewöhnlichen Thesen hat das RMI mehrere Forschungspreise und zahlreiche Unterstützer gewonnen. Mittlerweile arbeitet das Non-Profit-Institut für zwei Dutzend Autofirmen und Zulieferer. Zumindest einigen Herstellern scheint durchaus bewußt zu sein, welch enorme Veränderungen dieses Konzept mit sich bringen würde:

- Nachdem Verbundwerkstoffe bereits im Boots- und Flugzeugbau metallische Materialien verdrängt haben, könnten sie 92 bis 98 Prozent des Stahl- und Eisenanteils im Automobil ersetzen. Auch andere potentielle Einsatzbereiche für Verbundwerkstoffe würden von den dadurch induzierten Preissenkungen profitieren.

- Automobile nicht länger aus Stahl zu produzieren würde enorme Veränderungen der gesamten Fertigungstechnik, der

Maschinen und Fabriken bewirken. Dies hätte gravierende
Folgen u. a. auch für die Wahl der Produktionsstandorte.

- Der Automobilmarkt würde nicht länger von großen Produk-
tionseinheiten beschickt, sondern sich den Strukturen des Com-
putermarktes annähern, also den kleineren Serienstückzahlen.
- Die weltweite Nachfrage nach Erdöl könnte um die Produk-
tionsmenge der OPEC-Staaten verringert werden. Die induzierten Preissenkungen würden zahlreiche geplante Explorations-
vorhaben unwirtschaftlich werden lassen.
- Gasförmige Energieträger wie Erdgas (oder auch Wasserstoff
beim Einsatz von Brennstoffzellen) kämen trotz ihrer geringen
Dichte als Kraftstoffe in Betracht, da Hypercars aufgrund ihres
hohen Wirkungsgrades für vergleichbare Reichweiten mit
heute üblichen Benzintankgrößen bereits auskämen.
- Die Arbeitsmärkte in aller Welt wären großen Veränderungen
ausgesetzt.

Insgesamt wird deutlich, was Lovins mit seiner industriellen
Revolution meint. Volkswirtschaften, die in besonderer Weise von
der Automobilproduktion abhängig sind, sollten ebenso wie Auto-
mobilkonzerne das Hypercar-Konzept als Chance nutzen, um einer
drohenden Wirtschafts- bzw. Absatzkrise zuvorzukommen.

Die industriepolitischen Visionen von Lovins ergeben sich als
Folge der technischen Veränderungen im Fahrzeugbau, da mit Verbundwerkstoffen bereits kleine Stückzahlen wirtschaftlich zu fertigen sind. Die herkömmlichen Metallkarosserien erfordern dagegen
große Investitionen in Preßwerke, die den großen Stückzahlen
einen Kostenvorteil geben. Der im Hypercar höhere Anteil der Elektronik und der Elektrotechnik würde Lovins zufolge ebenfalls dafür
sorgen, daß neue Wettbewerber auf dem Automarkt auftreten. In
Analogie zu dem Wandel von den Großcomputern zum PC erwartet Lovins, daß die Hersteller konventioneller Produkte vom Markt
verdrängt würden. Diese Gedanken sind grundsätzlich auch unabhängig vom Hybridantrieb plausibel; sie basieren vor allem auf der
Karosserieherstellung. Die These, daß Hybridantriebe mit Verbren-
nungs- und Elektromotoren der herkömmlichen Lösung überlegen
sind, bei der ein Verbrennungsmotor mit stark wechselnden Lasten

und Drehzahlen läuft und über ein Schaltgetriebe auf die Antriebsräder wirkt, steht und fällt mit dem Verhältnis von Teillast- zu Volllastwirkungsgrad auf der einen Seite und den Wirkungsgraden der Bauteilkette Motor-Generator-Elektromotor sowie der Bremsenergierückgewinnung auf der anderen Seite. Es gibt eine Reihe bestimmter Stimmen sowohl innerhalb als auch außerhalb der Autoindustrie, die den Vorteil des Hybridantriebs bezweifeln. «Zwei Kranke in einem Bett ergeben noch keinen Gesunden», ist eine skeptische Bemerkung, welche auf die Kombination von Verbrennungsmotor und Batterie abzielt.

Der Hybridantrieb wird gegenwärtig vor allem in Japan vorangebracht. Auf der jüngsten Tokioter Motorshow präsentierte der größte japanische Automobilhersteller Toyota den Prius, ein hochmodernes Mittelklassefahrzeug. Seit Dezember 1997 kann man es als erstes Serienfahrzeug der Welt mit Hybridantrieb für umgerechnet etwa 32.000,– DM kaufen. Auf dieser Veranstaltung gab ein Repräsentant von Toyota die firmeneigene Einschätzung ab, daß bereits im Jahr 2005 jedes dritte auf der Welt verkaufte Fahrzeug mit einem Hybridantrieb ausgestattet sein würde.

Ende des Jahres 1997 zeigten dann Honda, Mazda, Nissan und Subaru, aber auch Audi (Audi Duo) Hybridfahrzeuge bzw. kündigten sie an. Auf der Detroit Auto Show Anfang 1998 kündigten schließlich alle drei großen US-amerikanischen Automobilhersteller Hybridfahrzeuge für die Jahre 2000 bis 2001 an. Es scheint, als ob in der Automobilwelt ein erneuter Innovationsschub aus Japan kommt, dem zumindest die US-amerikanischen Hersteller nicht unvorbereitet entgegensehen wollen.

Hybrid-Beispiel: Der Toyota Prius

Wir wollen uns im folgenden den Prius (lat.: vorher) von Toyota etwas genauer ansehen. Der Prius besitzt einen 1,5-Liter-Ottomotor mit 43 kW Motorleistung und zwei Wechselstrom-Synchronmotoren mit Permanentmagnet, die nochmals 30 kW Leistung erzielen können. Neben einem 50-Liter-Benzintank besitzt das Fahrzeug 40 wartungsfreie Nickel-Metallhydrid-Hochleistungsbatterien mit einer

Kapazität von insgesamt 6,5 Amperestunden. Ein solcher Batteriesatz kostet heute ca. 10.000,– DM. Anhand der Speicherkapazität der Batterien erkennt man schon, daß es sich nicht um einen reinen seriellen Hybrid handelt. Vielmehr wird der Prius von einer Kombination aus einem seriellen und parallelen Hybrid angetrieben, d. h. je nach Betriebszustand werden beide oder nur eines von beiden Aggregaten für den Antrieb verwendet: Im normalen Fahrbetrieb wird die Leistung des Verbrennungsmotors etwa je zur Hälfte auf die Antriebsräder und auf den Generator (bzw. ersten Elektromotor) verteilt. Letzterer speist den (zweiten) Elektromotor, der im Bedarfsfall den Achsantrieb unterstützt. Beim Beschleunigen oder bei Bergauffahrten wird zusätzliche Energie aus den Batterien abgefordert, damit Elektro- und Verbrennungsmotor ihre volle Leistung für den Fahrzeugantrieb bereitstellen können. Beim Bremsen oder bei Bergabfahrten wird ein Teil der freiwerdenden Energie über das Bremssystem wieder in elektrische Energie umgewandelt, mit der dann die Batterien während der Fahrt aufgeladen werden. Entsprechend besitzt das Fahrzeug keinen Netzstecker, eine Aufladung der Batterien mit Netzstrom ist nicht vorgesehen. Im Stand und bei niedrigen Geschwindigkeiten verhält sich der Prius wie ein Batteriefahrzeug – der Verbrennungsmotor ist abgeschaltet.

Die Steuerung des Energieflusses übernimmt ein von Toyota entwickeltes, komplexes elektronisches Steuerungssystem. Die Kraftübertragung zwischen den Aggregaten erfolgt über ein stufenloses Planetengetriebe, so daß keine Kupplung benötigt wird. Der Verbrennungsmotor kann so weitgehend unter konstanten Bedingungen in Bestpunktnähe arbeiten. Da seine Höchstdrehzahl von vornherein auf 4000 Umdrehungen pro Minute begrenzt wurde, konnten viele seiner Bauteile im Vergleich zu einem herkömmlichen Verbrennungsmotor kleiner und leichter geplant werden.

Im japanischen 10–15 Fahrzyklus verbraucht das Fahrzeug 3,6 Liter Benzin auf 100 Kilometer, dies entspricht nach unseren Berechnungen einem Verbrauch von ca. 4,5 Litern Benzin pro 100 Kilometer im NEFZ. Damit liegt es um ein gutes Drittel unter dem Verbrauch unseres Standard Golf III. Gleichzeitig wird der Ausstoß der klassischen Schadstoffe nach Herstellerangaben um eine volle Größenordnung reduziert. Im Stadtbetrieb sollen keine Abgase ausgestoßen werden, auch gibt es deutlich weniger Schallemissionen. Hinsichtlich Komfort, Sicherheit und Bedienungsfreundlichkeit sollen keinerlei Einschränkungen bestehen. Der Prius fährt sich nach Werksangaben wie ein normales Fahrzeug.

Mit seinem Leergewicht von 1.240 Kilogramm und einem c_w-Wert von 0,3 folgt er in zwei wesentlichen Punkten nicht Lovins' Hypercar-Konzept. Dieser betont vielmehr, daß der Weg zu mehr Energieeffizienz zunächst über eine konsequente Massen- und Widerstandsreduktion führt, erst danach könne man die Potentiale eines Hybridantriebs voll ausschöpfen. Könnte man das Fahrzeuggewicht halbieren und den c_w-Wert auf 0,2 senken, würde der Antriebsenergiebedarf des Prius im NEFZ um etwa 45 Prozent zurückgehen. Unterstellt man einen konstanten Gesamtwirkungsgrad, ergäbe sich – mit den für den Japan-Zyklus genannten Verbrauchsdaten, übertragen auf den europäischen Fahrzyklus – rein rechnerisch ein Kraftstoffverbrauch von nur noch etwa 2,5 Litern auf 100 Kilometer im NEFZ. Mit einer durchgreifenden Gewichtsreduzierung könnten auch kleinere und damit effizientere Antriebsaggregate verwendet werden. Das Gesamtgewicht des Fahrzeugs ist nun tatsächlich ein Schwachpunkt des Toyota Prius; ein weiterer ist die Verwendung eines derart hubraum- und leistungsstarken Verbrennungsmotors. Beides legt den Eindruck nahe, daß es dem Hersteller vor allem um die Präsentation eines Autos für die kalifornischen Anforderungen ging, bei denen die lokale Emissionsfreiheit im Vordergrund steht. Eine Verbrauchsoptimierung durch Verzicht auf Teillastbetrieb ist bei einem so starken Motor wenig wahrscheinlich, kann der Motor doch alle Fahrbewegungen auch ohne elektrische Beschleunigungshilfen vornehmen.

Zum Gewicht: Zwei komplette Antriebssysteme haben eben mehr Gewicht als nur eines, dies wird auch bei dem nachfolgend beschriebenen Audi Hybrid deutlich. Zwei Systeme erfordern aber auch höhere Kosten. Wie unter der Hand zu erfahren ist, subventioniert der Hersteller Toyota jedes Fahrzeug gegenwärtig mit 12.000 US $. Man kann sich das Entsetzen der Firma ausmalen, als sie von Vorbestellungen geradezu überrollt wurden. Bis jetzt sollen es über 3.500 sein. Und diese müssen nach der Gesetzeslage erfüllt werden ...

Hybrid-Beispiel: Audi Duo

Der Audi Duo war bereits vor dem Prius als Serienhybridfahrzeug angekündigt, ist bislang jedoch noch nicht auf dem Markt. Auf Anfrage erhält man von Audi keine aktuellen Informationen, so daß wir auf eine Produktbeschreibung des Herstellers von 1997 zurückgreifen müssen. Das Fahrzeug folgt der klassischen Two-in-One-Philosophie der parallelen Hybridantriebe, in der Stadt ein echtes Batteriefahrzeug und außerstädtisch ein echtes Dieselfahrzeug zu sein.

Entsprechend besitzt der Audi Duo zwei großzügig dimensionierte Antriebsaggregate und zwei gewichtige Energiespeicher. Auch die mechanische Kraftübertragung erfolgt über zwei getrennte Wege, nämlich über eine konventionelle Einscheiben-Trockenkupplung samt 5-Gang-Schaltgetriebe für den Dieselmotor und eine zweite Kraftübertragung (Vorgelege) für den Elektromotor. Diese Two-in-One-Philosophie ist der Grund für zusätzliches Gewicht und höhere Kosten. Entsprechend leidet der Audi Duo gegenüber seinem konventionellen Bruder Audi A4 TDi an einer Reihe von Nachteilen:

- ein um 470 Kilogramm höheres Leergewicht von über 1,7 Tonnen
- 4 statt 5 Sitzplätze
- weniger Kofferraumvolumen
- 200 Kilogramm weniger zulässige Zuladung
- eine auf 170 km/h reduzierte Höchstgeschwindigkeit
- eine verminderte Beschleunigungsfähigkeit (16 Sekunden von 0 auf 100 km/h)
- ein um 31 Prozent höherer Kraftstoffverbrauch im Außerortsteil des NEFZ
- eine höhere Gesamt-CO_2-Emission im NEFZ (+2 Prozent) sowie
- ein deutlich höherer Preis von ca. 60.000,– DM

Dieser Liste von Nachteilen steht nur der eine Vorteil gegenüber, daß der Duo in der Stadt keine lokalen Emissionen verursacht.

Das Beispiel des Audi Duo zeigt wie dasjenige des Toyota-Modells, daß Hybridsysteme besonders dann Nachteile zeigen, wenn hohes Gewicht und eine hohe Komplexität der Komponenten zusammenkommen. Es ist einfach unsinnig, das Hybridkonzept mit vollständigem Verbrennungsmotorantrieb mit hoher Leistung auszulegen. Dies erzeugt nur Gewicht und Kosten. Lovins zitiert gern die Aussage von Albert Einstein: «Alles sollte so einfach wie möglich konstruiert werden – aber nicht einfacher.»

Amory Lovins in Wuppertal

Das Kapitel über Hypercars sollte nicht abgeschlossen werden, ohne die wichtigsten Eckpunkte von Amory Lovins' Konzept zusammenzufassen, die er im März 1998 in Wuppertal erläutert hat:

Das Hypercar-Konzept könnte schon heute technisch umgesetzt werden, und es würde sich ökonomisch rechnen, da die Produktionskosten bereits ab einer Produktionsrate von 100.000 Fahrzeugen pro Jahr niedriger sind als die eines konventionellen Fahrzeugs. Der Herstellungsprozeß wäre einfacher, da deutlich weniger Komponenten und Fertigungsschritte notwendig sind. Eine schrittweise Verbesserung des heutigen Mittelklassefahrzeugs hin zu einem Drei-Liter-Auto käme dagegen den Hersteller und auch den Kunden teurer als ein «Quantensprung» zum Ein-Liter-Auto. Das Hypercar wird laut Lovins in einem Zeitraum von etwa zwanzig Jahren das heutige Fahrzeugkonzept komplett ablösen und dadurch den größten Strukturwandel der Industrie seit der breiten Einführung von Mikrochips herbeiführen. Dies könnte das Ende unserer heutigen Industrien im Bereich der Auto-, Öl-, Stahl-, Aluminium- und Energieherstellung sein und zugleich der Anfang von neuen, schonenderen und zugleich profitableren. Dieser Strukturwandel wird ohne staatliche Lenkung allein durch Marktkräfte ausgelöst werden, da Kunden nach besseren Autos und Hersteller nach Wettbewerbsvorteilen streben. Das größte zu überwindende Hemmnis für die heutigen Automobilhersteller, eine Fabrik für Hypercars zu bauen, ist nicht technischer oder ökonomischer Art, sondern eher kulturell bedingt. Ein Hypercar ähnelt mehr einem Computer auf Rädern als einem Auto mit Mikrochips, so daß Firmen wie Sony oder Hewlett Packard eher als Hersteller in Frage kämen, auch wenn sie bislang noch keine

Produkte mit Rädern verkauft haben. Die hochspezialisierte Automobilindustrie denkt komponenten- und werkstofforientiert und tendiert deshalb zu Verbesserungen am Alten, statt komplett neue Lösungen zu finden. Sehr wenige Fahrzeughersteller hätten verstanden, so Lovins, daß man seine eigenen Produkte selbst mit neuen, besseren Produkten töten müsse, bevor dies jemand anderer täte. Diesen psychologischen Widerständen entsprechend seien die innovativen Beispiele in der Technologiegeschichte dünn gesät, in denen ein Industriezweig seine eigenen Nachfolgeprodukte eingeführt hat.

Lovins äußert sich sehr besorgt über die Zukunft der deutschen Automobilindustrie. Sie sei im Vergleich zu japanischen und US-amerikanischen Herstellern nicht gerade die agilste, wenn es um den bevorstehenden Transformationsprozeß gehe. Ihre Produkte seien technisch exzellent und sehr beeindruckend – genau wie einst die Schreibmaschinen von IBM. Angesichts der zahlreichen Entwicklungen, an denen mit und ohne Kenntnis der Öffentlichkeit weltweit gerade mit Hochdruck gearbeitet werde, könne er seitens der deutschen Unternehmen keinen Vorsprung in Richtung Hypercar feststellen. Selbst die Entwicklung der Brennstoffzelle unter der Federführung von Daimler-Benz werde von Toyota noch übertrumpft. Den bevorstehenden Strukturwandel würden nur die Autofirmen überleben, die heute in eine Ultraleichtbau-Hybridstrategie investieren. Diesen Sprung in die Zukunft könne man nur durch drastische konzeptionelle Vereinfachung und Entschlackung der Produkte tun, stetige Verbesserungen seien zu langsam und zu teuer.

Zusammengenommen bedeutet dies eine Revolution im Fahrzeugbau, die nur mit der Ablösung der Großrechenanlagen durch den PC vergleichbar ist. Lovins begegnet den Vorbehalten der Industrie, daß aus Kostengründen keine drastischen Effizienzsprünge erreicht werden könnten, gerade mit dem Verweis auf diese Branche: Mangelnde Innovationskraft hätte z. B. IBM beinahe ruiniert. Wenn man das Auto von Grund auf neu durchdenke, so sein Argument, komme man zu preiswerteren Lösungen – «tunneling through the cost barrier» nennt er dieses Phänomen. Den Kostenberg zu untertunneln würde aber von der Autoindustrie den Abschied von Milliardeninvestitionen in Preßwerke und andere konventionelle Bearbeitungsanlagen erfordern. Aufgabe der Politik sei es, die Rahmenbedingungen für das Auto von morgen (oder übermorgen) langfristig so festzulegen, daß Kapitalinteressen und Innovationen zusammenpassen.

Auch wenn das Auto der Zukunft möglicherweise anders aussehen wird als von Lovins vorgestellt: Er zwingt die Hersteller zum Nachdenken.

15 Kraftwerk an Bord:
Die Brennstoffzelle

In den vergangenen fünf Jahren hat ein Antriebssystem bei Ingenieuren, Politikern und der Presse für Aufmerksamkeit gesorgt, das selbst Technikexperten bis vor kurzem eher mit der Weltraumfahrt als mit dem alltäglichen Straßenverkehr in Verbindung gebracht hätten: die Brennstoffzelle, ein Aggregat zur Erzeugung von elektrischem Strom durch Umwandlung von Wasserstoff und Sauerstoff in Wasser. Diese Technologie assoziiert die Vorstellung von Wasserstoff als einem sauberen und unerschöpflichen Energieträger, der zum leisen, abgasfreien Autofahren eingesetzt wird. Alle Umweltprobleme des Autos also gelöst? Wir werden die Technik vorstellen, die Chancen für einen zukünftigen Serieneinsatz diskutieren und auf Schwachstellen sowie ungelöste Probleme mit dieser Technik hinweisen. Ein zentraler Punkt: Wasserstoff ist nur mit hohem Kosten- und Energieaufwand herstellbar. Man muß ihn dann aufwendig speichern, was energetische und finanzielle Nachteile im Verhältnis zu Benzin und Diesel bringt. Ist die Nutzung in der Brennstoffzelle zur Stromproduktion für die Antriebs-Elektromotoren so vorteilhaft, daß die Nachteile kompensiert werden? Und vor allem: Sind die Entwicklungspotentiale dieser Technologie so groß, daß sie den Verbrennungsmotor als Antriebsaggregat im kommenden Jahrhundert ablösen kann? Wir werden am Schluß einige Aussagen dazu wagen.

NeCar: Neu, elektrisch, null Emissionen

Unter den bedeutenden Automobilherstellern der Welt hat sich die Daimler-Benz AG in Stuttgart am deutlichsten zu der Brennstoffzelle als dem Antriebsaggregat der Zukunft bekannt. Das Unternehmen hat in den vergangenen fünf Jahren beeindruckende Fortschritte bei der Entwicklung zur Einsatzfähigkeit im Verkehr erzielt, zuletzt demonstriert in dem auf der A-Klasse basierenden Forschungs-Pkw NeCar 3. Bei der öffentlichen Vorstellung wurde von Werksvertretern die Einschätzung wiedergegeben, daß ein Serieneinsatz in weniger als 10 Jahren zu erwarten sei. Dipl.-Ing. Karl Noreikat arbeitet bei Daimler-Benz an diesem Ziel. Er ist überzeugt, daß unter allen denkbaren Alternativen zum Verbrennungsmotor die Brennstoffzelle «das größte Potential als Antrieb für die Zukunft» habe. Die noch in der Vorentwicklung befindlichen Aggregate zeigten zwar noch Schwächen bei Kosten, Gewicht und Bauraum, die Vorteile hinsichtlich Geräusch, Abgas und Verbrauch seien aber trotz des geringen Reifegrades bereits enorm.

Der im Mai 1998 vorgestellte NeCar 3 ist der jüngste einer längeren Reihe von Versuchsfahrzeugen für den Brennstoffzellenantrieb. Nach Vorläufern im Transporter-Maßstab (NeCar 1) und im Van (NeCar 2) ist es jetzt gelungen, alle erforderlichen Funktionen des Zukunftsantriebes in einem kompakten Pkw unterzubringen. Vorerst wird allerdings der Raum hinter den Vordersitzen noch vollständig ausgefüllt, so daß im Versuchsfahrzeug nur zwei Sitze zur Verfügung stehen. Man erwartet bei Daimler-Benz aber innerhalb kurzer Zeit weitere Fortschritte in der Miniaturisierung der Bauteile, um dann einen mit Verbrennungsmotoren vergleichbaren Volumen- und Massenaufwand zu erreichen. Wenn dann noch die Fertigungskosten drastisch gesenkt werden können, sehen die Aussichten für die Technologie nach Einschätzung des Herstellers hervorragend aus.

Was sind die technischen Besonderheiten der von Daimler-Benz favorisierten Lösung? Auf welchen physikalischen Prinzipien basiert dieser Antrieb? Welcher Energieträger kommt zum Einsatz? Ist damit eine Lösung der ökologischen Probleme in greifbare Nähe gerückt? Daimler-Benz-Entwickler Karl Noreikat zu den Anfängen und Grundlagen dieser Technik: «Die Idee, aus der elektrochemischen Verbindung von Wasserstoff und Sauerstoff Strom zu erzeugen, hatte schon vor mehr als 150 Jahren der britische Physiker Sir William Robert Grove (1811 bis 1896). Er konstruierte 1839 eine Batterie, die tatsächlich direkt aus Wasserstoff und Sauerstoff Strom erzeugen konnte. Doch seine Erfindung setzte sich nicht durch. Die Erzeugung von elektrischer Energie durch Dynamomaschinen nach dem Prinzip von Werner von Siemens war erfolgreicher und drängte die chemische Stromgewinnung in den Hintergrund.

Vergessen waren die Arbeiten von Grove zur Brennstoffzelle allerdings nie. 1950 griffen die Amerikaner seine Idee wieder auf. Für die bemannte Raumfahrt in den Gemini- und Apollo-Programmen baute die NASA Brennstoffzellen mit höchster Präzision und zu entsprechenden Kosten. Erst die Forschungsarbeiten von Daimler-Benz ab 1993 verhalfen der mobilen Brennstoffzelle im Auto zu neuen Chancen. In Kooperation mit dem kanadischen Unternehmen Ballard Power Systems in Vancouver, das schon lange auf dem Gebiet der Brennstoffzellen arbeitet, bauten die Daimler-Benz-Forscher Brennstoffzellen für den mobilen Bereich, die deutlich aus dem Laborstadium herausführten.

Der Kern der Brennstoffzelle besteht aus einem festen Elektrolyten mit einer 0,1 Millimeter starken, protonenleitenden Kunststoffmembran. Die Kunststoffolie ist mit einem Platinkatalysator und einer Elektrode aus für Gas durchlässigem Graphitpapier beschichtet. In Dipolarplatten aus Graphit sind auf beiden Seiten Gaskanäle gefräst, in denen auf der einen Seite Wasserstoff und auf der anderen Seite Luft zugeführt wird. Mit Hilfe des Katalysators wird der Wasserstoff ionisiert und in positive Wasserstoffionen (Protonen) und negativ geladene Elektronen zerlegt (siehe Abbildung 18). Die Protonen können nun die durchlässige Folie durchdringen, die Anode lädt sich dadurch positiv auf. Im Gegensatz dazu nehmen die Sauerstoffmoleküle auf der Kathodenseite, ebenfalls durch den Katalysator angeregt, Elektronen auf – hier entstehen Sauerstoffionen. Die Kathode lädt sich deshalb negativ auf. Zwischen Kathode und Anode baut sich so eine Spannung auf. Verbindet man beide Elektroden, etwa über einen Elektromotor, miteinander, fließen die Elektronen von der Kathode zur Anode zurück und bringen dabei den Elektromotor zur Rotation. Gleichzeitig verbinden sich Wasser-

So funktioniert die Brennstoffzelle

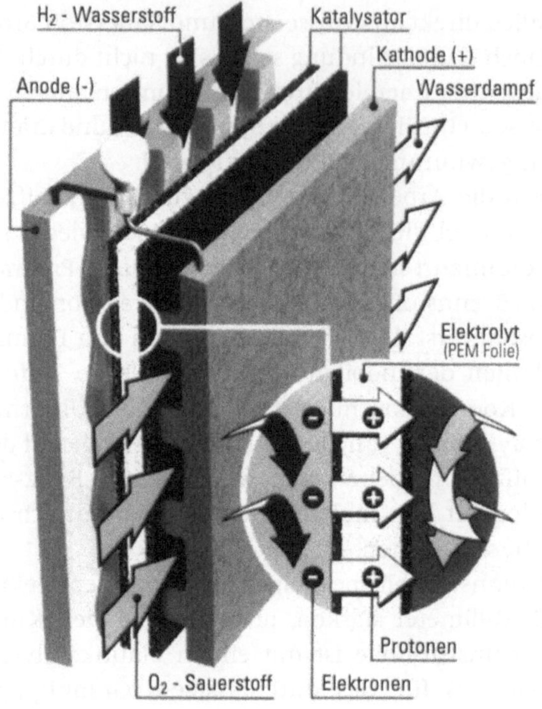

Abbildung 18

stoff und Luftsauerstoff zu Wasser. Neben diesem Reaktionsprodukt fällt außerdem Wärme an, die man nutzen kann, um das Fahrzeug zu heizen.»

Verschiedene Bauformen der Brennstoffzelle

Die von Daimler-Benz favorisierte Ausführung der Brennstoffzelle ist die Proton Exchange Membrane Full Cell (PEM-FC), die im

Unterschied zu anderen bekannten Konstruktionen bei vergleichsweise niedrigen Arbeitstemperaturen unterhalb von 120 °C betrieben wird, eine hohe Leistungsdichte hat und ein sehr flexibles Betriebsverhalten zeigt. Letzteres ist für mobile Anwendungen notwendig, denn im Verkehr wechselt der Energiebedarf für Beschleunigung und die jeweils gewünschten Fahrgeschwindigkeiten fortlaufend. Grundsätzlich gleichen sich alle Brennstoffzellenkonzepte darin, daß aus der Verbindung von Wasserstoff mit Sauerstoff Wasser entsteht und elektrische Energie gewonnen wird. Im Unterschied zu der aus dem Chemieunterricht bekannten Knallgasreaktion, der heißen Verbrennung von Wasserstoff mit Sauerstoff zu Wasser, handelt es sich bei dem hier angewandten Prinzip um eine flammfreie katalytische Oxidation.

Die verschiedenen Bauformen unterscheiden sich vor allem nach den verwendeten Elektrolyten und den Arbeitstemperaturen. Hinter Kürzeln wie AFC (Alkaline Fuel Cell, Elektrolyt wäßrige Kalilauge, 60 bis 120 Grad), PAFC (Phosphoric Acid Fuel Cell, Phosphorsäure, 160 bis 220 Grad), MCFC (Molten Carbonate Fuel Cell, geschmolzene Karbonate, 600 bis 650 Grad) und SOFC (Solid Oxide Fuel Cell, festes Zirkondioxid) verbergen sich Arbeitsprinzipien mit jeweils verschiedenen Vor- und Nachteilen. Die genannten Bauformen werden in den Bereichen Raumfahrt/Rüstungstechnik eingesetzt, können aber auch bereits in den Bereichen dezentrale Stromversorgung von Gebäuden und Kraft-Wärme-Kopplung wirtschaftlich sein. Für den Fahrzeugeinsatz gilt die PEM-FC als am besten geeignet.

Der Weg vom physikalischen Prinzip über Labormodelle zu einer Ausführung, die als Fahrzeugantrieb geeignet ist, war erheblich. Dipl.-Ing. Noreikat: «Betrachtet man die PEM-Brennstoffzelle für sich, so wird ersichtlich, daß zwischen ihrem Einsatz im Labor und dem angestrebten Einsatz im Automobil einige Entwicklungsmeilensteine liegen. Der erste Meilenstein bestand darin, die Brennstoffzelle vom Laborbetrieb mit reinem Wasserstoff und Sauerstoff in ein Fahrzeug zu integrieren, in dem kein reiner Sauerstoff, sondern Luft zur Verfügung steht.» Damit spricht der Daimler-Benz-Entwickler zwei grundsätzliche Probleme der Brennstoffzelle an, nämlich zum einen den Bedarf an reinem Wasserstoff als Kraftstoff und zum anderen den Bedarf an Sauerstoff – beides ist an Bord eines Autos nur schwer zu speichern. In Labors werden die Gase üblicherweise schweren Stahl-Druckflaschen entnommen, die von Spezialunternehmen geliefert werden. Der Sauerstoff wird der Umgebungsluft durch fraktionierende Destillation entnommen. Der Weg zum Wasserstoff ist komplizierter. In den ersten Prototyp-Fahrzeugen NeCar 1 und NeCar 2 – Ne steht dort jeweils für No Emission oder New Electric – wurde noch Wasserstoff getankt und in Druckflaschen an Bord gespeichert. Bei den Fahrzeugen befinden sich die Vorratsflaschen jeweils auf dem Dach.

Von Anfang an war klar, so die Daimler-Entwicklungsingenieure, daß dies keine Lösung für den Fahrbetrieb sein könnte.

Wasserstoff tanken?

Mit dem Speichern und Tanken von Wasserstoff hatte die deutsche Autoindustrie sich bereits in den siebziger und achtziger Jahren beschäftigt, als nach der Ölkrise mit umfangreicher Förderung durch das Bundesforschungsministerium nach Kraftstoffalternativen gesucht wurde. Für den Fahrzeugentwickler und die Kunden gleichermaßen ist von Nachteil, daß Wasserstoff als Gas nicht so unproblematisch getankt und gespeichert werden kann wie die flüssigen Energieträger Benzin oder Dieselkraftstoff. Um die notwendigen Energiemengen für Fahrzeugreichweiten von einigen hundert Kilometern kompakt unterbringen zu können, muß das Gas entweder unter hohem Druck oder aber mit extrem tiefen Temperaturen aufbewahrt werden.

Für die Hochdruckspeicherung in einem Fahrzeug ist die Labor-Stahlflasche nicht mehr Stand der Technik, da sie zu schwer ist. Bereits die erste Generation der NeCar-Fahrzeuge von 1994 verwendete leichtere glasfaserverstärkte Alumiumbehälter mit einem Volumen von 150 Litern, in denen der Wasserstoff mit einem Druck von bis zu 300 bar untergebracht war. Der Tank wog aber noch 100 Kilogramm. In der zweiten NeCar-Generation 1996 konnte eine neue Bauweise aus kohlefaserverstärktem Kunststoff realisiert werden. Diese Druckgasbehälter fassen bei 20 Prozent geringerem

Gewicht 50 Prozent mehr Wasserstoff. Allerdings bleibt auch ein solcher moderner Druckbehälter immer schwerer und schwieriger im Fahrzeug unterzubringen als ein Flüssigkeitstank. Der Tankvorgang würde mit Hochdruckschläuchen und Kupplungen ähnlich wie bei Erdgasfahrzeugen durchgeführt werden können.

Wasserstoff läßt sich auch in flüssiger Form speichern, dies allerdings nur bei minus 253 °C. Bei dieser Temperatur wird aus dem Gas eine Flüssigkeit mit einer Dichte von 70 Gramm pro Liter (zum Vergleich: Benzin weist 750 Gramm pro Liter auf). Diese tiefen Temperaturen zu erreichen und zu halten wirft natürlich Probleme beim Betanken und bei der Aufbewahrung auf. Um flüssigen Wasserstoff möglichst verlustarm über längere Zeit aufzubewahren, muß der Tank extrem gut isoliert sein. Wenn Wärme zu dem kalten Energieträger eindringt, verdampft ein Teil der Flüssigkeit, der Gasdruck steigt über das zulässige Maß hinaus. Dann muß Gas abgelassen werden, was neben Sicherheitsproblemen natürlich auch energetische Verluste bringt.

Das technische Prinzip einer guten Isolation ist von der Thermoskanne bekannt, es ist die Vakuumisolation. In Tieftemperatur-Wasserstofftanks, auch als Kryotanks bezeichnet, benutzt man aus Gründen des Platzbedarfes und des niedrigen Gewichtes Hochvakuum-Folienisolatoren. Daß die Niedrigtemperatur-Speichertechnik noch eine Menge an Problemen im Hinblick auf einen Alltagsbetrieb aufwirft, dürfte verständlich sein. Einige Stichworte: Beim Tanken benötigt man Tieftemperaturpumpen, zur Verhinderung von Wärmezufuhr eine sorgfältige Optimierung aller Leitungen, zuverlässige Dichtungen zwischen Tank, Rüssel und Einfüllstutzen usw. Seit 1990 gibt es übrigens in der Oberpfalz eine im Zusammenhang mit einem Solarwasserstoff-Projekt erstellte Wasserstofftankstelle in Kryotechnik: Hier wird die praktische Handhabung von Wasserstoff in Zusammenarbeit mit BMW erprobt. Dieser Hersteller hat sich im Unterschied zu Daimler-Benz jedoch vorwiegend mit der Verwendung von Wasserstoff in Ottomotoren auseinandergesetzt. Die erste öffentliche Wasserstofftankstelle wurde übrigens am Münchener Flughafen errichtet.

Als dritte Speicheralternative ist in den vergangenen Jahrzehnten auch die chemische Anlagerung des Wasserstoffs an sog. Metallhydride entwickelt worden. Diese Technologie gilt jedoch für den Fahrzeugeinsatz als zu schwer.

Leider nicht rein verfügbar: Sauerstoff

Sauerstoff als zweiter Partner der Brennstoffzellenreaktion liegt in der Umgebungsluft in einer Konzentration von rund 21 Prozent vor, der Rest besteht vor allem aus Stickstoff. Für die chemische Reaktion in der Brennstoffzelle ist nur der Sauerstoff erforderlich, die anderen Bestandteile der Luft sind nutzlos, gleichwohl müssen sie durch die Zellen geschleust werden. Man hat dadurch das Problem, daß die Bauteile, vor allem auch Verdichter, für das Fünffache der tatsächlich benötigten Sauerstoffmenge ausgelegt werden müssen. Dies erfordert Energieaufwand, geht auf Kosten des Wirkungsgrads und beeinträchtigt den Kraftstoffverbrauch. Bei dem im NeCar-Projekt verfolgten Konzept der Protonenaustauschmembrane (PEM-FC) ist es von Vorteil, daß sie mit Luft funktioniert. Ein anderer denkbarer Brennstoffzellen-Kandidat mit hohem Wirkungsgrad, die Alkaline Full Cell (AFC), die vor allem in der Raumfahrt eingesetzt wird, verträgt zum Beispiel nur reinen Sauerstoff. Brennstoffzellen dieser Art wurden bereits Mitte der achtziger Jahre durch Varta und Siemens gebaut, ein Aggregat wurde damals auch in einem VW Transporter erprobt, leistungsstarke Ausführungen gibt es aus deutscher Produktion zum Beispiel für U-Boote.

Die PEM-FC weist weitere Vorteile auf. Sie ist – vor allem nach den Entwicklungsfortschritten von Daimler-Benz – sehr kompakt gebaut und soll eine Lebensdauer von mehr als 5.000 Betriebsstunden aufweisen. Bei einem Fahrzeugeinsatz entspricht dies etwa einer Fahrstrecke von 200.000 bis 300.000 Kilometern.

Katalysator für den Motor mit der Brennstoffzelle

Ein noch nicht befriedigend gelöstes Kosten- und Haltbarkeitsproblem betrifft die Katalysatoren, die in die Brennstoffzelle eingesetzt werden müssen. Diese werden nicht etwa zur Abgasreinigung benötigt – schließlich emittiert die Brennstoffzelle keine toxischen Substanzen –, sondern für den Prozeß der kalten Verbrennung von Wasserstoff und Sauerstoff selbst. Exakter formuliert, muß ein geeigneter Katalysator die Anlagerung des Wasserstoffgases an den Sauerstoff und die Trennung seiner Bestandteile in Ionen unterstützen. Die beste katalytische, d. h. reaktionsbeschleunigende Wirkung hat Platin, das ja unter anderem auch in Drei-Wege-Katalysatoren seinen Dienst tut. Ein Brennstoffzellenaggregat braucht heute etwa die zehnfache Platinmenge wie der Abgaskatalysator eines Pkw-Motors, also etwa 20 bis 25 Gramm. Dies stellt einerseits ein konkretes Kostenproblem dar – ein Gramm Platin wird gegenwärtig mit ca. 30,– DM gehandelt –, andererseits ist die größere Menge wegen des hohen Energie- und Stoffstromaufwandes zur Produktion dieses Edelmetalls auch ein ökologisches Problem. Die Entwicklungsexperten bei Daimler-Benz erwarten, daß die erforderliche Platinmenge jedoch bald erheblich reduziert werden kann.

Der Wirkungsgrad der Energieumsetzung in der Brennstoffzelle ist entscheidend für die Zukunftschancen dieser Technologie. Unter idealen Bedingungen und im besten Betriebspunkt würden etwa 60 Prozent der im Wasserstoff enthalenen Energie in elektrische Energie umgewandelt werden können, anders als bei Verbrennungsmotoren ist der Wirkungsgrad im Teillastbereich günstiger als bei Volllast. Die Verwendung von Luft anstelle von reinem Sauerstoff (s. o.) reduziert den Wirkungsgrad im oberen Lastbereich etwa um 15 Prozent, also auf ca. 45 Prozent. Wenn man berücksichtigt, daß die nötigen Nebenaggregate (neben dem genannten Verdichter z. B. AC/DC-Wandler, Umrichterverluste/Motorverluste, sowie von Getriebe und Differential) betrieben werden müssen, bleiben nur rund 29 Prozent Wirkungsgrad der Reaktion für den Antrieb der Räder übrig. Diese Angabe von 29 Prozent Fahrzeugwirkungsgrad gilt laut Daimler-Benz im Normverbrauchstest NEFZ. Als Vergleich wird ein Dieselantrieb mit 24 Prozent Wirkungsgrad angegeben. Die Forscher halten bei der Brennstoffzelle Wirkungsgrade von 45 Prozent bis ins Jahr 2003 für erreichbar. Der Dieselantrieb würde sich hingegen nur geringfügig auf 26 Prozent verbessern können, so wird argumentiert. Andererseits gibt es auch aus der Autoindustrie Angaben über einen heute bereits erreichten Wirkungsgrad von 28 Prozent bei dem Golf

TDI im NEFZ. Ohne Zweifel liegt der Wirkungsgrad von Brennstoffzellen jedoch höher als bei Otto- und Dieselmotoren.

Allerdings ist bei dieser Gegenüberstellung noch nicht berücksichtigt, daß die Herstellung des Treibstoffes Wasserstoff sehr viel energieaufwendiger ist als die Herstellung der Treibstoffe Benzin oder Dieselkraftstoff. Bei einer umfassenden Systembetrachtung müssen alle vorgelagerten Verluste selbstverständlich berücksichtigt werden.

Bei der Herstellung von Wasserstoff gibt es nun zwei grundsätzlich unterschiedliche Strategien. Bei näherer Betrachtung fächern sich diese dann wieder in unzählige weitere Varianten auf. Bei der ersten Alternative handelt es sich um eine großtechnische Herstellung von Wasserstoff und den Transport des reinen Wasserstoffes über Tanks und Pipelines zu den Tankstellen. Getankt und im Fahrzeug gespeichert wird der Wasserstoff mit einer der oben beschriebenen Technologien (s. S. 248). Eine solche Wasserstoffkette ist auch jenseits des Tankvorganges untersucht worden im Hinblick auf die Einsatzfähigkeit und die erforderlichen Aufwendungen in puncto Kosten und Energie. Weist das Fahrzeug Hochdrucktanks auf, so muß der Wasserstoff an der Tankstelle verdichtet werden; der Betrieb des dazu erforderlichen Verdichters ist energetisch zu berücksichtigen. Die Anlieferung zur Tankstelle wird in großen Druckgasbehältern auf der Straße oder Schiene erfolgen, möglicherweise jedoch auch per Pipeline. Hierzu gibt es bereits großtechnische Beispiele. Die deutschen Chemieunternehmen betreiben seit 50 Jahren ein insgesamt 200 Kilometer langes Rohrleitungsnetz, in dem der Energieträger mit einem Druck von 15 bar zwischen chemischen Werken transportiert wird. Der Transport des Wasserstoffs dürfte auf diesem Weg also kein Problem sein.

Geht man gedanklich eine Stufe weiter zurück bis zur Herstellung des Wasserstoffs, so zeigen sich wieder mehrere Alternativen. Man kann es aus fossilen Kohlenwasserstoffen herstellen, gezielt oder als Nebenprodukt aus chemischen Prozessen. Gegenwärtig werden etwa 50 Prozent der weltweit produzierten Wasserstoffmengen durch Spaltung von Erdgas in sogenannten Reformeranlagen hergestellt; dies ist unter den geltenden Rahmenbedingungen energetisch und kostenmäßig am günstigsten. Außerdem fällt

Wasserstoff als Kuppelprodukt in der Mineralöl-, der chemischen und der petrochemischen Industrie an. In Deutschland ist die Mineralölindustrie der größte Produzent von reinem Wasserstoff, sie verbraucht selbst aber auch zunehmend größere Wasserstoffmengen zur Entschwefelung von Diesel und Heizöl sowie zur Aufbereitung des Rohöls zu hochwertigeren Kraftstoffen.

Nach Angaben des Umweltbundesamtes beträgt der Energieaufwand für die Herstellung von Wasserstoff aus Erdgas bei einem angenommenen Wirkungsgrad von 79 Prozent 9 Megajoule pro Liter Benzinäquivalent; dies sei zu vergleichen mit einem Aufwand für die Benzinherstellung in der Raffinerie von etwa 4 Megajoule pro Liter. Damit muß die Brennstoffzelle mindestens doppelt so effizient sein wie ein Benzinmotor, um diese Verluste bei der Wasserstoffherstellung zu kompensieren. Nur 5 Prozent des Wasserstoffbedarfs werden gegenwärtig elektrolytisch durch Einsatz von Strom erzeugt. Eine Produktion per Elektrolyse führt zu Verlusten in Höhe von einem Drittel der Energie. Da die Energie für die Elektrolyse durch Strom bereitgestellt wird, der in der Regel mit einem Wirkungsgrad von 34 Prozent (thermische Kraftwerke in Deutschland) belastet ist, muß ein Primärenergiewirkungsgrad von nur 50 Prozent angenommen werden. Dies würde sogar 32 Megajoule pro Liter Benzinäquivalent erfordern.

Für die Transport- und Speicheralternativen «Drucktank» bzw. «Tieftemperaturtank» fallen natürlich auch unterschiedliche energetische Aufwendungen an. Für die Druckvariante müssen bei einem Wirkungsgrad von 82 Prozent für die Verdichtung rund 7 Megajoule Energie pro Liter Benzin aufgewendet werden, für eine Verflüssigung (Abkühlung des Gases bis unterhalb der Siedetemperatur von minus 253 °C) sind es sogar 32 Megajoule pro Liter Benzinäquivalent, da auch für die Verflüssigung der verlustreich erzeugte Strom eingesetzt wird. Alle Wirkungsgradangaben sind Mittelwerte, die in besonderen Fällen sowohl über- als auch unterschritten werden können.

Es wird in jedem Fall deutlich, daß die herstellerseitigen Wirkungsgradangaben der Brennstoffzelle mit den Aufwendungen für die Herstellung des Wasserstoffs erheblich modifiziert werden müssen. Bei der günstigsten Variante, der Herstellung von Wasserstoff aus Erdgas und der Druckspeicherung, verliert man ein Drittel an Wirkungsgrad: Aus den für den heutigen Entwicklungsstand genannten 29 Prozent werden also weniger als 20 Prozent. Dies ist schlechter als bei guten verbrennungsmotorischen Antrieben. Andererseits kann erst die Zukunft zeigen, ob die erwarteten Potentiale in Richtung auf 48 Prozent (mit Wasserstoff) erreicht werden und ob die Verluste in der Wasserstoffherstellung möglicherweise noch vermindert werden können. Als Zwischenbilanz läßt sich festhalten: Wasserstoff ist theoretisch ein attraktiver Brennstoff, erfordert aber noch einen erheblichen Forschungsaufwand.

Die Lösung: Methanol tanken?

Die Speicherprobleme bei der Wasserstoffnutzung haben Daimler-Benz dazu veranlaßt, in der dritten Generation der Forschungs-Brennstoffzellenfahrzeuge einen flüssigen Energieträger vorzusehen, der ebenso unproblematisch wie Benzin oder Dieselkraftstoff getankt und gespeichert werden kann. Notwendig ist dann allerdings eine zusätzliche Verfahrensstufe im Fahrzeug, nämlich die Herstellung von Wasserstoff aus einem flüssigen Energieträger. Daimler-Benz sieht als günstigste Option die Verwendung von Methylalkohol (Methanol). Als in den späten siebziger und in den achtziger Jahren mit großzügiger finanzieller Unterstützung des Bundesforschungsminsteriums alternative Kraftstoffe erforscht und erprobt wurden, hatte Methanol einen hohen Stellenwert als potentieller Kraftstoff.

Der Methylalkohol kann in Ottomotoren mit nur geringen Anpassungen verbrannt werden, Probleme bei einem nichtangepaßten Motor machen vor allem die Materialien der Leitungen und Dichtungen. Bis zur Praxisreife entwickelt wurden damals sowohl Fahrzeuge für den Betrieb mit Reinmethanol (sogenanntes M 100-Konzept) als auch die Zumischung von 15 Prozent Methanol zu konventionellem Benzin (sogenanntes M 15-Konzept). Von Mitte der achtziger Jahre an sind diese Projekte dann nicht mehr weiter verfolgt worden, denn man sah keine Anwendungsperspektive für diese Methanoltechnologie im Verkehrsmarkt. Methanol als Treibstoff für das Brennstoffzellenauto hätte nun den Vorteil, daß ein Kunde sich hinsichtlich der Handhabung beim Tankvorgang nicht umstellen müßte. Die Konstrukteure hätten darüber hinaus wie bei heutigen Benzinern und Diesel ähnliche «Freiheiten» in der Gestaltung des Tanks. Ein gewisser Nachteil würde sich allerdings wegen des geringeren Energieinhalts von Methanol im Vergleich zu Benzin und Diesel ergeben, denn Methanol erfordert für den gleichen Energiegehalt ein doppelt so großes Volumen wie die herkömmlichen Kraftstoffe.

Von Vorteil ist, daß man zur Herstellung des Methanolkraftstoffes eine Reihe von Optionen hat: Es kann aus Erdgas (Methan) hergestellt werden. Dieser Prozeßschritt ist großtechnisch seit Jahrzehnten erprobt und erreicht heutzutage einen Wirkungsgrad von ca. 78 Prozent. Für den Einsatz der Brennstoffzelle muß nun aus dem Methanol Wasserstoff abgespalten werden, also ein analoger Schritt zu der Wasserstoffherstellung aus Erdgas. Die chemischen Reaktionen in dem dazu notwendigen Aggregat, einem Dampf-Reformer, bestehen aus einer Hauptreaktion, bei der sich neben Wasserstoff auch Kohlendioxid bildet, das dann als Treibhausgas wirkt, und einer Reihe von unvollständigen Nebenreaktionen, durch deren Produkte das erwünschte Wasserstoffgas leider verunreinigt wird. Dabei entsteht auch Kohlenmonoxid (CO), das vor der Zuleitung zur Brennstoffzelle aus dem Wasserstoffgas entfernt werden muß. Die PEM-Brennstoffzelle ist beispielsweise sehr empfindlich gegenüber CO-Vergiftung. Um die Einhaltung der Grenze von 100 ppm CO (100 CO-Moleküle auf 1 Million Teilchen) sicherzustellen, muß das Gas besonders gut gereinigt werden. Die CO-Bildung im Reformingprozeß ist unvermeidlich, aber bereits geringe Konzentrationen an Kohlenmonoxid reduzieren die Lebensdauer der teuren Katalysatorfüllung.

Integrierte Wirkungsgradbetrachtung erforderlich

Für eine ökologische Bewertung der Brennstoffzelle als zukünftig möglicherweise massenhaft eingesetzter Pkw-Antrieb ist entscheidend, wieviel Umwandlungsverluste bzw. Energieaufwand insgesamt anfallen, die die Wirkungsgradbilanz des Gesamtkonzeptes belasten. Eine Entwicklung, die keinen entscheidenden energetischen und klimatischen Vorteil gegenüber Otto- und Dieselmotoren bietet, würde wenig Sinn machen. Wichtig sind natürlich auch die Kosten, denn Effizienzverbesserungen sollten nicht unnötig teuer sein.

Berücksichtigt man die beiden Energieverlustquellen in der Methanolkette, die Herstellung von Methanol aus Methan mit einem Wirkungsgrad von rund 75 bis 80 Prozent sowie die Aufspaltung zu H_2 in dem bordeigenen Reformer bei Temperaturen um 300 °C mit einem Wirkungsgrad in der gleichen Größenordnung, so ergibt sich aus der Multiplikation dieser beiden Schritte ein Verlust von rund 60 Prozent der eingesetzten Primärenergie, in diesem Fall also des eingesetzten Erdgases. Zusatzaggregate können noch weiteren Energiebedarf erfordern.

Der Wirkungsgrad der Wasserstofferzeugung an Bord wäre dann mit der Brennstoffzelleneffizienz bei Wasserstoffverwendung zu multiplizieren. Mit dem heutigen Stand von 29 Prozent ist der Gesamtwirkungsgrad dann ähnlich unbefriedigend, wie eben für die externe H_2-Erzeugung gezeigt wurde, nämlich nur etwa 19 Prozent. Man muß jedoch berücksichtigen, daß sich die neuen Technologien erst am Anfang ihrer Entwicklung befinden. Sollten sich die optimistischen Erwartungen von Daimler-Benz in Richtung auf einen Wirkungsgrad von 45 Prozent realisieren lassen, würden daraus mit der Methanolkette rund 28 Prozent Gesamtwirkungsgrad des Antriebes, also eine Ausnutzung von 28 Prozent der im Erdgas chemisch gebundenen Energie für den Antrieb eines Fahrzeugs. Das ist an sich natürlich enttäuschend für eine Zukunftstechnologie, denn es bedeutet, daß fast drei Viertel der Energie verschwendet werden. Gleichwohl wäre der Wirkungsgrad (deutlich) besser als bei Verbrennungsmotoren. Voraussichtlich wird diese Option aber auch viel teurer.

Unabhängig von der Frage des letztlich erreichbaren Wirkungsgrades ist es dennoch eindrucksvoll, wie die Entwicklung der Brennstoffzellen vorangeschritten ist! Dipl.-Ing. Karl Noreikat erinnert sich: «1994 baute Daimler-Benz in enger Kooperation mit Ballard (auf diese Technologie spezialisiertes kanadisches Unternehmen) einen Transporter mit Brennstoffzelle und stellte ihn der Weltöffentlichkeit vor. Das Brennstoffzellensystem war allerdings groß und schwer und füllte den gesamten Laderaum aus. Nur zwei Personen, Fahrer und Beifahrer, fanden in dem rollenden Labor Platz, das mit 90 km/h über die Straßen rollte. Das new electric car war der Versuch, mit vorhandener Technologie zu demonstrieren, daß Brennstoffzellen überhaupt zum Antrieb in einem Fahrzeug taugen. Nach zwei weiteren Jahren intensiver Forschung verwirklichte Daimler-Benz ein Personenfahrzeug, bei dem die aufwendige Brennstoffzellentechnik nicht mehr zu sehen ist. Sie liegt versteckt in einer koffergroßen Kiste unter der hinteren Sitzbank, die Kraftstofftanks ruhen, bedeckt von einer Haube, auf dem Dach. Das rollende Labor mutierte zum Großraum-Pkw (dem Mercedes-Benz-Van), der in Anlehnung an seinen Vorgänger auf den Namen NeCar 2 getauft wurde.

Bei diesem zweiten Erprobungsfahrzeug konnte das Gewicht des Brennstoffzellenantriebs von 800 Kilogramm beim NeCar 1 auf 300 Kilogramm gesenkt werden. Das Leistungsgewicht der Stacks (der gruppenweise zusammengeschraubten und elektrisch in Reihe geschalteten Einzelzellen) wurde von 21 kg/kW auf 6 kg/kW gesenkt. Mit vielen Details wie neuen Druckgasbehältern, neuer Elektronik, besseren Kompressoren, besseren Nebenaggregaten und einem automatisierten Zweiganggetriebe ist der NeCar 2 eine vollwertige Großraumlimousine.»

Auch für Stadtbusse geeignet

Für den Busmarkt stellte Daimler-Benz im Mai 1997 ebenfalls einen Brennstoffzellenantrieb unter der Bezeichnung NeBus vor. Im Linienbusbetrieb sieht man eine Perspektive für den Einstieg der Brennstoffzellentechnologie durchaus, denn für eine solche Flotte könnten sich Wasserstofftankstellen am ehesten lohnen. Die Busse eines Nahverkehrsunternehmens würden beispielsweise auf dem Betriebshof mit Wasserstoff betankt werden, der aus dem Erdgasnetz direkt über einen sogenannten Erdgasreformer erzeugt würde. Dabei entfiele der energetisch ungünstige Zwischenschritt über den flüssigen Energieträger Methanol. Auf dem Dach eines Linienbusses können Drucktanks für Wasserstoff unproblematisch angebracht werden, wie dies ja bereits heute bei Bussen, die mit Erdgas fahren, gängige Praxis ist. Im NeBus enthalten sieben glasfaserummantelte Aluminiumtanks auf dem Fahrzeugdach insgesamt 21 Kilogramm Wasserstoff, der unter einem Druck von 300 bar steht. Damit könnte der Linienbus eine Reichweite von 250 Kilometern erreichen, ausreichend für eine durchschnittliche Tagesstrecke im Öffentlichen Nahverkehr. Denkbar ist aber auch, daß Erdgas getankt wird und sich an Bord des Fahrzeugs ein Erdgasreformer befindet.

Für die Daimler-Benz-Entwickler sind die weiteren Entwicklungsziele für den Fahrzeugeinsatz hohe Wirkungsgrade, hohe Leistungsdichte und gutes dynamisches Verhalten. Im Verlauf der skizzierten Entwicklung und der Demonstration in den fortgeschrittenen Prototypen konnte gezeigt werden, daß Brennstoffzellen für die Anforderungen des Fahrbetriebs grundsätzlich geeignet sind. Unterschiedliche Leistungsausführungen weisen auf die Anwendung in Pkw und Bussen bzw. grundsätzlich auch Lkw hin.

Erprobungsziele des NeCar 3

Mit dem NeCar 3 auf der Basis der A-Klasse wurde der Antrieb nochmals so weit verkleinert, daß er in ein Kompaktfahrzeug hineinpaßt – wie erwähnt allerdings unter Verlust der Rücksitze. Die Besonderheit dieses Entwicklungsträgers ist, daß erstmals in einem fahrtüchtigen Fahrzeug die bordeigene Herstellung von Wasserstoff aus Methanol demonstriert werden konnte – mit allen praktischen Vorteilen für das Tanken und die Energiespeicherung.

Die Erweiterung des Antriebsaggregates durch eine kleine Chemiefabrik zur Wasserstoffherstellung war zunächst eine große Herausforderung, besonders im Hinblick auf die Bautechnik. Alle bisherigen Einrichtungen dieser Art waren ja stationäre Anlagen. Für die dynamische Fahrerprobung bedeutete die Erweiterung ein zusätzliches Problem: Würde der Wasserstoffreformer ebenfalls die instationären Leistungsanforderungen, wie sie im Verkehr vorkommen, erfüllen können? Die Regelung der Gasmenge durch die Brennstoffzelle über das vom Fahrer betätigte Gaspedal ermöglicht die im Verkehr erforderlichen Beschleunigungs- und Geschwindigkeitsänderungen. Durch die Hinzuschaltung des Reformingprozesses leidet natürlich zunächst einmal das Ansprechverhalten, da ja eine Stufe vorher mit dem Regelungseingriff begonnen werden muß. Das Gaspedal würde zum Beispiel die Zuführung des Methanols zum Reformer regeln, um damit die abzugebende Motorleistung zu variieren. Da darf es nicht zu langen Verzögerungen kommen, bis die Brennstoffzelle in ihrer Leistungsabgabe reagiert. Durch die Miniaturisierung aller Bestandteile des Antriebes soll es jedoch nach Angaben von Daimler-Benz gelingen, eine für den Fahrzeugbetrieb notwendige Dynamik der Leistungsabgabe ohne Zwischenschaltung eines zusätzlichen Energiespeichers, etwa einer Batterie, zu erreichen. Wenn die Volumina der Bauteile verringert werden, reduzieren sich auch die Ansprechzeiten für Veränderungen der Durchflußmengen. Bisher kann der NeCar 3 allerdings noch nicht selbständig starten, sondern der Reformer muß etwa eine halbe Stunde aufgeheizt werden.

Die Prioritäten der Entwicklung werden laut Noreikat so gesetzt: «Damit diese umweltverträgliche und ressourcenschonende Technik eingesetzt werden kann, muß der Fokus besonders auf die Marktgängigkeit und die Kosten dieses neuartigen Antriebskonzeptes gerichtet werden. Der Kunde von morgen erwartet, daß der Antrieb die heute gewohnte Funktionalität und Bedienbarkeit des Fahrzeugs nicht einschränkt. Die Brennstoffzelle muß sowohl bei Minustemperaturen als auch bei größter Hitze einwandfrei funktionieren.»

Zu den weiteren anspruchsvollen Projektzielen bei Daimler-Benz zählen beispielsweise eine Verkleinerung des Systems, eine Steigerung der Leistungsdichte, die Optimierung des Gesamtsystems, die Verbesserung der Alltagstauglichkeit, eine Analyse der Fertigungstechnik und die Schaffung kostengünstiger Herstellungsverfahren. Daimler-Benz erwartet, daß sich der Konflikt zwischen unbegrenztem Mobilitätswunsch und gleichzeitiger Verknappung der Erdölreserven verschärft, die CO_2-Emissionen und Umweltprobleme weiter steigen. Karl E. Noreikat sagt dazu: «Der Kunde erwartet, daß die Automobilindustrie seine Mobilität erhält, und er ist auch begrenzt bereit, für umweltfreundliche Antriebe die Mehrkosten zu tragen. Brennstoffzellen sollen langfristig zur Lösung der

Energie- und Umweltproblematik beitragen, ohne dabei neue, größere Probleme zu schaffen.»

Mit dem NeCar 3 bleibt die Entwicklung natürlich nicht stehen – an NeCar 5 wird schon gearbeitet ...

Reforming von Benzin

Die Verwendung von Methanol als Energieträger in dem Zwischenschritt vom Erdgas zum Wasserstoffeinsatz wird von anderen Autoherstellern zum Teil skeptisch beurteilt. Das Argument ist ökonomischer Natur: Für Methanol muß man eine vollständig neue Verteil-Infrastruktur schaffen, also spezielle Tanks und Zapfsäulen an den Tankstellen. Dies würde, so einige Kritiker, immense Kosten verursachen und die Durchsetzung der Brennstoffzellentechnologie im Pkw-Markt zu teuer machen.

Der amerikanische Autoproduzent Chrysler arbeitet daher an einem Brennstoffzellenfahrzeug, bei dem normales Benzin getankt wird und das entsprechend aus dem bestehenden Tankstellennetz bezogen werden könnte. Auch zur Abspaltung von H_2 aus Benzin braucht man einen Reformer; neben Wasserstoff fallen im Idealfall bei dieser Reaktion dann lediglich Kohlendioxid und Wasserdampf an. Real soll es allerdings ein noch größeres Problem mit der Verunreinigung durch CO und vor allem schlechtere Wirkungsgrade als mit Methanol geben.

Der Reformer soll nach Ansicht von Chrysler «jeden flüssigen Kraftstoff» umwandeln können. Die Prozeßstufen dazu: Der Kraftstoff wird zum Verdampfen gebracht, dann mit Luft vermischt, teilweise oxidiert, dies ergibt H_2 und CO. Sodann wird Wasserdampf zugeführt, um CO in das gesundheitlich unbedenkliche CO_2 zu überführen. Die CO-Empfindlichkeit des Brennstoffzellenkatalysators erfordert nach Chrysler eine maximal zulässige Konzentration von 10 ppm (also maximal 10 CO-Moleküle auf eine Million Wasserstoff-Moleküle). Das Chrysler-Konzept hat bislang noch keine fahrtüchtigen Prototypen hervorgebracht. Dennoch wird vom Hersteller die Meinung vertreten, daß eine Produktionsreife in der Mitte des nächsten Jahrzehnts erreicht werden könnte. Ähnlich wie bei Daimler-

Benz bemüht man sich bei der Entwicklung, die Produktionskosten des Antriebssystems deutlich zu senken. Um in die Größenordnung des Herstellungspreises eines herkömmlichen Verbrennungsmotors zu kommen, muß die neue Technik noch um einen Faktor von mehr als zehn billiger werden. Die Schätzungen für die Daimler-Brennstoffzelle gehen dahin, daß etwa ein dreifacher Wert als für einen herkömmlichen Motor erreicht wird, das heißt bei einem 40-Kilowatt-Aggregat ein Preis für die Zelleneinheit von rund 3.000,– DM. Chrysler nennt für das heutige System Kosten von 30.000 Dollar und erwartet für die Massenproduktion von Brennstoffzellen einen Preis von etwa 200 Dollar pro Kilowatt, also rund 350,– DM pro Kilowatt (ohne Reformer).

Die Forschungen in den USA werden vorangebracht durch eine gemeinsame Initiative der US-Regierung und der drei großen Hersteller, die die Wettbewerbsfähigkeit der amerikanischen Autoindustrie auf dem Weltmarkt sichern soll. Kurzfristig will man ein Auto mit umgerechnet 2,9 Liter pro 100 Kilometer bis 2005 serienreif entwickelt haben; bei den Entwicklungen bildet die Brennstoffzelle allerdings nur eine Option. Hinsichtlich der langfristigen Perspektiven sieht man bei Chrysler die Brennstoffzelle ähnlich euphorisch wie bei Daimler-Benz. Nachdem durch die Fusion von Daimler-Benz und Chrysler die Forschungsressourcen dieser beiden Giganten in absehbarer Zeit sicherlich abgestimmt werden, könnte sich das Entwicklungstempo noch deutlich beschleunigen.

Noch einmal: Kohlendioxidemissionen

In jedem Fall entsteht bei der Herstellung von Wasserstoff bei einem Reformingprozeß, ob mit Methanol, mit Erdgas oder mit Benzin, wieder der Klimaschadstoff Kohlendioxid (CO_2).

Energetische Verluste bedeuten bei der Brennstoffzelle aufgrund der Herstellung des Kraftstoffes aus dem kohlenstoffhaltigen Erdgas auch immer zusätzliche Kohlendioxidemissionen. Die Verlustquellen: Wie oben erläutert, büßt die Brennstoffzelle durch die Verwendung von Luft als zweitem gasförmigem Partner der Stromerzeugung an Wirkungsgrad ein. Nach Lage der Dinge ist dies jedoch die einzig realistische Möglichkeit, an Sauerstoff zu kommen, denn die Produktion von Reinsauerstoff, das Tanken und das Lagern an Bord wären weitaus aufwendiger. Sodann hat der Kraftstoff Methanol nicht die Dichte und den Energieinhalt von Benzin oder Diesel, sondern erfordert einen doppelt so großen Tankvorrat. Vor allem aber sind es die Verluste in der Prozeßkette der Wasserstoffherstellung, egal ob an Bord oder außerhalb, die die Bilanz trüben. Als Beispiel seien die zahlreichen Pumpen und Verdichter genannt, Reformerheizung, Gebläse usw.

Daimler-Benz-Ingenieur Karl E. Noreikat läßt die Kritik an den Wirkungsgraden und der Menge der resultierenden CO_2-Emissionen nicht gelten: «Der gegenüber Benzin oder Dieselkraftstoff geringere Energieinhalt des Methanols wird durch den höheren Wirkungsgrad der Brennstoffzelle wettgemacht. Zwar entsteht bei der Aufspaltung von Methanol Kohlendioxid; betrachtet man aber die komplette Energiekette von der Herstellung bis zum Verbrauch im Fahrzeug, so fällt weniger Treibhausgas an als bei konventionellen Fahrzeugen. Bei regenerativer Erzeugung [des Methanols], zum Beispiel als Agrarprodukt, wäre der CO_2-Kreislauf geschlossen.»

Die Perspektive einer regenerativen Herstellung, etwa aus Solarenergie oder aus nachwachsenden Rohstoffen, vermag nach Ansicht der Kritiker jedoch die gegenwärtigen Einwände nicht auszuräumen. Man müsse, so heißt es, die aus ökonomischer Sicht wahrscheinlichste Alternative der Methanolherstellung bewerten, dies sei nun einmal der Weg über das Erdgas Methan. Für eine regenerative Erzeugung von Methanol in großem Umfang gibt es – leider – noch keine Voraussetzungen. Gleiches gilt für Wasserstoff oder Methan. Ohnehin würde sich in dem Fall, daß Wirkungsgradkette und Klimabilanz sich tatsächlich positiv darstellten, eher ein stationärer Einsatz der Brennstoffzelle anbieten, mit dem dann der aus Sicht des Klimaschutzes besonders schädliche Einsatz von Steinkohle und Braunkohle in Kraftwerken abgelöst werden könnte. Für den Fahrzeugantrieb gebe es laut Umweltbundesamt beispielsweise mit dem Greenpeace-SmILE, aber auch mit anderen Einspartechniken, serienreife Konzepte zur Halbierung des Kraftstoffverbrauches. Die Brennstoffzelle im Auto sei ein unnötig teurer Weg und damit auch ein Weg mit geringer ökologischer Kosteneffizienz.

Im Mai 1998 veranstaltete das Umweltbundesamt in Berlin ein Fachgespräch zu diesem Thema, bei dem die unterschiedlichen Auffassungen und die ökologischen Perspektiven für einen Einsatz der Brennstoffzelle als Kraftfahrzeugantrieb, aber auch als stationäres Aggregat für die Stromerzeugung diskutiert wurden.

In einem Positionspapier des Umweltbundesamtes heißt es, das Amt begrüße natürlich die lokale Emissionsfreiheit des Antriebes. Aus dem Auspuff komme ja nur reiner Wasserdampf als Endprodukt der kalten Verbrennung von Wasserstoff und Sauerstoff. Wird Methanol getankt, so würde aber Kohlendioxid entstehen, das zwar ungiftig sei, aber zu den Treibhausgasen gehöre.

In exakter Auslegung ist der NeCar 3 von Daimler-Benz kein Nullemissionsauto. Beim Reforming entstehen CO und HC, die es beispielsweise nach der kalifornischen Abgasgesetzgebung verbieten, von einem Nullemissionsfahrzeug (ZEV = Zero Emission Vehicle) zu sprechen. Nach der Terminologie der US-amerikanischen Umweltbehörden wäre ein methanolbetriebenes Brennstoffzellenfahrzeug ein «Super Ultra Low Emission Vehicle» (SULEV). Diese geringe Differenz mag für die kalifornischen Behörden wichtig sein, die angeführten Zweifel des Umweltbundesamtes am Sinn der Brennstoffzelle als Pkw-Antrieb machen sich jedoch nicht daran fest. Vielmehr argumentieren die Experten des Umweltbundesamtes damit, daß im Verlauf der Energiekette Erdgas–Methanol–Wasserstoff und schließlich der Zusammenführung von Wasserstoff mit Luft in der Brennstoffzelle derartig viele Umwandlungsschritte mit zum Teil prinzipbedingt ungünstigem Wirkungsgrad gehörten, daß die Energieausnutzung insgesamt – angesichts erheblicher Mehrkosten – nicht überzeugend sei. Wäre es nicht viel vernünftiger, bei der herkömmlichen Autotechnik zu bleiben bzw. diese schon kurzfristig weiterzuentwickeln, anstatt auf das Jahr 2010 zu warten und dann sukzessive auf eine Technologie umzusteigen, die dann doch keinen Sprung in der Energieausnutzung ermögliche? Als generelle Antriebsquelle wird die Brennstoffzelle auch in den USA nicht gesehen. Eine im Rahmen des PNGV-Projektes durchgeführte, auch in Deutschland vieldiskutierte Marktstudie erwartet, daß der Marktanteil der Brennstoffzelle als Autoantrieb im Jahr 2020 nur zwischen 2 und 10 Prozent liegen wird.

Zugunsten der Brennstoffzelle wird im Streit von Daimler-Benz und anderen Befürwortern dieser Entwicklung angeführt, auch in Deutschland viel diskutiert, daß es sich um eine neue Technologie handele, deren Möglichkeiten noch lange nicht ausgeschöpft seien. Dagegen würde sich der Verbrennungsmotor nach mehr als 100 Jahren Existenz eher am Ende seiner Entwicklungsmöglichkeiten befinden. Die Perspektive einer regenerativen Erzeugung von Wasserstoff sei dagegen voller Potentiale, die man realistisch und mit Nachdruck verfolgen sollte. Langfristig werde sich ein Energiesystem auf der Basis von solarerzeugtem oder aus dem Pflanzenkreislauf gewonnenen Wasserstoff durchsetzen, in dem dann die Brennstoffzelle mit dem Kraftstoff Wasserstoff versorgt werden würde, der mit weit geringeren Umweltbelastungen und spezifischen Klimagasemissionen erzeugt werden könne.

Die Diskussion um die Brennstoffzelle und um den Wasserstoff als Energieträger führt damit in ähnlicher Weise auf die Frage des zukünftigen Gesamtenergiesystems hin, wie die an anderer Stelle dieses Buches dargestellte Diskussion um das Elektroauto mit Batterie (s. S. 212). Auch bei dieser Technologie ist für eine Bewertung wichtig, wie der vom Auto «getankte» Strom hergestellt wird bzw. wie sich ein solcher Entwicklungspfad gegenüber anderen technologischen und verkehrspolitischen Optionen energetisch auswirken würde. Die Energiebilanz des technischen Produktes Auto und des Kraftstoffes ist jedoch nur ein Aspekt, wenngleich im Hinblick auf das Klima natürlich wichtiger. Die Diskussion um Technikalternativen könnte jedoch die Tatsache verdecken, daß unter dem Gesichtspunkt der globalen ökologischen Krise unser gesamtes Energie- und Verkehrssystem absolut unverträglich ist. Wenn 20 Prozent der Weltbevölkerung rund 80 Prozent der Energievorräte im Verkehr verprassen und damit global 80 Prozent der Klimaprobleme durch CO_2 verursachen, ist eine geringe Verbesserung des Antriebswirkungsgrades mit extrem hohen Kosten eigentlich unwichtig. Wichtig dagegen wäre es, ein nachhaltiges, ökologisch dauerhaft verträgliches Verkehrssystem zu etablieren, mit dem unsere Wirtschaft und unsere Gesellschaft auch ohne globalen Raubbau leben können. Die Brennstoffzelle hilft da wenig, auch nicht das Elektroauto. Vielmehr sind dies Scheinlösungen.

Es geht doch im Grunde um die Einsicht in die Notwendigkeit von Verhaltensänderungen, um ein Umsteuern. Der Übergang auf leistungsschwächere, langsamere, leichtere Fahrzeuge wäre solch ein Schritt. Statt dessen präsentiert aber die Industrie dem Publikum große Technikentwicklungen für die großen Karossen, mit denen dann mit einem Schlag alle Probleme gelöst werden sollen. Die meisten Politiker begrüßen dies, weil damit die Notwendigkeit zum Umsteuern weiter verdeckt wird.

Die Brennstoffzelle ist eine faszinierende Technik, doch sie löst keine Probleme. Sie wird wahrscheinlich in den nächsten zehn Jahren in einem Serien-Pkw auf den Markt kommen, dürfte jedoch aus Kostengründen auf die Luxusklasse beschränkt bleiben. Bis mindestens 2010, vielleicht sogar bis nach 2020 werden Otto- und Dieselmotoren voraussichtlich weiter die Standardantriebe bilden. Alternative Antriebskonzepte machen unserer Ansicht nach erst dann Sinn, wenn der Energiebedarf zum Antrieb drastisch reduziert worden ist, wenn also die Autos nicht mehr 1.000 oder 1.500 Kilogramm wiegen und 100 PS benötigen, sondern mit nur noch 500 Kilogramm und 30 PS daherkommen.

16 Neue Werkstoffe für den Leichtbau

Das in Deutschland in den sechziger Jahren am häufigsten verkaufte Auto war der VW Käfer. Anfang der sechziger Jahre wies er ein Leergewicht von etwa 700 Kilogramm auf, hatte einen 1,2-Liter-Motor mit 34 PS und erreichte eine Höchstgeschwindigkeit von etwa 120 km/h. Als Normverbrauch wurde 7,6 Liter pro 100 Kilometer angegeben. Der Golf als Nachfolger des Käfers ist 1998 in seiner vierten Generation auf den Markt gekommen. Die Hubraum- und leistungskleinste Version mit 1,4-Liter-Motor und 75 PS Leistung bringt leer 1.163 Kilogramm auf die Waage, der Normverbrauch wird mit 6,4 Litern angegeben. Die bei Autotestern wie den Käufern gleichermaßen beliebteste Variante Golf 1,9 TDI erreicht 90 PS, wiegt 1.260 Kilogramm und hat einen Normverbrauch von 5 Litern (die leistungsstärkere Dieselvariante mit 110 PS ist sogar mit 4,9 Litern auf 100 Kilometern angegeben). Die Höchstgeschwindigkeiten betragen 171 km/h (Golf 1,4 Liter) bzw. 180 oder 193 km/h (Golf 1,9 TDI).

In fast 40 Jahren Automobilentwicklung ist es also gelungen, den Kraftstoffverbrauch unter Normbedingungen um rund 30 Prozent zu senken – weniger als 10 Prozentpunkte Fortschritt in 10 Jahren. Diese geringe Verbesserung ist vor dem Hintergrund explodierender Umwälzungen in fast allen anderen Bereichen von Produktion und Konsum zu sehen: Ein PC verbraucht heute weniger als $^1/_{1000}$ der Energie damaliger Großcomputer und leistet doch erheblich mehr, mit dem Handy lassen sich Kommunikationsmöglichkeiten wie früher nur mit aufwendigen schweren Funkgeräten realisieren – in vielfach höherer Qualität –, CD-Player, Microwellenherd, Flugzeuge usw. haben ihre Leistungsfähigkeit um Größenordnungen verbessert und den Energieverbrauch um ein Vielfaches reduzieren können – nicht aber das Auto.

Unsere Kraftfahrzeuge sind technisch weitgehend identisch mit denen von vor 50 Jahren: Die letzte große Erfindung zur Gewichtseinsparung, die selbsttragende Stahlkarosserie, erfolgte vor 60 Jahren und ist nach wie vor Stand der Technik. In den kleineren Fahrzeugklassen hat sich der Frontantrieb durchgesetzt, der Dieselmotor treibt in Westeuropa – je nach nationaler Steuergesetzgebung – jedes zweite bis vierte Auto (weltweit sind die Dieselanteile allerdings erheblich geringer). Weil die Entwicklung des Automobils die fortlaufende Addition von Zusatzwünschen an bestehende Konzepte war, wurden die Autos immer schwerer. Es soll hier nun nicht der Eindruck erweckt werden, als ob die Kfz-Konstrukteure dieser Entwicklung ideen- und tatenlos zugeschaut hätten. Sie haben sehr wohl Fortschritte im Leichtbau erzielt, ohne welche die Fahrzeuge noch schwerer wären. Der als Beispiel herangezogene Golf IV ist erheblich komfortabler, leiser, sicherer und natürlich auch schneller, so daß die Käufer heute einen erheblich höheren Nutzen haben als die damaligen VW-Käfer-Fahrer (dies gilt allerdings nicht in Relation zu der Marktentwicklung insgesamt, hier dürfte vor allem der Status-Mehrwert geringer ausfallen).

Ein anderer kurzer Blick auf die Automobilgeschichte, bevor wir uns der Frage zuwenden, mit welchen Materialien und mit welchen Konstruktionsprinzipien der Sprung in eine energiesparende Autozukunft möglich wäre. Die Mercedes-Benz-C-Klasse entspricht mit der Außenlänge von 4,5 Metern dem vor knapp 50 Jahren für eine vergleichbare Zielgruppe auf den Markt gebrachten Modell Borgward Hansa 1500, es sind die gutverdienenden Menschen mittleren Alters, eventuell junge Familien. Das Auto soll dynamischer sein (und auch so aussehen) als die größeren, aber auch biedereren Mittelklassekonkurrenten. Das damalige Fahrzeug wog 1050 Kilogramm, das heutige Vergleichsfahrzeug bringt rund 1400 Kilogramm auf die Waage. Die Leistungsdaten und die Höchstgeschwindigkeiten variieren natürlich erheblich (mindestens 190 km/h heute, 120 km/h vor knapp 50 Jahren). Bei dem Kraftstoffverbrauch zeigt sich allerdings eine Überraschung: Nach den Normbedingungen beginnen die heutigen Benziner der Mercedes-Benz-Baureihe C mit 9,2 Liter auf 100 Kilometer, der verbrauchsgünstigste Diesel wird mit 7,4 Liter auf 100 Kilometer angegeben. Der sportlich kompakte Borgward mit damals beeindruckenden 48 PS verbrauchte unter Normbedingungen nur 9 Liter je 100 km. Sicherlich sind die damaligen und die heutigen Meßbedingungen nicht miteinander vergleichbar, unsere Gegenüberstellung zielte jedoch auch eher darauf ab, die im großen und ganzen unveränderten Energieverbräuche pro Fahrstrecke in Relation zu setzen zu den im großen und ganzen unveränderten Bauprinzipien der Fahrzeuge. Die Erhöhung der Fahrzeuggewichte ist durch etwas sparsamere Motoren ausgeglichen worden. Das war's – und die Erhöhung der Fahrzeugbestände um das Zehnfache und mehr hat eben auch den Gesamtenergieverbrauch um das Zehnfache und mehr ansteigen lassen.

Aufsteigende Gewichtsspirale

Die über die Jahrzehnte gestiegenen Ansprüche an Komfort, Sicherheit, Fahrleistung und auch Zuverlässigkeit haben sich niedergeschlagen in höherem Gewicht der Innenausstattung, der Karosserie, des Fahrwerks und des Motors. Dabei ergab sich eine problematische Spirale der Gewichtszunahme: Mehr Masse bei der Innenausstattung beispielsweise hätte das Leistungsgewicht (das heißt Motorleistung je Kilogramm) verschlechtert und dabei die Beschleunigungszeiten und Höchstgeschwindigkeiten beeinträchtigt; der Ausweg: mehr Motorhubraum und mehr Motorleistung. Die gesteigerte Motorleistung erfordert eine höhere Belastungsfähigkeit aller Bestandteile des Antriebsstranges, auch muß das Fahrwerk insgesamt wegen der höher auftretenden Kräfte stärker dimensioniert werden. Die Folge: Das Auto wird schwerer. Die höheren Fahrgeschwindigkeiten und höheren Fahrzeugmassen müssen aber schnell abgebremst werden können. Weil schneller gefahren wird und weil die Autos schwerer geworden sind, braucht man größere Bremsen und darüber hinaus einen Bremskraftverstärker. Die höheren Motorgewichte erfordern natürlich auch eine Servolenkung. Die zahlreichen neuentstandenen Komfortwünsche und -angebote können hier nicht alle aufgezählt werden, es soll lediglich die Ursache der Entwicklung verdeutlicht werden.

Während der vergangenen Jahrzehnte sind dagegen die Grundprinzipien des Autos, die verwendeten Materialien und die Realisierung von immer mehr Anforderungen durch immer mehr Gewicht nie ernsthaft in Frage gestellt worden. Eine gewisse Ausnahme macht nur die Smart-Innovation, hier liegt ein ganzheitlich neuer Entwurf vor, der allerdings auf dem Weg von der Idee des Swatch-Erfinders Hajek bis hin zum Markt 1998 viel von seinem ursprünglichen Charme verloren hat. Auch für dieses Fahrzeug zählen nicht mehr nur Einfachheit, Leichtigkeit, Sparsamkeit und Kostengünstigkeit. Für einen Zweisitzer und für die Anforderungen im Stadtverkehr ist die Fahrzeugmasse und Motorleistung wiederum viel zu hoch geraten, eine Folge des nach wie vor herrschenden konventionellen automobilen Leitbildes. Eine wirklich grundlegende Innovation wäre Lovins' Hypercar, aber hier zaudert die Industrie.

Abwärtsspirale durch Leichtbau

Eine Umkehrung der Gewichtsspirale durch den Einsatz von Leichtbauteilen wird zwar seit einigen Jahren von Fachleuten verschiedener deutscher Autounternehmen propagiert, hat sich jedoch in der Praxis noch nicht recht durchgesetzt. Diese Umkehrung beginnt bei der Verwendung von Aluminium- oder Kunststoffteilen für die Karosserie sowie von Leichtmetallen im Fahrwerkbereich, führt weiter zu dem Einsatz kleinerer Motoren und leichterer Getriebe, kleinerer Tankvolumina und schließlich der kleineren und leichteren Dimensionierung aller anderen Bauteile.

Die Idee hinter dieser Abwärtsspirale ist, daß durch eine vom Beginn einer Konstruktion an geplante Gewichtserleichterung – bei der Fahrzeugkarosserie, Motor und Fahrwerk kleiner und leichter ausfallen können – bei konstant gehaltenen Anforderungen in bezug auf die Fahrleistungen weniger PS und weniger Kilogramm benötigt werden. Dies ist bisher allerdings nur eine theoretische Option geblieben, denn von den Autoherstellern wird das Geschwindigkeits- und Beschleunigungsrennen nach wie vor mit Hingabe betrieben. Eine Reduzierung der Fahrzeugmasse durch Leichtbauwerkstoffe für Kotflügel oder Hauben oder aber die Verwendung von Aluminium für Motorblöcke führt bisher keineswegs dazu, daß Motorhubräume und Motorleistungen reduziert werden. Im Gegenteil: Nach wie vor geht das PS-Rennen weiter, die Einstiegsmotorisierung bei dem VW Golf IV beträgt nunmehr 75 PS statt früher 60 PS, auch am oberen Ende der Motorangebote klettert man munter weiter.

Ohne ein grundsätzliches Umdenken im Fahrzeugbau, so argumentiert Amory Lovins (siehe Kapitel 14), kommt man nicht aus der Sackgasse der heutigen Automobiltechnik heraus. Er empfiehlt, das Auto radikal neu zu denken und dabei nicht von den heutigen Bauprinzipien auszugehen. In Frage zu stellen ist die Stahlkarosserie, ist der Antriebsmotor, die Kraftübertragung. Möglicherweise sind die Ingenieure in den Automobilfabriken überhaupt unfähig, einen ähnlichen Durchbruch zu erzielen wie die Computerbastler damals in den Garagen von SiliconValley, die der allmächtigen Großcomputerindustrie das Fürchten lehrten und beinahe die Pleite von IBM herbeigeführt hätten. Die Automobilindustrie beschreitet lieber den evolutionären anstatt den revolutionären Weg. Dies ist aus ihrer Sicht verständlich, hat sie doch in das Know-how ihrer Mitarbeiter und in Produktionsanlagen investiert, die kein schnelles Umsteuern erlauben. Um dennoch für die zukünftigen Anforderungen den Kraftstoffverbrauch weiter reduzieren zu können, als dies in der Vergangenheit gelungen ist, sind neue Werkstoffe verstärkt einzusetzen. Dies geschieht allerdings vorwiegend in einzelnen Bauteilen, nicht in einem großen Gesamtentwurf, wie ihn Lovins fordert. Das Vorgehen hat zur Konsequenz, daß die neuen Werkstoffe in das Korsett traditioneller Vorstellungen über Bauteile und Bauteildimensionierung hineingezwängt werden, das die Potentiale der neuen Techniken beschränkt.

Man beginnt eben nicht mit einer möglichst leichten Hülle für die Fahrgäste und fügt dann leichte, gewichts- und leistungsreduzierte Antriebe hinzu, sondern tauscht lediglich einzelne konventionelle Stahlbauteile durch Aluminium oder Kunststoff aus. Natürlich stößt man schnell an die Grenzen: Am Motor lassen sich maximal 10 Prozent Gewicht einsparen, durch ein Magnesium-gehäuse und beispielsweise Keramik-Kolben und -ventile, am Antriebsstrang sind es bis 30 Prozent durch Leichtmetall und Kon-struktionsinnovationen, das Fahrwerk sollte um bis zu 30 Prozent durch sogenanntes partikelverstärktes Aluminium erleichtert wer-den können, bei der Innenraumverkleidung rechnet man mit nur 10 Prozent Potential zur Gewichtsreduzierung.

All diese Zahlen über eine mögliche Gewichtsreduzierung basie-ren jedoch darauf, daß die Leistungsfähigkeit der jeweiligen Kom-ponenten gleichbleibt, daß also der Motor die angestrebte Gewichts-reduzierung bei gleicher Leistung und gleichem Drehmoment erbringt. Ähnliche Überlegungen gelten für die Absenkungsziffern bei Antriebsstrang und Fahrwerk. Anders dagegen sähe es aus, wenn das Auto von Grund auf neu, leichter konzipiert wird: Mit kohle-faserverstärktem Kunststoff läßt sich die Karosseriestruktur insge-samt um mindesten 60 Prozent leichter bauen, in Aluminium sollte dies immer noch zu mehr als 40 Prozent Gewichtsreduzierung führen können. Wenn dies von den Motor- und Fahrwerkkonstruk-teuren als Initialschub zur Reduzierung aufgegriffen würde, hätte man nicht mehr nur zehn Prozent Optimierung bei unverändertem Drehmoment sprechen, sondern eine Halbierung des Motorhub-raums und der erforderlichen Leistungs- und Drehmomentzahlen erreicht.

Bei einer Halbierung der Fahrzeugmasse genügt ein Motor, der nur halb so leistungsfähig ist, um die gleichen Beschleunigungswerte zu erreichen. Die Höchstgeschwindigkeit würde allerdings bei einer Halbierung der Antriebsleistung und der Fahrzeugmasse beein-trächtigt, denn hier wirkt sich der Luftwiderstand maßgeblich aus, für den keine Halbierung erreichbar erscheint. Die Höchstge-schwindigkeit ist allerdings auch weniger wichtig für den Verkehrs-alltag als die Beschleunigung. Wenn man weiß, daß selbst der hubraumschwächere VW Golf heute immer noch besser beschleu-nigt als ein Porsche von vor 40 Jahren, erkennt man ein erhebliches Potential zur weiteren Gewichtsreduzierung des Motors.

Konstruktionskonzepte für Leichtbau

Welche Konstruktionskonzepte kommen nun in Frage, um einen
Durchbruch mindestens halb so schwerer Fahrzeuge zu erzielen?
Welche Materialien stehen dazu bereit? In welchen Fahrzeugele-
menten kann am leichtesten Gewicht gespart werden?

Das seit 1993 in den USA durchgeführte Forschungs- und Ent-
wicklungsprogramm «Partnership for a New Generation of Vehicles»
(PNGV) hat das Ziel, ein Drei-Liter-Auto zu entwickeln. Dazu wird
u. a. eine 40prozentige Reduktion des Leergewichts als notwendig
angesehen. Diese wird im wesentlichen aus den Bereichen Rumpf
und Chassis erfolgen. Wegen des sparsamen Umgangs mit den Kraftstoffen wird der Benzintank nur ein Drittel des heutigen Volumens
zu fassen brauchen, dies ermöglicht eine Gewichtsabnahme von 54
Prozent. Nur etwa 10 Prozent der gesamten Gewichtsreduzierung
stammen aus dem Systemelement Antriebsstrang (s. Tabelle 5). Welche Karosseriebauweise wird nun ermöglichen, 40 Prozent Gewicht
zu sparen?

Tabelle 5: Mögliche Gewichtsreduzierungen für das Drei-Liter-Auto
(PNGV 1995)

System	Heutiges Fahrzeug (kg)	PNGV-Fahr- zeug-Zielwert (kg)	Gewichts- reduktion (kg)	Gewichts- reduktion (%)
Rumpf	514	257	258	50
Chassis	499	249	250	50
Antriebsstrang	394	354	39	10
Kraftstoff/sonstiges	62	29	34	54
Leergewicht	1470	889	581	40

Die Ablösung der Standardbauweise «selbsttragende Stahlkarosserie» durch die sogenannte «Space-Frame»-Methode ist erstmals beim Audi A 8 mit Aluminium in einem Großserienfahrzeug
demonstriert worden. Die Abkehr von der selbsttragenden Bauweise
wurde durch das Dilemma erforderlich, daß in dieser konventionellen Bauweise mit Aluminium keine ausreichende Steifigkeit der

Karosserie erreicht werden kann. Die alternativen Werkstoffe haben nämlich nicht nur den Vorteil der geringeren Masse, sondern auch verschiedene Nachteile hinsichtlich Zug- und Druckfestigkeit, Knicksteifigkeit, Beulfestigkeit usw. Der Vorteile des geringeren Gewichts lassen sich relativ einfach mit dem Vergleich der spezifischen Gewichte aufzeigen: Gegenüber Stahl ist Aluminium um zwei Drittel leichter, es wiegt nur 2,7 Gramm je cm³. Magnesium kommt mit etwa 1,7 Gramm je cm³ auf weniger als ein Viertel des entsprechenden Stahlgewichtes. Je nach der Art des Grundstoffes erreicht man bei glas- oder kohlefaserverstärkten Kunststoffen spezifische Gewichte zwischen ein und zwei Gramm je cm³. Nachteilig sind jedoch viele im Vergleich zu Stahl veränderte Werkstoffkennwerte. Sehr wichtig sind einerseits die Zugfestigkeit und andererseits die Zähigkeit. Während Stahl in beiden Disziplinen gute Noten erreichen kann, sieht es bei Aluminium ungünstiger aus. Dabei ist es natürlich nicht damit getan, die Karosseriebleche und andere Bauteile einfach dicker zu machen, sondern man versucht, den Stärken und Schwächen des jeweiligen Materials entsprechend die Form des Bauteils, die Kraftabstützung durch Verstärkungen und auch die Verbindungen zwischen verschiedenen Bauteilen so zu optimieren, daß man mit einem Minimum an Masse ein Maximum an Festigkeit herausbekommt.

Dabei setzen auch die Materialkosten enge Grenzen: Für die Karosserie-Außenhaut geeignete Aluminiumbleche sind pro Kilogramm drei- bis viermal so teuer als Stahlbleche, eine Kostenerhöhung wäre also selbst dann unvermeidlich, wenn die Gewichtsvorteile des Materials gegenüber Stahl voll ausgeschöpft würden und wenn keine zusätzlichen Verstärkungen vorzunehmen wären. Dies kann in der Praxis allerdings nicht erreicht werden; das Audi A8-Beispiel zeigt, daß man mit dem neuen Werkstoff zu völlig neuen konstruktiven Lösungen kommen mußte.

Mit der Audi-Space-Frame-Aluminiumkarosserie konnte nach Angaben des Werkes die Masse gegenüber einer selbsttragenden Stahlkarosserie um 40 Prozent gesenkt werden, es wird sogar noch eine etwas bessere Steifigkeit als bei der traditionellen Stahlbauform erreicht! Mit dieser Bauweise sind dann allerdings auch weniger als die aus dem reinen Vergleich der Dichten oben genannten zwei

Drittel Reduzierung realisierbar. Hätte man einfach in eine selbsttragende Stahlkarosserie das Material Aluminium in dieser Konstruktion eingesetzt, dann wäre die Karosserie nicht steif genug gewesen, sie hätte sich ständig verwunden. Dies beeinträchtigt nicht nur die Paßgenauigkeit von Türen und anderen beweglichen Teilen, sondern auch die Fahrsicherheit. Bei den beweglichen Teilen, die nicht so steif sein müssen, konnte eine Gewichtsreduzierung von 52 Prozent erreicht werden, bei den tragenden Strukturen nur 32 Prozent. Insgesamt ist eine Gesamtreduktion von 40 Prozent durchaus beeindruckend.

Im Unterschied zu der Space-Frame-Bauweise, in der ein tragendes Gerüst aus Stangpreßprofilen und den daran befestigten, nicht beweglichen Karosseriebauteilen zusammen für die Festigkeit des Gesamtfahrzeuges sorgen – einschließlich Verbundglasscheiben, die ebenfalls um 40 Prozent leichter gegenüber dem heutigen Standard herzustellen sind –, konzentriert die sogenannte Kernverbundbauweise die tragende Funktion auf einen Rahmen. Dieser könnte dann beispielsweise aus Stahl sein, an dem in unterschiedlichen Werkstoffen ausgeführte Bauteile wie Dach, Kotflügel und die beweglichen Teile befestigt sind. In zahlreichen Prototypen wurden mit dieser Bauweise Fahrzeugleergewichte um 500 Kilogramm für die Kompaktklasse realisiert, dem tragenden Stahlrahmen sind Stoffe wie Kohlefaser, Aramidfaser und Aluminium für die Karosserieteile an die Seite gestellt worden. Den radikalsten Neuansatz bildet die sogenannte Monocoque-Bauweise, die aus dem Rennwagenbau bekannt ist. Der Werkstoff der Wahl ist beispielsweise kohlefaserverstärkter Kunststoff, die Gesamtkarosse würde dann nur aus zwei bis sechs großen Teilen bestehen. Fahrwerksaufhängungen können als Metallteile in die Faserverbundstruktur integriert werden.

Doch auch für Fahrwerksteile gibt es Lösungen in Kunststoff. Bereits bei dem VW-Forschungsfahrzeug «Auto 2000», das Ende der siebziger Jahre wie zwei andere Konkurrenten vom Bundesforschungsministerium in der Entwicklung gefördert worden war, hatte man eine Kunststoffhinterachse realisiert. Ähnlich umfassend griff das 1981 von mehreren deutschen Technischen Hochschulen, unter anderem der Technischen Hochschule Darmstadt, vorgestellte sogenannte Unicar in erheblichem Umfang auf leichte Alternativwerkstoffe zurück. Einiges ist bereits in der Serie angekommen: Porsche baut komplette Vorder- und Hinterachsen aus Aluminium in einem speziellen Vakuumgußverfahren, Bremsschreiben aus Kohlefaser werden zumindest im Rennsport eingesetzt, Antriebswellen mit glasfaserverstärktem Kunststoff ermöglichen für diese Bauteile eine 40prozentige Gewichtsreduktion.

Die höheren Anforderungen an den Leichtbau und die ersten Erfolge durch Aluminium und Kunststoffbauteile haben selbstverständlich zu verstärkten Anstrengungen der Stahlindustrie geführt, diesen Markt nicht preiszugeben. Es geht beispielsweise um die anforderungsgerechte Variation der Blechdicke. Der Begriff «taylored blanks» verdeutlicht, daß maßgeschneiderte Verstärkungen durch Verdickungen an bestimmten Teilen eines ansonsten sehr dünnen Bleches dazu dienen, an Stellen mit weniger Belastung Gewicht zu sparen. Vorgestellt wurde sogar ein Verfahren namens «Bake-Hardening», bei dem dünn dimensionierte Bleche die erforderliche Materialfestigkeit erst durch eine Einbrennlackierung erreichen.

Der Wettbewerb der Werkstoffe und Konstruktionsmethoden, der hier am Beispiel der Karosseriestruktur beschrieben worden ist, setzt sich auf nahezu allen technischen Feldern fort. Es wird über Instrumententräger aus Magnesiumdruckguß berichtet, mit denen bei diesem Bauteil 45 Prozent Gewicht gespart werden kann, indem man die Reserveradmulde aus dem Kunststoff Duroplast anfertigt – 30 Prozent Reduktion – und Motoren- und Getriebegehäuse aus Aluminium-Druckguß und Magnesium baut. Letztlich kommt so Kilogramm um Kilogramm zusammen, was sich insgesamt zu 40 bis 50 Prozent Minderung der Gesamtmasse addieren kann.

Trotz aller Fortschritte im Detail und – vgl. Audi A8, S. 162 – auch im Gesamtentwurf steckt die Automobilindustrie aber immer noch in der Sackgasse ihrer eigenen Leistungsanforderungen. An Fahrzeugen mit über 100 PS und über 200 km/h durch Leichtbauwerkstoffe für Kotflügel, Motorhaube oder Spoiler einige wenige Kilogramm einzusparen und gleichzeitig das Fahrzeug auf die hohen Geschwindigkeiten hin auszulegen (mit der entsprechenden Dimensionierung für Antrieb, Fahrwerk und Breitreifen) ist schon eine absurde Strategie.

Diesel als Sparlösung?

Eine Absurdität ganz ähnlicher Art verbindet sich mit der Positionierung des Dieselmotors als Sparantrieb. Auch dies ist zwar aus kurzfristiger Sichtweise der Automobilindustrie nachvollziehbar, aber auf weite Sicht nicht sinnvoll. Als die Pkw nun durch die immer mehr eingebrachten Zusatzanforderungen der letzten Jahrzehnte schwerer und schwerer wurden, ermöglichte der Dieselmotor eine willkommene Entlastung an der Argumentationsfront zum Kraftstoffverbrauch. Die Fortschritte im durchschnittlichen Flottenverbrauch sind dann auch vorwiegend auf den Umstand zurückzuführen, daß mit dem Golf Diesel von Mitte der siebziger Jahre an sowie mit den dann bald nachfolgenden Konkurrenzmodellen teilweise bis zu 30 Prozent aller Neuwagen mit Dieselmotor ausgeliefert wurden und dadurch den in Litern ausgedrückten Verbrauchsmittelwert nach unten drückten.

Der Nachteil des Diesel mit seinem härteren Motorlauf und dem insgesamt lärmenderen Betrieb setzte jedoch wieder eine, diesmal andere gewichtserhöhende Spirale in Gang. Die Motoraufhängung mußte verbessert und mit Dämpfern ausgerüstet werden, etliche Kilogramm Dämmaterialien sind im Motorraum und unter der Haube verteilt. Mit den Diesel-Direkteinspritzern hat sich diese Entwicklung sogar noch verstärkt. Das Antriebsaggregat mit seinem guten Wirkungsgrad schleppt Zusatzmaterialien mit sich herum, die letzten Endes zu einem verstärkten Massenaufwand bei allen anderen Bauteilen führen muß.

Einen ähnlichen Wirkungsgradvorteil wie ein Dieselmotor kann man durch Hubraumoptimierung bei Benzinern erreichen, bei erheblich günstigeren Geräuschverhalten, sehr viel geringeren Gewichten und übrigens auch erheblich besseren Schadstoffemissionen. Das im folgenden Kapitel beschriebene SmILE-Fahrzeug, gefördert von Greenpeace, demonstriert diesen Lösungsansatz sehr eindrucksvoll.

17   Zurück aus der Zukunft:
SmILE

Das einzig echte Drei-Liter-Auto, so behauptet die Umweltorganisation Greenpeace, wurde in Burgdorf in der Schweiz, nicht weit von der Hauptstadt Bern entfernt, entwickelt. Dort residiert und arbeitet die Firma Swissauto Wenko AG, ein Ingenieurunternehmen mit dem über die Grenzen hinaus bekannten Ruf, kraftvolle Motoren für industrielle Auftraggeber und Rennställe zu realisieren.

An dieses Unternehmen wandte sich Greenpeace, als es darum ging, das wirtschaftlich und technisch Machbare zur Verbrauchssenkung an einem seriennahen Fahrzeug der unteren Mittelklasse zu entwickeln und damit der Autoindustrie «einen Schubs nach vorn zu geben», wie die Umweltschützer wohl eher ironisch ausdrückten. Die Entwicklungsingenieure der Branche dürften dies allerdings eher als einen Tritt gegen das Schienbein empfinden, denn dem Team Greenpeace-Swissauto ist das gelungen, was nach herrschender Meinung der deutschen Autoindustrie gar nicht geht: die Halbierung des Kraftstoffverbrauches eines Serien-Pkw, und das ohne exotische, unbezahlbare Materialien und mit dem Anspruch, dies innerhalb von wenigen Jahren in die Realität des Massenmarktes überführen zu können. Kein Entwicklungschef eines Automobilkonzerns wird indes zugeben können, daß einem kleinen Außenseiter mit einem lächerlich kleinen Budget – weniger, als bei VW oder Opel wohl beispielsweise für die Gestaltung der Sitzbezüge aufgewandt werden dürfte – das gelungen ist, was Tausende Entwicklungsingenieure der Großunternehmen nicht erreicht haben.

Die Grundphilosophie der Schweizer steht wohl zu sehr in Kontrast zu den gängigen Lehrmeinungen, als daß eine Entwicklungsabteilung eines Autoherstellers sie umzusetzen gewagt hätte: Da wird ein Ottomotor verwendet und kein Dieselmotor, der doch nach Ansicht der Entwicklungschefs von VW und Opel allein der gekürte Kandidat für die angestrebten drei Liter sein kann. Da wird der Hubraum extrem reduziert, auf 0,36 Liter, obgleich doch von den «Großen» eher zwei als ein Liter angestrebt werden. Und da wird ein Aufladeaggregat verwendet, das die Opel-Ingenieure vor mehr als 10 Jahren als zu kompliziert verworfen hatten und das ansonsten nur noch von einer finnischen Traktorenfabrik verwendet wird. Aber: Es klappt, der SmILE läuft, und er hat die Erwartungen erfüllt.

Bereits 1993 hatte sich die deutsche Sektion von Greenpeace intensiv mit kraftstoffsparender Autotechnik beschäftigt. Der Verkehrsexperte der Umweltorganisation, Oliver Worm, hatte Literaturhinweise zu einem bereits Mitte der achtziger Jahre von Renault vorgestellten Forschungsfahrzeug gefunden, dem Renault Vesta, bei dem mit finanzieller Förderung der französischen Regierung ein extrem niedriger Verbrauch erzielt worden war. Es hatte im Juni 1987 sogar eine Rekordfahrt gegeben von Bordeaux nach Paris, bei der ein Kraftstoffverbrauch von nur 1,94 Litern Benzin je 100 Kilometer erreicht worden war. Oliver Worm von Greenpeace recherchierte den Verbleib dieses Fahrzeuges, um die damaligen technischen Lösungen kennenzulernen, und auch, um die Ursachen zu erfahren, warum diese Entwicklung so schnell von der Bildfläche verschwunden war. Greenpeace war der Meinung, daß dieses Fahrzeug hervorragend geeignet sei, um die 1993 beginnende Klimaschutzkampagne zu beleben.

Weil Renault der Umweltorganisation gegenüber wenig kooperativ war und jegliche Unterstützung für eine öffentliche Präsentation des Sparautos verweigerte, inszenierte Greenpeace unter einem Decknamen eine Ausstellung von energiesparenden Produkten und konnte schließlich im September 1993 im Rahmen einer Pressekonferenz bei der Internationalen Automobilausstellung in Frankfurt ein aus einem Renault-Museum entliehenes Exemplar vorstellen. Damit wurde die Forderung der Umweltorganisation illustriert, im Verkehrsbereich rasch und effektiv den Kraftstoffverbrauch zu verringern. Die Forderung: eine Halbierung des Verbrauches.

Auch die anderen europäischen Automobilhersteller verweigerten sich der Aufforderung des Umweltverbandes, die technischen Möglichkeiten für eine Verbrauchshalbierung baldmöglichst zu demonstrieren und auf den Markt zu bringen. Daher wurde 1994 ein eigenes Förderprojekt beschlossen, mit dem die Realisierung einer technisch kurzfristig machbaren Verbrauchssenkung an einem seriennahen Fahrzeug demonstriert werden sollte. Binnen zwei Jahren, so plante Greenpeace damals, sollte an einem Kompaktwagen demonstriert werden, was heute technisch möglich sei.

Das Greenpeace-Projekt SmILE: Small, Intelligent, Light, Efficient

Das Ziel wurde im August 1996 erreicht. Auf der Basis eines Renault Twingo realisierte Swissauto den Twingo-SmILE (Small, Intelligent, Light, Effficient) mit einem Kraftstoffverbrauch von 3,26 Litern Benzin auf 100 Kilometer im NEFZ. Gegenüber dem serienmäßigen Ausgangsfahrzeug, das 6,7 Liter pro 100 Kilometer verbrauchte, entspricht dies einer Reduzierung von 51 Prozent.

Der Twingo-SmILE erreicht nicht nur diese Verbrauchshalbierung, sondern erfüllt auch hinsichtlich der Emissionen die ab 1997 für alle Neufahrzeuge geltende EURO 2-Norm nach Richtlinie 94/12/EU. Die ab dem Jahr 2000 verschärfte Schadstoffnorm EURO 3 soll mit wenigen Modifikationen, u. a. einem verbesserten Katalysator, problemlos erreicht werden können.

Das Kernstück des SmILE ist sicherlich das extrem hubraumreduzierte Antriebsaggregat mit Hochaufladung. Dennoch wäre ohne die weiteren Maßnahmen am Fahrzeug zur Reduzierung des Gewichts und zur Verbesserung des Luftwiderstandes die Verbrauchsreduktion nicht erreichbar gewesen.

Leichter, windschlüpfriger, weniger Rollwiderstand

Der serienmäßige Renault-Twingo wiegt vollgetankt und ohne Fahrer 845 Kilogramm. Dieses Gewicht konnte im SmILE-Konzept um 195 Kilogramm oder 23 Prozent auf 650 Kilogramm reduziert werden. Die Beiträge zur Gewichtsreduzierung im einzelnen: Der kleinere Motor, inklusive der erleichterten zusätzlichen Bauteile wie kleinere Batterie, kleinerer Kühler, leichtere Auspuffanlage, ermöglicht 85 Kilogramm Gewichtsreduzierung. Am Fahrzeuginnenausbau und an dem Fahrwerk konnten rund 80 Kilogramm eingespart werden. Dies gelang unter anderem durch andere Sitze (aus Aluminium/Kunststoff), veränderte Radaufhängungen (die auf die geringere Fahrzeugmasse abgestimmt sind), Trommelbremsen, Bremssättel und Felgen aus Leichtmetall. Durch den halbierten Verbrauch kann auch der Tank um 50 Prozent kleiner werden, dies sparte weitere 20 Kilogramm Gewicht. Nach dem Konzept von Greenpeace war notwendige Bedingung, daß eine wirtschaftliche Serienfertigung des Modells schnell möglich sein sollte. Es wurden daher keine exotischen Leichtmaterialien zur Gewichtseinsparung verwendet, wie zum Beispiel teure, hochfeste Legierungen oder kohlefaserverstärkte Verbundwerkstoffe. Mit derartigen weiteren Optimierungen und längerfristigen Entwicklungen sind noch erhebliche Gewichtsreduzierungen möglich.

Bei dem Fahrzeug konnte der Luftwiderstand deutlich verbessert werden. Für den originalen Renault Twingo wurde in eigenen Windkanalmessungen in der Schweiz ein Luftwiderstandsbeiwert von 0,37 gemessen – nicht besonders gut, aber für ein kleines Fahrzeug auch nicht unüblich schlecht. Durch aerodynamische Feinarbeit konnte eine Absenkung auf 0,25 erreicht werden, das bedeutet eine Reduzierung der aufzubringenden Antriebsleistung um 30 Prozent. Entsprechend drückt sich dies dann auch in dem Energieverbrauch aus, denn die Stirnfläche bleibt mit 1,95 m² unverändert. Für die Verbesserung des Rollwiderstandes nutzte man ebenfalls die besten auf dem Markt befindlichen Produkte. Leichtbaufelgen der Schweizer Firma Esoro AG kamen zum Einsatz, ebenfalls Spezialreifen von Michelin mit dem Modellnamen «Proxima». Insgesamt konnte das Radgewicht um 30 Prozent gesenkt werden, der Rollwiderstandsbeiwert ist um 35 Prozent günstiger als bei der Serienvariante.

Nach Überzeugung der Entwicklungsingenieure von Swissauto und Greenpeace wäre eine weitergehende Gewichtsreduzierung des Twingo mit Faserverbundwerkstoffen im Umfang von insgesamt ca. 80 Kilogramm möglich. Rahmenbedingung dabei ist stets, daß der Sicherheitsstandard des Fahrzeuges nicht reduziert wird und daß die Ausstattung und die Fahreigenschaften nicht beeinträchtigt werden. Der Innenraumkomfort soll demjenigen des Original-Twingo entsprechen, die zulässige Zuladung von 400 Kilogramm ist sogar um 43 Kilogramm größer als beim Serienfahrzeug.

Die von der Schweizer Firma Swissauto Wenko AG durchgeführte Entwicklung des Antriebskonzeptes wurde nicht nur von der Umweltorganisation Greenpeace, sondern auch vom Schweizer Bundesamt für Energiewirtschaft (BEW) gefördert und von der ETH Zürich unterstützt. Entwicklungsingenieur Roger Martin von Swissauto beschreibt die technischen Besonderheiten so: Er sieht in dem Konzept eine übertragbare Lösung zur Reduktion der CO_2-Emissionen für alle Fahrzeugklassen. Grundsätzlich müssen alle Komponenten eines Fahrzeuges gleichermaßen optimiert werden, um das Ziel einer 50prozentigen Kraftstoffeinsparung zu erreichen. Eine einseitige Optimierung des Antriebs kann aufgrund der physikalischen Gesetzmäßigkeiten bei gleicher Fahrzeugmasse und unverändert hohem Rollwiderstand nicht zum Ziel führen, ebenfalls reicht es auch nicht aus, Fahrzeuggewicht, Luft- und Rollwiderstand abzusenken, wenn kein entsprechend energieeffizientes Antriebsaggregat zur Verfügung steht.

Hier soll vor allem der Motor mit seinem besonderen Aufladeverfahren und der Abgasreinigung vorgestellt werden. Vor Beginn der Arbeiten formulierten die Schweizer Ingenieure die wesentlichen Anforderungen an das Antriebsaggregat:

- Das Antriebskonzept sollte bei identischen Fahrleistungen eines Fahrzeuges eine Verbrauchsreduktion um 50 Prozent ermöglichen.

- Die Schadstoffemissionen sollen mit den heutigen technischen Möglichkeiten die EURO 3-Grenzwerte für Ottomotoren unterbieten.

- Das Konzept soll relativ kurzfristig und mit möglichst geringem Aufwand und ohne nennenswerte Mehrkosten in einer Serie umsetzbar sein.

- Das Antriebskonzept soll mit dem eingesetzten Versuchsträger (Fahrzeug SmILE auf der Basis Renault Twingo) die mit den heutigen Mitteln erreichbare Verbrauchseinsparung demonstrieren.

- Das Antriebskonzept sollte auf andere Fahrzeugklassen bis zur oberen Mittelklasse beziehungsweise bis zu einer Motorleistung von rund 150 kW anwendbar sein.

- Die Chance auf eine weltweite Marktakzeptanz muß gegeben sein.

- Der Kunde soll seine gewohnte Fahrweise nicht umstellen müssen, um die Verbrauchsreduzierung zu erreichen.

Das Konzept beinhaltet eine Optimierung des gesamten Fahrzeuges. Aufgrund der Zielsetzung mußten sowohl der Fahrzeugkörper als auch der Antrieb samt Abgassystem so weit optimiert werden, daß das gesamte System den gestellten Anforderungen entspricht. Da nun eine Optimierung allein des Antriebs aufgrund der physikalischen Gesetzmäßigkeiten keine 50prozentige Kraftstoffeinsparung bei gleicher Fahrzeugmasse und gleichen oder besseren Emissionswerten bringen kann, müssen alle Einzelkomponenten koordiniert und zu einem Ganzen zusammengefaßt werden. Grundsätzlich kann dabei von drei Einzelkomponenten ausgegangen werden: Antrieb, Fahrzeug und Abgassystem. In diesem Beitrag soll hauptsächlich auf die Optimierung des Antriebskonzeptes und des Abgassystems eingegangen werden.

Das Antriebskonzept: die Grundidee

Zuerst wurde für das Antriebskonzept geklärt, welche Antriebsvariante am besten geeignet ist, um die Zielsetzungen zu erfüllen. Verglichen wurden die Antriebsalternativen Direkteinspritz-Diesel, Direkteinspritz-Benziner, Hybridantrieb und Elektroantrieb mit Batterie mit dem Konzept eines stark hubraumreduzierten Motors mit hoher Aufladung und konventioneller Saugrohr-Einspritzung. Das Swissauto-Konzept erhielt die Bezeichnung SAVE (Spare!).

Die SAVE-Motorenkonzeption erwies sich als für die gesetzten Projektziele am besten geeignet. Ein wichtiger Aspekt ist die Marktakzeptanz. Vor allem aus Sicht der *kurzfristigen Umsetzbarkeit* kommt ein Dieselmotor für das Projekt nicht in Frage. Bedenkt man, daß 95 Prozent der weltweit verkauften Automobile mit Ottomotoren ausgerüstet sind (Brasilien und Taiwan kennen z. B. ein totales Verbot für Pkw mit Dieselmotoren) und daß der Dieselmotor in vielen Ländern nur aufgrund von hohen Subventionen überhaupt eine Marktchance hat, ist dieser Antrieb bei Personenfahrzeugen kein Ansatzpunkt zur nachhaltigen Reduktion der CO_2-Emissionen.

Weitere Argumente zu den Alternativen, die letztlich zum Ausschluß aus den weiteren Entwicklungsarbeiten führten:

- Elektrofahrzeuge sind nur geeignet für gewisse Spezialanwendungen, aber nicht sinnvoll als Totalersatz.
- Grundsätzlich neue Antriebe wie Hybridantriebe, Brennstoffzellen usw. sind zu kostspielig bzw. technisch noch nicht ausgereift.
- Der SAVE-Ansatz ist kurzfristig umsetzbar und gut geeignet für kleine Verbräuche und niedrige Schadstoffemissionen.
- Dieselantriebe sind problematisch bei Emissionen und für die weltweite Marktakzeptanz.

Beim konventionellen Saugmotor ist der Motor stark überdimensioniert, um im Beschleunigungsfall genügend Leistung zu haben. In der Teillast muß nun aber der zu große Motor stark gedrosselt werden und läuft mit sehr schlechten Wirkungsgraden.

Ansätze zur Verringerung der Drosselverluste sind somit (siehe auch die Erläuterungen in Kapitel 5) vollvariable Ventilsteuerungen, Magerbetrieb, Direkteinspritzung, Hubraumreduktion und hohe Drehzahlen sowie Aufladung. Viele Lösungsansätze gehen immer nur einen Teil der Verlustursachen an. Bei der vollvariablen Ventilsteuerung beispielsweise kann im besten Fall (der jedoch in der Praxis kaum zu erreichen ist) mit einer Verringerung der Drosselverluste um 40 Prozent gerechnet werden. Das gleiche trifft zu auf Magerbetrieb und Direkteinspritzung, die auch noch Probleme bei den Emissionen aufweisen. Der Ansatz der Hubraumreduktion in

Verbindung mit hohen Drehzahlen, um daraus die erforderlichen Leistungen zu holen, ist schon aus Gründen der Lärmbelästigung kein gangbarer Weg. Der Ansatzpunkt Aufladung und Hubraumreduktion verspricht nach der Systemanalyse bei gleicher Drehzahl eine theoretische Reduktion der Drosselverluste um 80 Prozent. Die in der Praxis erreichbare Verbesserung hängt stark vom Aufladegrad und somit von der möglichen Reduktion des Hubraums ab.

Das Antriebskonzept: die Optimierung

Aufgrund der geschilderten Ausgangslage und der Zielsetzungen war klar, daß das Projekt nur mit folgenden Maßnahmen erfolgreich durchgeführt werden konnte:

- mit heutigen bekannten Mitteln erreichbare Reibungsminimierung,
- erhebliche Reduzierung des Hubraumes (Entdrosselung),
- Hochaufladung (Kompensation der Hubraumreduzierung),
- dadurch Verschiebung des meistgefahrenen Bereiches in Richtung Wirkungsgrad- Bestpunkt und
- Optimierung und Anpassung des Fahrzeuges, nicht des Fahrstils, an das Verbrauchskennfeld.

Außer der Hochaufladung erforderte keine der Maßnahmen neue oder aufwendige Technologien. Durch die Beibehaltung des stöchiometrischen Gemisches (ausgeglichenes Luft-Kraftstoff-Verhältnis) ist auch die Abgasnachbehandlung mit dem Drei-Wege-Katalysator problemlos. Das Konzept zeigt folgende Vorteile im Verbrauchskennfeld (Abbildung 19, schematische Darstellung):

Beim SAVE-Konzept ist die Motorgröße für den *Teillastbereich* optimiert. Die Drosselklappe ist also in diesem meistgefahrenen Bereich voll geöffnet. Die zusätzlich benötigte Leistung für Beschleunigungen wird durch die Aufladung erreicht. Die Leistung des aufgeladenen SAVE-Motors entspricht dabei genau dem ursprünglich in das Fahrzeug eingebauten Saugmotor.

Der Betriebsbereich dieses Motors verschiebt sich in den Bereich mit dem wichtigsten Kraftstoffverbrauch. Zusätzlich wird der

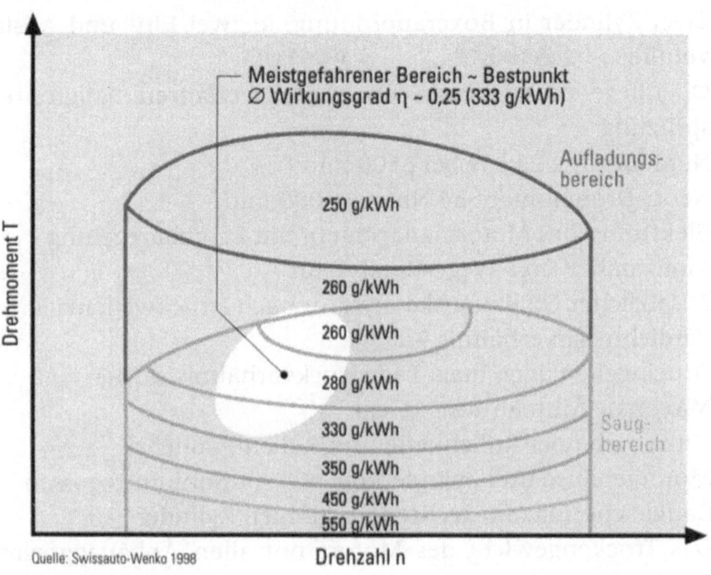

Abbildung 19

Bereich mit den tiefsten spezifischen Verbräuchen stark vergrößert, dadurch wird der Verbrauch unabhängig von der Fahrweise. Im Gegensatz zu anderen Konzepten spielt es nämlich viel weniger eine Rolle, ob in einem hohen oder niedrigen Gang gefahren wird, ob bei hohen oder tiefen Drehzahlen gefahren wird oder ob hohe oder niedrige Lastzustände gefordert werden. Der Praxisverbrauch ist beinahe konstant linear zur geforderten Leistungsabgabe. Dies heißt aber auch, betrachtet man beispielsweise den Energieaufwand für den Normfahrzyklus NEFZ, daß hier im Gegensatz zu anderen oder konventionellen Konzepten eine deutliche Reduzierung der benötigten Energie und beinahe linear eine Abnahme des Verbrauches eintritt.

Das SmILE-Antriebsaggregat weist folgende technischen Kennzahlen auf:

- Ottomotor, Zylinderhubraum 179 ccm, Bohrung/Hub = 65/54 mm
- Zwei Zylinder in Boxeranordnung, je zwei Ein- und Auslaßventile
- Obenliegende Nockenwellen, Viertaktverfahren, Saugrohreinspritzung
- Nennleistung 22 kW bei 6500 min^{-1}
- Nenn-Drehmoment 34 Nm bei 3000 min^{-1}
- Elektronisches Motormanagement mit Lambdaregelung
- Motornaher Drei-Wege-Katalysator
- Zusätzlicher Oxidationskatalysator nach Druckwellenlader
- Verdichtungsverhältnis 9:1
- Druckwellenlader, max. Ladedruckverhältnis ca. 3:1
- Maximale Mitteldrücke 26 bar
- Ventiltrieb über Rollenkette und Rollenkipphebel
- Motorgehäuse und Zylinderkopf aus Aluminium gegossen
- Baugleiche Teile für rechten und linken Zylinder
- Das Trockengewicht des Motors mit allen Anbauaggregaten beträgt nur 38 kg!

Besonderheit: das neue Aufladesystem

Ungewohnt am gesamten SAVE-Konzept ist die Verwendung eines Druckwellenladers als Aufladegerät zur Kompensation der Hubraumreduktion. Druckwellenlader wurden mit Ausnahme einer Rennsportvariante bisher nur bei Dieselmotoren eingesetzt. Mazda produzierte bisher rund 150.000 Fahrzeuge mit diesem Aufladeverfahren. Diese wohl bekannteste Variante eines Druckwellenladers heißt Comprex. Der beim SAVE-Konzept eingesetzte Lader unterscheidet sich jedoch stark von dieser Variante und wird deshalb einfach als Druckwellenlader bezeichnet.

Weshalb wurde nun nicht einfach ein Turbolader oder wenigstens ein mechanischer Lader für das Konzept verwendet? Die Antwort liegt in den gestellten Anforderungen. Es handelt sich um einen sehr kleinvolumigen Ottomotor, und es müssen sehr hohe Ladedrücke (über 2 bar absolut) erreicht werden. Diese beiden Anforderungen lassen sich weder mit einem Turbolader noch mit einem mechanischen Lader befriedigend erfüllen. Während beim mechanischen Lader die Lärmentwicklung bei einem Ladedruckverhältnis über 2 übermäßig ansteigt und die Antriebsleistung viel zu hoch ist, um beim Verbrauch Vorteile zu erringen, zeigen sich beim Turbolader ganz andere Probleme. Betrachtet man sowohl das dynamische Verhalten wie auch das statisch mögliche Druckverhältnis bei einem Turbolader für kleinvolumige Motoren, so erkennt man, daß die Verzögerung im Druckaufbau, das sogenannte Turboloch, bei kleinvolumigen, hochaufgeladenen Motoren extrem groß wird. Gleichzeitig verschlechtert sich auch aufgrund der erhöhten Strömungs- und Spaltverluste der Wirkungsgrad eines so kleinen Turboladers drastisch.

Bei einem extrem kleinen Turbolader steht unter 3.000 Motorumdrehungen pro Minute bereits bei stationärem Betrieb praktisch kein Ladedruck zur Verfügung, während der Druckwellenlader schon bei knapp über 2.000 Umdrehungen pro Minute den maximalen Ladedruck bringt. Würde man diese Kurven dann noch in ungleichmäßigem Betrieb, beispielsweise für eine Beschleunigung bei Straßenfahrt, darstellen, oder wäre der Turbolader noch etwas größer dimensioniert, um die Anforderungen an Lebensdauer und Höhenreserven zu erreichen, so wäre der Unterschied nochmals viel stärker.

Das Fazit ist: Weder Turbolader noch mechanischer Lader sind für dieses Konzept geeignete Aufladegeräte.

Der Druckwellenlader ist vom Aufbau her sehr einfach. Die Lagerung des Rotors ist für die gesamte Lebensdauer geschmiert, und die maximale Laderdrehzahl liegt bei rund 20.000 pro Minute. Die mechanische Beanspruchung an den Lader und seine Komponenten ist äußerst gering. Beim Druckwellenlader wird die Energie im Abgas in einem drehenden Zellenrad direkt vom Abgas an die Frischluft übertragen. Dieser Vorgang geschieht mit Hilfe von Druckwellen, die mit Schallgeschwindigkeit laufen. Die Druckwellen sind dabei immer schneller als das nachströmende Gas, deshalb kann eine Mischung der Gase vermieden werden. Um den Druckwellenvorgang besser zu verstehen, sieht man sich am besten das folgende Schema an, bei dem die kreisförmig angeordneten Zellen zeichnerisch «abgewickelt» wurden (Abbildung 20).

Prinzipskizze des Druckwellenladers

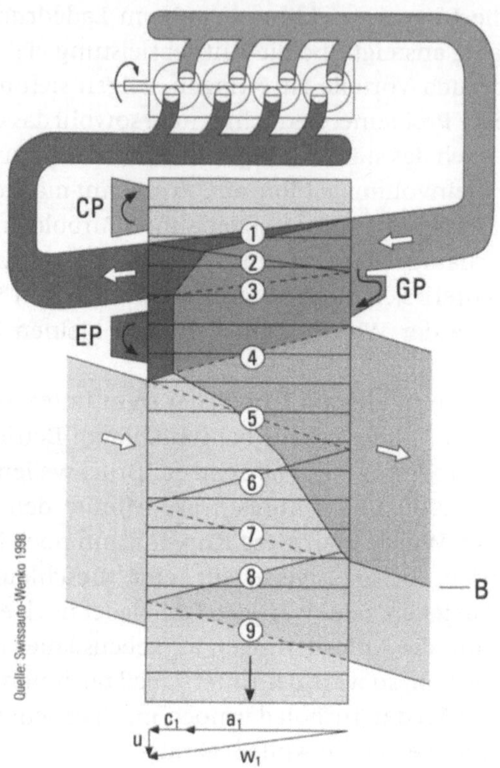

Abbildung 20

Arbeitsprinzip des Druckwellenladers:
Die Primär-Druckwelle (1) verdichtet die Frischluft in der Zelle. Die Druckdifferenz zwischen Kanal 2 und der Rotorzelle generiert eine zweite Druckwelle (2), welche durch den Rotor zurückläuft. Eine Expansionswelle (3) bremst den Zellinhalt ab und verringert den Druck in der Zelle.

Eine starke Expansionswelle (4) wird durch die Druckdifferenz erzeugt und entleert den Zellinhalt.

Die besonderen Vorteile dieser Bauart liegen in dem extrem schnellen Ansprechverhalten (kein «Turboloch»), in den bereits bei tiefen Motordrehzahlen hohen Ladedrücken und in dem geringen Leistungsbedarf von durchschnittlich weniger als 50 Watt zum Antrieb des Laders. Dies ist nur ein Bruchteil der Antriebsleistung, die für einen mechanischen Lader aufzuwenden wäre, der ein ähnlich gutes Ansprechverhalten hätte. Vorteilhaft ist weiter, daß die Motorgeräusche durch den drehenden Multizellenrotor stark abgedämpft werden; der Druckwellenlader selbst soll ebenfalls nur wenige Geräusche entwickeln. Die Abgasanlage benötigt außer dem Katalysator nur einen Absorptionsschalldämpfer.

Die konstruktive Gestaltung des Abgasreinigungssystems hängt eng mit dem Ladeverfahren zusammen. Da der Druckwellenlader dem Abgas bei dem Spülprozeß Luft beimischt, sind CO und HC auf extrem niedrige Werte oxidierbar. Der Motor hat zwei Katalysatoren: Sehr nahe am Motor befindet sich der Drei-Wege-Katalysator, der damit auch schnell aufgeheizt ist – wichtig für gute Reinigung nach dem Kaltstart. Bei Vollast wird ein leicht fettes Gemisch gefahren, um die Abgastemperatur zu senken, der Drei-Wege-Katalysator hat dann eine vorzügliche NO_x-Reduktionswirkung. Die leicht erhöhten CO- und HC-Emissionen werden dann mit Luftüberschuß im zweiten Katalysator beseitigt.

Das SAVE-Emissionskonzept erfordert zunächst natürlich optimierte Rohemissionen des Motors, also eine weitgehende Absenkung der Schadstoffentstehung bereits im Motor. Auf eine Abgasrückführung, die bei vielen anderen Lösungen zur Stickoxidreduzierung erforderlich ist, kann verzichtet werden. Das elektronische Motormanagement mit Lambdaregelung entspricht dem aktuellen technischen Stand. Ebenfalls im Unterschied zu vielen Serienlösungen der Industrie gibt es bei dem SAVE-Motor keinen Anstieg der Emissionswerte bei Vollast durch Anfettung. Der Motor bleibt auch dort sauber, wo die Abgasvorschriften keine Messung verlangen.

Weitere Perspektiven der SAVE-Motorenkonzeption

Roger Martin von Swissauto sieht die Sparautovorstellungen der großen deutschen Autohersteller sehr skeptisch und stellt seine Lösung dagegen: «Das Antriebskonzept SAVE soll nicht als Nischenprodukt mit wohl eher mäßiger Marktakzeptanz und geringem Marktpotential fungieren, im Gegensatz zu anderen, heute als sogenannte Drei-Liter-Fahrzeuge propagierten Konzepten (meist mit Dieselmotor). Vielmehr ermöglicht das SAVE-Konzept erstmals, den Verbrauch der gesamten Fahrzeugflotte, also den gesamten sogenannten Flottenverbrauch bis zur oberen Mittelklasse drastisch zu reduzieren. Und dies, ohne Einbußen in Fahrleistung, Komfort und Emissionen hinnehmen zu müssen.»

Eine Übertragung der SAVE-Prinzipien auf andere Fahrzeuge sowie Motorengrößen sei problemlos möglich. Allein durch die Umstellung auf das beschriebene Motorprinzip seien bei ansonsten unveränderten Serienmodellen 25 bis 35 Prozent Verbrauchseinsparung erreichbar. Bei gewichtsmäßig und hinsichtlich des Antriebsenergiebedarfes optimierten Modellen – so wie es am Twingo demonstriert wurde – seien 40 bis 50 Prozent in allen Fahrzeugklassen erreichbar. Der für das Konzept verwendete Motor, so Roger Martin provozierend bescheiden, sei eher unwichtig. Alle renommierten Hersteller hätten heute reibungsoptimierte, kleinvolumige Motoren im Bereich von 600 bis 1400 cm³ im Programm. Das Konzept kann laut Swissauto auf jeden vorhandenen Motor adaptiert werden. Dabei würde z. B. ein SAVE-600-cm³-Motor einen heutigen Saugmotor mit 1,4 bis 1,6 Liter Hubraum, bzw. ein 900-cm³-Motor einen Saugmotor mit 1,8 bis 2,2 Liter Hubraum ersetzen. Die Gewichtsspirale könnte aufgrund des niedrigeren Motorgewichts durchbrochen werden, gleichzeitig könnte die Produktion der kleinvolumigen Motoren drastisch gesteigert werden, was auch für den Hersteller aus Sicht der niedrigeren Produktionskosten attraktiv ist. Das Argument der höheren Kosten durch das Aufladesystem könne so nicht geltend gemacht werden, außerdem solle das Konzept ja nicht mit einem herkömmlichen, ineffizienten Saugmotor konkurrieren, sondern mit anderen, zum Teil wesentlich teureren und aufwendigeren Sparkonzepten wie z. B. DI-

Diesel, DI-Benziner, variable Ventilsteuerung, Hybrid oder gar Brennstoffzelle.

Mit den vorliegenden Projektergebnissen wird erstmals bewiesen, daß die Forderung nach einem äußerst verbrauchsgünstigen Fahrzeug nicht nur mit dem Dieselmotor mit all seinen Nachteilen (Ruß, NO_x, internationale Marktakzeptanz), sondern auch mit dem weltweit von 95 Prozent aller Autofahrer bevorzugten Antrieb – dem Benzinmotor – bei gleichen Fahrleistungen erreicht werden kann.

Im Gegensatz zu anderen Aggregaten wie dem direkteinspritzenden Benzin- oder Dieselmotor sind laut Roger Martin beim SAVE-Motor wegen des Drei-Wege-Katalysators keine Abstriche bei den Abgasemissionen zu machen. Was nämlich nicht allgemein bekannt sein dürfte: Dieselautos dürfen nach dem Willen der europäischen Gesetzgebung prinzipiell mehr Schmutz emittieren als Benziner. Warum? Weil die niedrigen Verbrauchswerte angeblich nur mit einem Diesel erreichbar seien. Swissauto und Greenpeace haben dies – quasi als Abfallprodukt nebenbei – als Lebenslüge der Dieselfans entlarvt.

Teil IV
Politik
für das Drei-Liter-Auto

18 Die Politik hat bisher versagt

Am 1. Dezember 1997, dem Tag der Eröffnung der Weltklimakonferenz in Kioto, behaupteten Schlagzeilen mehrerer renommierter Tageszeitungen, daß sich die deutsche Autoindustrie mit einer öffentlichen Erklärung von ihrer Zusage verabschiedet habe, den Kraftstoffverbrauch ihrer Fahrzeuge so zu senken, daß das 25-Prozent-Klimaziel der Bundesregierung auch im Verkehr erreicht werden kann. Diese Meldungen wurde vom VDA umgehend dementiert, Ursache sei ein Mißverständnis eines Journalisten während eines Gespräches mit der VDA-Spitze gewesen. Die deutsche Autoindustrie, so das Dementi, werde ihre gegenüber der Bundesregierung gegebenen freiwilligen Zusagen einhalten: Sie wolle wie versprochen freiwillig das Klima schützen.

Die Erklärungen der Autoindustrie zur Senkung der Treibhausemissionen gehen auf die Diskussionslage der Jahre 1989 und 1990 zurück. Kurz nach der Vorlage der Empfehlungen der Enquetekommission des Bundestages zum Klimaschutz, die das Parlament mit großer Mehrheit angenommen hatte, stand die Bundesregierung unter Handlungsdruck, nun auch im Verkehr wirksame Maßnahmen zu ergreifen. Geeignet wären zum Beispiel Verbrauchsvorschriften gewesen, Tempolimits oder sogar ein grundsätzlicher Kurswechsel in der Verkehrspolitik, weg vom Straßenbau und hin zu mehr Bahn- und Busverkehr.

Die Bundesregierung hatte 1990 unter dem Eindruck der Empfehlungen des Bundestages und der Wissenschaft das Ziel einer Senkung der klimabeeinflussenden Kohlendioxidemissionen bis zum Jahr 2005 zwar übernommen, wollte aber Konflikte mit der Automobilwirtschaft vermeiden. Diese wiederum wollte selbstverständlich keine Vorschriften und vor allem keine Kostenerhöhungen für das Autofahren. Was tun, um den Erwartungen nach staatlichen Klimaschutzmaßnahmen gerecht zu werden? Die damalige Bundesregierung und die Autoindustrie stimmten während der allgemeinen Aufbruchphase nach der Wiedervereinigung in der Einschätzung überein, daß man weder unpopuläre Vorschriften für die Aufofahrer noch eine Einengung der Handlungsspielräume der Industrie wollte. Es sollte investiert werden, Aufbau und Umstrukturierung hatten Priorität *gegenüber Verordnungen und Vorgaben.* Andererseits konnte man die Bundestagsempfehlungen nicht einfach übergehen. Der Ausweg: Die Automobilindustrie bot freiwillige Aktivitäten zur Reduzierung des Energieverbrauches an, um unangenehme Vorschriften zu vermeiden.

Die Zusage erfolgte 1990. Eine weitere sog. «Freiwillige Selbstverpflichtung» wurde 1995 formuliert – der Öffentlichkeit gegenüber als Bestätigung und Erweiterung dargestellt –, weist allerdings interessante, oftmals übersehene Modifikationen auf.

Anläßlich der Kioto-Konferenz vertrat der VDA den Standpunkt, daß die Selbstverpflichtungen nur schwer eingehalten werden könnten, da die Bundesregierung nicht genug Straßen gebaut hätte, um Stauungen zu vermeiden. Denn durch Stauungen, so argumentierte der VDA, würde ein Mehrverbrauch von rund 14 Milliarden Litern Kraftstoff verursacht – ein Viertel des Gesamtverbrauches von 56 Milliarden Litern. Damit wurde suggeriert, daß Deutschland die Klimaschutzziele im Verkehr durch mehr Straßenbau erfüllen könnte.

Ist das Drei-Liter-Auto etwa gar nicht notwendig? Vor einer Diskussion dieses für viele sicherlich überraschenden Argumentes ein Blick auf die Texte der Vereinbarungen zwischen Autoindustrie und Regierung.

Was wurde 1990 freiwillig zugesagt?

Die Vereinbarungen zwischen dem Verband der Automobilindustrie und der Bundesregierung von 1990 und 1995 stellen darauf ab, daß die CO_2-Minderungsziele der Bundesregierung im Klimaschutz ohne ordnungsrechtliche Vorgaben und fiskalische Flankierung erreicht werden können. Die Formulierungen sind allerdings interpretationsfähig, auch haben sich von Beginn an die Autoindustrie einerseits und der Bundesverkehrsminister andererseits auf unterschiedliche Teile der Vereinbarungen berufen. Was wurde zugesagt? Der VDA hatte 1990 gegenüber dem Bundeskanzler erklärt:

«Die deutsche Automobilindustrie trägt ihren Teil dazu bei, daß bis Ende des Jahres 2005 die CO_2-Emissionen des Straßenverkehrs ungeachtet der weiteren Zunahme des Fahrzeugbestandes um mindestens 25 Prozent, die übrigen Abgasemissionen auf weniger als ein Viertel des heutigen Niveaus (Basis 1990) reduziert werden.»

Klar ist hierbei, daß es um die Gesamtemissionen des Straßenverkehrs, also unter Einschluß von Nutzfahrzeugen, geht. Es wird ausdrücklich nicht auf Durchschnittsverbräuche, auf Normangaben usw. abgehoben, sondern auf die Gesamtsumme der CO_2-Emission, d. h. des Kraftstoffverbrauches. Unklar dagegen ist allerdings, wie die Formulierung «... trägt ihren Teil dazu bei ...» zu verstehen ist. Letztlich könnte die Industrie – da in anderen Teilen der Vereinbarung von Staubeseitigung durch Straßenbau usw. die Rede ist, was die Bundesregierung zu leisten habe – auf die Nichterfüllung dieser Teile verweisen und feststellen, daß sie eben nur einen nicht quantifizierten *«Beitrag»* zu dem Ziel zugesagt habe, nicht jedoch die *Erfüllung*. Würde der einschränkende Begriff «Beitrag» fehlen, müßte die Autoindustrie die Fahrleistungszunahmen durch technische Minderung zusätzlich zu der Reduzierung des spezifischen Energieeinsatzes kompensieren. Einige Überschlagsrechnungen dazu sind in Kapitel 6 dargestellt.

Was wurde 1995 freiwillig zugesagt?

In der freiwilligen Zusage des VDA an die Bundesregierung vom März 1995 wird ausgeführt, daß «die Autoindustrie an ihre Zusage von 1990 anknüpft. (...) Jetzt wird die Zusage erweitert, indem wir versprechen, bis 2005 allein fahrzeugseitig den durchschnittlichen Kraftstoffverbrauch um ein Viertel abzusenken» (Pressemitteilung des VDA vom 23. März 1995).

In der Zusage von 1990 war allerdings nicht vom *durchschnitt-lichen* Verbrauch die Rede gewesen, sondern von den *Gesamtemissio-nen*. Die neuere Zusage ist also genaugenommen ein Rückschritt und keine Erweiterung. Zu Beginn der Pressemitteilung heißt es wörtlich:

«Sie (die deutsche Automobilindustrie) sagt der Bundesregierung zu: Möglichst in Übereinstimmung mit den europäischen Automobilherstellern den durchschnittlichen Kraftstoffverbrauch der von ihr hergestellten und in der Bundesrepublik Deutschland abgesetzten Pkw/Kombi bis zum Jahre 2005 um 25 Prozent, gemessen am Stand von 1990, zu senken. Dies entspricht einer durchschnittlichen Reduzierung um jährlich 2 Prozent.»

Der hiermit eingeführte Begriff des durchschnittlichen Kraftstoffverbrauches enthebt die Industrie der Verpflichtung, um so stärker technisch zu mindern, je steiler die Verkehrszunahme ausfällt, so wie es noch 1990 vorgesehen war. Hinsichtlich der CO_2-Problematik sind aber die Gesamtemissionen entscheidend, nicht irgendwelche Durchschnittswerte! Diese Formulierung läßt außerdem offen, wie der «durchschnittliche» Verbrauch ermittelt wird. Bezieht man sich auf den tatsächlichen statistischen Praxisverbrauch lt. BMV/DIW-Statistik oder aber auf den – wenig repräsentativen – Drittelmix (s. S. 98)? Die Industrie hat ihre bisherigen Erfolge allein durch Hinweise auf die Drittelmix-Absenkungen belegt. Dies würde die Abschwächung der 95er Zusage gegenüber dem Stand von 1990 nochmals betonen. An anderer Stelle der freiwilligen Zusage von 1995 heißt es: «Die Automobilindustrie stimmt mit der Bundesregierung überein, daß zur Verwirklichung dieser Reduktionspotentiale auch der Einsatz von Verkehrsmanagement-, Leit- und Informationssystemen, die Beseitigung von Infrastrukturengpässen, integrierte Verkehrskonzepte, der Einsatz alternativer Kraftstoffe und Antriebe sowie steuerlicher Maßnahmen (Einführung einer emissionsabhängigen Kraftfahrzeugsteuer) gehören.» Dies korrespondiert mit den oben angeführten Formulierungen in der Erklärung von 1990. Dort machte sie allerdings auch einen gewissen Sinn, denn für den Gesamtkraftstoffverbrauch sind die angeführten infrastrukturellen Leistungen der Bundesregierung von gewissem Einfluß, wenngleich die lokale Verbrauchssenkung bei Staubeseitigung durch Nachfragezuwachs bei mehr Straßen überkompensiert werden dürfte. Der Passus wäre dann unsinnig, wenn sich die Zusage auf den *Normverbrauch* in Fahrzyklen beziehen sollte. Es bleibt aufgrund des Bezuges zu der Verkehrslage also nur der Schluß, daß der «durchschnittliche Kraftstoffverbrauch» derjenige ist, der im realen Verkehrsgeschehen erzielt wird.

Einen bemerkenswerten Unterschied zwischen den Aussagen von VDA und der Bundesregierung gibt es hinsichtlich einer *weiteren* Bezugsgröße: Sind die Fahrzeuge eines Baujahres oder ist der Gesamt-Pkw-Bestand gemeint? Während in der Vereinbarung die Kopplung des Verbrauchszieles an «die von ihr hergestellten und in der Bundesrepublik abgesetzten» Pkw die Möglichkeit offenläßt, nur den 2005 erreichten Schnitt eines Baujahres zu betrachten – dies ist schließlich bisher die Basis für alle Absenkungsmeldungen des VDA –, führte der Bundesverkehrsminister bei der gemeinsamen Pressekonferenz am 23. März 1995 aus: «Der durchschnittliche Verbrauch der deutschen Pkw-Flotte wird allein durch technische Entwicklungen am Auto jährlich um 2 Prozent verringert. Diese Verringerung um 25 Prozent bis 2005 ist ohne Beispiel.» Auch in einem weiteren Punkt unterscheiden sich die Interpretationen: Der VDA spricht über die von der deutschen Automobilindustrie hergestellten und abgesetzten Fahrzeuge, der BMV über die «deutsche Pkw-Flotte», zu der ja auch französische, italienische, japanische Modelle usw. gehören.

Bundesregierung hat schlecht verhandelt

Die beiden Vereinbarungen zwischen VDA und Bundesregierung waren vom Beginn an unklar und widersprüchlich. Es sind nicht nur keine verbindlichen Zusagen zur Erreichung bestimmter CO_2-Verkehrsziele von der Autoindustrie gegeben worden – immerhin im «Tausch» gegen die Zusicherung der Bundesregierung, keine Tempolimits, Ökosteuern o. ä. einzuführen –, der VDA hat sich überdies bereits mit den 95er Formulierungen sehr sorgfältig von der Verantwortung für die Gesamtentwicklung *lossagen* können. Anläßlich der Kioto-Konferenz hat die Autoindustrie es offensichtlich für notwendig gehalten, die damals eingebauten Schlupflöcher zum Ausstieg aus der Selbstverpflichtung zumindest einmal auszuprobieren. Wird damit im Vorgriff auf eine absehbare enttäuschende Bilanzierung im Zieljahr 2005 bereits jetzt schon einmal der Schwarze Peter weitergeschoben? Daß dies so einfach geht, wirft ein bezeichnendes Licht auf die Naivität der politischen Seite. Sie hätte von Anfang an damit rechnen müssen, irgendwann einmal so «vorgeführt» zu werden.

Mit den unklaren Vereinbarungen ist es offenbar sehr einfach, über das Stau- bzw.- Straßenbauargument der Verkehrspolitik den Schwarzen Peter zuzuschieben. Allerdings ist diese Begründung wohl ausschließlich für die Öffentlichkeit gedacht, für Experten sind die genannten Größenordnungen an den Haaren herbeigezogen.

Worum geht es? In der freiwilligen Vereinbarung von 1995 war seitens des VDA die Erreichung des Klimaschutzzieles daran geknüpft worden, daß die Bundesregierung mit Straßenbau und anderen Investitionen den Umfang der Stauungen im Straßennetz beseitigt. Die Industrie nannte dazu Zahlen zu den Staufolgen im Hinblick auf Zeitverluste und vor allem mehr Klimaemissionen, die mehr Straßenbau geradezu als ökologische Maßnahme erscheinen lassen.

Wir haben uns mehrfach beim VDA um die Erläuterungen und Begründungen der behaupteten Klimaemissionen aufgrund von Stauungen bemüht. Schließlich wurde erklärt, der VDA habe keine eigenen Untersuchungen angestellt, sondern beziehe sich auf eine Studie der Firma BMW.

Stau und Kraftstoffverbrauch

Liest man das den Vorstellungen des VDA zugrunde liegende Papier des Autoherstellers BMW zur Wichtigkeit von Stauungen bzw. der Notwendigkeit von mehr Straßenbau und Telematik, so kann man sich nur wundern, daß diese Zahlen selbst von renommierten Verbänden wie dem Bundesverband der Deutschen Industrie (BDI) jahrelang unkritisch wiederholt wurden. Selbst eine Reihe namhafter Politiker haben die Zahlen in öffentlichen Reden verkündet, wohl weil sie zu ihren Forderungen nach mehr Straßenbau paßten. Ein

Beispiel für die BMW-«Berechnungs»-Methode, mit der die angeblichen volkswirtschaftlichen Verluste durch Staus im Autobahnnetz ermittelt wurden (Originalzitat aus der BMW-Studie in der Fassung vom 17. Oktober 1997): «Die Pkw legen 150 Milliarden Kilometer auf Bundesautobahnen mit einer Durchschnittsgeschwindigkeit von 95 km/h zurück. Dazu werden 1,58 Milliarden Stunden benötigt. Bei weniger behinderter Fahrt könnte die mittlere Fahrgeschwindigkeit auf 115 km/h ansteigen, der Zeitbedarf wäre dann nur gut 1,30 Milliarden Stunden, d. h. wir hätten eine Zeitersparnis von 275 Millionen Stunden.» Dann heißt es an anderer Stelle: «Hinzu kommt noch ein Kraftstoffmehrverbrauch von 20 Prozent.» Als Begründung für letztgenannte Zahl dient der folgende Satz, der sich auf nicht näher definierte Angaben aus einer Vorlesung eines BMW-Mitarbeiters an der TU München bezieht: «Vergleichsfahrten haben gezeigt, daß der Kraftstoffverbrauch durch (vermeidbare) Behinderungen im Verkehr um knapp 20 Prozent höher ist als bei flüssigem Verkehr.»

Wie aus diesen 20 Prozent dann die noch höhere Zahl von tatsächlich 12 Milliarden Liter Kraftstoff wurde, die im Stau verbrannt werden und die bei Maßnahmen zur Staubeseitigung einzusparen wären, ist nicht mehr nachzuvollziehen. Der eigentliche Skandal liegt jedoch darin, daß mit unbelegten Angaben dieser Art massiv Straßenbaupolitik betrieben wurde und die Verantwortung für eine Senkung der Klimaemissionen weg von der Autoindustrie und deren technischen Konzepten verlagert wurde; letztlich sind dann wohl sogar die Umweltverbände die Schuldigen, die sich gegen mehr Straßenbau wenden. Die Wirklichkeit sieht jedoch anders aus.

Bei einer Studie des Wuppertal Instituts für die Europäische Konferenz der Verkehrsminister im Mai 1998 wurden erheblich niedrigere Zahlen für die im Stau verbrauchten Kraftstoffmengen ermittelt. Die Berechnung basiert auf einem Verkehrsdaten- und Emissionsmodell, das u. a. vom Umweltbundesamt und vom TÜV Rheinland erstellt wurde. Von insgesamt etwa 537 Milliarden Pkw-Kilometern entfallen danach 86,2 Milliarden Kilometer auf freie Autobahnfahrt auf Strecken ohne Tempolimit mit einem Tempodurchschnitt von 130 km/h und einem Kraftstoffverbrauch von 64 Gramm pro Kilometer. Etwa 39 Milliarden Kilometer würden auf

Bundesautobahnen mit Tempolimits zurückgelegt, mit einem Geschwindigkeitsmittel von 111 km/h und 55 g/km Kraftstoffverbrauch. Der Zustand «gebundener Verkehr» tritt bei höherer Verkehrsdichte ein, liegt jedoch noch vor dem Stau, die zugehörigen Daten sind 85 km/h Tempo und 44 g/km Verbrauch.

Man muß nun sehr sorgfältig unterscheiden, ob durch eine höhere Verkehrsdichte nur die Durchschnittsgeschwindigkeiten reduziert werden oder ob Stop-and-go entsteht. Solange aufgrund eines dichteren Verkehrs nur die freie Fahrt gebremst wird und noch 60 oder 70 km/h gefahren werden kann, bedeutet dies insgesamt eine Verbrauchsreduzierung, das heißt auch einen Rückgang der Klimaemissionen. Erst wenn es tatsächlich zum Stop-and-go kommt, steigen der Kraftstoffverbrauch und die CO_2-Emissionen je gefahrenen Kilometer an. Derartige Stausituationen gibt es aber lediglich auf 2,4 Milliarden Fahrzeugkilometern, das sind etwa 0,4 Prozent der Pkw-Kilometer insgesamt! Im Innerortsverkehr ist der Anteil zwar etwas höher, für den Verkehr und den verkehrsbedingten Kraftstoffverbrauch in Deutschland insgesamt ist aber auch dieser Anteil sehr klein. Insgesamt machen der Umfang der in Stauzuständen heute zurückgelegten Pkw-Kilometer und die darauf entfallenden Klimaemissionen nur etwa ein Zwanzigstel der von der Autolobby genannten Summe aus. Stau ist damit ziemlich unbedeutend für die Klimaschutzziele. Das Stauthema wird vom VDA wohl hauptsächlich forciert, um von eigenen Versäumnissen beim Thema Kraftstoffeinsparung und Klimaschutz abzulenken. Leider hat sich die Bundesregierung darauf eingelassen und keine fundierten Analysen zu geeigneten Klimaschutzstrategien im Verkehr erarbeiten lassen, womit sie den Argumenten der Autoindustrie weitgehend ausgeliefert ist. Die systemischen Zusammenhänge von Straßenbau und bereits mittelfristig erhöhter Verkehrsnachfrage sind in den Straßenbauprogrammen des Bundes ebenfalls noch nicht zur Kenntnis genommen worden.

Die Wuppertal-Studie weist darauf hin, daß die Ursachen des Staus und die denkbaren Abhilfemaßnahmen nicht über einen einzigen Kamm geschoren werden dürfen. Es ist zu berücksichtigen, daß ein großer Anteil der Stauungen durch Baustellen und Unfälle verursacht wird und nur ein kleiner Teil auf Straßenüberlastung, die *theoretisch* durch mehr Straßenbau zu reduzieren wäre. Auch dann kann man jedoch grundsätzlich nicht von einem zu vermeidenden staubedingten Mehrverbrauch sprechen, da bei einem Freie-Fahrt-Szenario zusätzlich der dadurch induzierte Verkehr berücksichtigt werden müßte.

Schwarzer-Peter-Spiele sinnlos

Im Grunde war Experten von Anfang an klar, daß Straßenbau zur Reduzierung von Stauungen generell nicht geeignet ist. Wenn mehr Straßenkapazität in Ballungsgebieten geschaffen wird, kehren kurzfristig diejenigen Verkehrsteilnehmer von Bahn und Bus ins Auto zurück, die wegen der Zeitverluste umgestiegen waren. Mittelfristig orientiert man sich bei der Wohnungssuche, bei Einkauf und Freizeit dann über weitere Entfernungen, wenn diese Ziele in kurzer Zeit per Auto erreichbar sind. Und langfristig siedeln sich private und gewerbliche Bauherren dann weiter entfernt an, wenn man ohne Zeitverluste in das ländliche Umland kommt. Jede Geschwindigkeitserhöhung, auch jede Verbesserung der Erreichbarkeit durch Straßenbau führt zu einer Ausdehnung der Verkehrsdistanzen. Insofern ist es ein Fehlschluß, aus einer Beseitigung von Staus – wenn dies denn ginge – auf eine Energieeinsparung in entsprechender Höhe zu schließen. Man müßte vielmehr für jede (beseitigte) Stauminute eine Minute Fahrt mit hohem Tempo dagegen rechnen. Diese Bilanz wäre negativ, denn pro Minute mit 100 oder 120 km/h wird viel mehr Kraftstoff verbraucht als pro Minute Leerlauf im Stau. Die größten Stauereignisse sind übrigens die ersten Ferientage; dort ist überhaupt keine Abhilfe möglich.

Insgesamt muß man also davon ausgehen, daß mit den Vereinbarungstexten die Autoindustrie sich nicht wirklich selbst verpflichtet hat, den Kraftstoffverbrauch und die Klimaemissionen wirksam zu reduzieren. Sie hat in den jeweiligen Situationen 1990 und 1995 der Politik ein Zuckerstückchen hingehalten und damit sich selbst und den Politikern unangenehme Schritte erspart.

Wie lautet nun das Fazit für die Bundesregierung? Ist die Strategie gescheitert, auf Verbrauchsvorschriften und wirksame Steueranreize zu verzichten und auf freiwillige Zusagen der Autoindustrie zu vertrauen? Politisch gesehen ist es für die Bundesregierung tatsächlich eine Blamage, weil sie sich ohne wirkliche Gegenleistungen der Industrie hat dazu bewegen lassen, die möglichen Politikinstrumente aus der Hand zu legen. Das Instrument der freiwilligen Selbstverpflichtung könnte trotzdem wirksam sein, wenn man es anders handhaben würde: hart verhandeln, eindeutig formulieren, Vertragstexte vor dem Unterschreiben sorgfältig lesen, und Sanktionsmechanismen einbauen.

Vor dem Hintergrund der in diesem Buch dokumentierten technischen Potentiale für sparsamere Autos, für das Drei-Liter-Auto und auch für die S-Klasse mit halbiertem Verbrauch bis 2005 oder 2010 geht *unsere* Forderung an die Politik, endlich ihrer Verantwortung und dem Verfassungsauftrag nach Artikel 20a gerecht zu werden. Man lese einmal unser Grundgesetz. Die Ingenieure können bessere Autos entwickeln, und die Autoindustrie könnte diese Autos für den Markt der Zukunft produzieren. Daß dann die richtigen, die ökologisch verträglicheren Autos auch bei den Käufern ankommen, ist Aufgabe der Politik. Dies erfordert geeignete Rahmenbedingungen. Die Politik muß mit den ihr zur Verfügung stehenden Instrumenten zwar vorsichtig umgehen, aber doch entschieden und mit langem Atem endlich handeln.

19 Anforderungen an die Politik

Unabhängig von der politischen Richtung sprechen sich Vertreter aller Parteien für Energieeinsparung aus: Die programmatischen Erklärungen aller Wirtschaftsverbände und auch Positionspapiere von Gewerkschaftsseite engagieren sich für dieses Ziel. Vielfältige Beschlüsse von Kommunal- über Landesparlamente bis zum Bundestag erwähnen selbstverständlich die Energieeinsparung als wichtige Aufgabe, und auch bereits vor der Befassung mit dem verstärkten Treibhauseffekt durch CO_2 hat der Deutsche Bundestag in verschiedenen Zusammenhängen unterstützende Worte für Energieeinsparung gefunden. Auf europäischer Ebene schließlich kann man in den Dokumenten des Parlaments, des Ministerrates und fast aller Teile der Kommission sehr fundierte Überlegungen und Forderungen in Richtung auf einen sparsamen Umgang mit Energie finden.

Von Behörden auf allen angesprochenen administrativen Ebenen wird die Aufklärung der Öffentlichkeit über Möglichkeiten zur Energieeinsparung unterstützt, sei es durch eigens von den Wirtschafts-, Umwelt- und Verkehrsressorts herausgegebenen Broschüren oder durch finanzielle Förderungen entsprechender Aktivitäten unabhängiger Verbände. Im gesamten politisch-wirtschaftlich-administrativen System wird man kaum Äußerungen finden können, in welchen das Anliegen der Energieeinsparung als unwichtig oder überflüssig bezeichnet wird.

Verbrauchshalbierung technisch möglich – politisch nicht gewollt?

Angesicht dieses breiten Konsenses verwundert die herrschende große Diskrepanz zwischen den technisch-organisatorischen Sparpotentialen und den realen Verbrauchsstrukturen. Im Kraftfahrzeug, so haben wir in den vergangenen Kapiteln aufzeigen können, sind mit heutiger Technologie etwa 50 Prozent des Kraftstoffverbrauches *einsparbar*, ohne daß die (Auto-)Mobilität leidet. Auch mit den sparsamen Fahrzeugen würde die wesentliche Funktion eines Automobils, die fahrplanunabhängige Beförderung von 4 bis 5 Personen mit Reisegeschwindigkeiten von – je nach Raumtyp, Verkehrsdichte und Infrastruktur – ca. 20 bis über 100 km/h mit etwa dem halben Energieaufwand realisiert werden können. Erweitert man gedanklich den Radius der möglichen Innovationen über die reine Fahrzeugtechnik in den gesamten Bereich der Mobilitätsorganisation hinaus, könnte durch eine verbesserte Arbeitsteilung zwischen den Verkehrsträgern und durch verkehrssparsamere Strukturen in Wirtschaft und Gesellschaft noch erheblich mehr erreicht werden. Dies geht jedoch über das Thema Autotechnik des vorliegenden Buches hinaus. Wir wollen uns in diesem Kapitel mit den Gründen für die unbefriedigende Umsetzung der technischen Minderungspotentiale im Fahrzeugmarkt und dem Verkehrsalltag befassen und einige Schlußfolgerungen hinsichtlich geeigneter politischer Interventionsmöglichkeiten daraus ableiten.

Vorausschicken möchten wir, daß ein erheblich niedrigerer Kraftstoffverbrauch eines Fahrzeugmodells nicht ohne einen erhöhten Kostenaufwand auf seiten der Automobilhersteller und/oder gewisse Einschränkungen für die Fahrzeugnutzer möglich ist. Dies steht nach unserer Einschätzung nicht im Gegensatz zu der einige Zeilen weiter oben getroffenen Feststellung, daß erhebliche Einsparungen ohne Abstriche an den grundlegenden Mobilitätsfunktionen des Autos erreichbar sind. Es geht um Attribute, die über die Transportfunktion hinausgehen. Jedem Techniker ist es klar, daß an einem Produkt nur jeweils bestimmte, also einzelne Eigenschaften optimierbar sind, deren Priorität dann eben nur zu Lasten anderer Eigenschaften realisierbar ist. Das Beispiel mit dem Zielkonflikt zwischen Beschleunigungsfähigkeit bei großvolumigen Motoren und günstigem Stadtverbrauch bei Motoren mit kleinem Hubraum ist ausführlich dargelegt worden (s. S. 131), weitere Zielkonflikte kennen sowohl Motorenentwickler als auch Fahrwerksexperten in großer Zahl. Bei einer Motorenauslegung wird man entweder ein hohes Drehmoment bei niedrigen Drehzahlen verwirklichen können oder aber eines bei hohen Drehzahlen – maßgeblich dafür sind u. a. die Ventilsteuerzeiten aufgrund der Gestaltung der Nockenwelle sowie die Strömungseigenschaften und Volumina der Ansaug- und Abgasrohre. Der Zwang zu Entscheidungen setzt sich fort: Zündzeitpunkt und Gemischeinstellung können den Kraftstoffverbrauch und die Schadstoffemissionen gegenläufig beeinflussen, zum Teil ist eine solche Gegenläufigkeit auch im Hinblick auf unterschiedliche Abgaskomponenten vorhanden.

Motorgeräusche und Motorschwingungen bürden den Entwicklungsingenieuren ebenfalls besondere Probleme auf, wenn sie niedrige Energieverbräuche realisieren wollen. Dies beginnt bei der Festlegung der Zylinderzahl – für eine energieeffiziente Verbrennung sollte der Hubraum auf möglichst wenige Zylinder aufgeteilt werden, wir haben an anderer Stelle bereits einen in dieser Hinsicht günstigen Zylinderinhalt von 500 cm³ angesprochen –, andererseits nimmt die Gleichförmigkeit des Motorlaufes mit steigender Zylinderzahl zu. Ein gleichförmigerer Lauf bedeutet weniger Schwingungsanregungen und damit weniger Vibrationen, die über die Motoraufhängung in das gesamte Fahrzeug geleitet werden. Es lassen sich zwar auch beispielsweise für Zweizylindermotoren konstruktive Lösungen finden, mit denen die Vibrationen gedämpft werden können, dies erfordert jedoch einen gewissen technischen Aufwand. Starke Druckanstiege im Motor ermöglichen hohe Wirkungsgrade bei der Verbrennung, verstärken jedoch das Motorgeräusch (und die Stickoxidbildung). Die Liste der divergierenden Ansprüche von Komfort, Umwelt, Leistung usw. könnte noch sehr weit festgesetzt werden.

Die Zielkonflikte zwischen Lärm und Verbrauch sowie zwischen Lärm und maximaler Motorleistung sind ebenfalls offensichtlich, jede Dämpfung der Gasschwingungen bedeutet gleichzeitig eine Absorption von Energie.

Zielkonflikte in der Fahrzeugkonstruktion

Mit den genannten Stichworten soll keinesfalls behauptet werden, daß derartige Zielkonflikte nicht befriedigend lösbar seien, sie erfordern jedoch gewisse Prioritäten und Kompromisse. Man kann nicht einen extrem niedrigen Kraftstoffverbrauch und gleichzeitig hohe spezifische Leistungen erreichen. Man kann nicht einen niedrigen Innengeräuschpegel ohne gewichtstreibendes Dämmaterial erreichen, nicht ein Fahrwerk für hohe Fahrgeschwindigkeiten auslegen und gleichzeitig die für niedrigere Geschwindigkeiten möglichen Gewichtseinsparungen realisieren. Zielkonflikte, so wollen wir deutlich machen, gibt es bei einem Kraftfahrzeug bei nahezu allen konstruktiven Details zu berücksichtigen.

Wichtige Produktmerkmale für Hersteller und Kunden sind sicherlich die Fahrsicherheit, der Reisekomfort und der Fahrzeugpreis. Ob die Beschleunigungsfähigkeit, die Höchstgeschwindigkeit und damit die Motorleistung für den Großteil der Kunden bereits für sich genommen eine hohe Bedeutung bei der Kaufentscheidung haben, vermögen wir nicht zu sagen; die veröffentlichten Kundenpräferenzen beziehen sich eher auf die Faktoren Sicherheit, Komfort und Preis. Wenn ein energieeffizientes Auto mit diesen Parametern realisierbar ist, dann dürfte zumindest in einem hinreichend großen Segment des Marktes eine Akzeptanz erreichbar sein, denn in Kundenbefragungen wird auch stets der Verbrauch als wichtiges Kriterium genannt.

Welcher Preis für das Drei-Liter-Auto?

Die Diskussionen um die Realisierbarkeit fortschrittlicher Lösungen für das Drei-Liter-Auto bzw. um Autos mit nur halbem Verbrauch in allen Fahrzeugklassen drehen sich unter Ingenieuren fast ausschließlich um die Kosten und damit um die erforderlichen Marktpreise. Auch wenn man nicht so weit geht wie der BMW-Chef Pischetsrieder, der 1996 in einem Zeitungsinterview meinte: «Machbar ist alles!», besteht jedoch unter Fachleuten recht weitgehender Konsens darüber, daß alle wichtigen Produktanforderungen zusammen mit einem sehr niedrigen Kraftstoffverbrauch realisiert werden könnten, wenn man entsprechende Kostenaufwendungen in der Fertigung akzeptieren würde. Dies betrifft die Aufwendigkeit der Konstruktion sowie entsprechend teure Herstellungsschritte und erstreckt sich vor allem auf die Verwendung extrem leichter und dennoch fester Werkstoffe.

Dabei ist allerdings noch keineswegs ausdiskutiert, ob nicht sogar extrem innovative Fahrzeuglösungen, wie zum Beispiel das Hypercar-Konzept des Amerikaners Amory Lovins, zu konkurrenzfähigen Preisen realisiert werden könnten. Lovins weist darauf hin, daß das Festhalten der Automobilindustrie an der fast einhundert Jahre alten Standardlösung mit Stahlkörper und Verbrennungsmotor samt mechanischem Getriebe die Alternativen blockiere. Er benutzt, wie wir an anderer Stelle bereits berichtet haben, den Begriff «Tunneling the Cost Barrier» und meint damit, daß völlig neue Entwurfs- und Herstellungsverfahren in ähnlicher Weise die Preishürde umgehen könnten, wie dies bei der Ablösung der Großcomputer und Schreibmaschinen durch die PC-Revolution geschehen sei (vgl. S. 233). Das wesentliche Kostenproblem, so argumentiert er, bestehe aufgrund des Festhaltens der Automobilhersteller an ihren traditionellen Produktionsanlagen – verständlich, wenn man den Wert der darin enthaltenen Investitionen betrachtet. Diese Maschinen, Preßwerke und Schweißroboter verlangten praktisch ein Festhalten an Herstellungsverfahren und Materialien, denn die Kapitalinvestitionsentscheidungen wurden auf deren Grundlage getätigt.

Selbst wenn dieses Kapitalargument zutrifft, muß dies allerdings nicht das Ende der Innovation zur Energieeffizienz bedeuten, sondern erfordert allenfalls eine kapitalschonende Organisation des Umsteuerns. Dazu ist es natürlich erforderlich, daß die Verantwortlichen in der Automobilindustrie langfristige Planungssicherheit darüber haben, welchen Stellenwert die Politik – und vor allem natürlich die Käufer – dem Argument Kraftstoffverbrauch beimessen. Dort geht es dann nicht um die nächsten Jahre, sondern um die vor uns liegenden Jahrzehnte.

Politische Weitsicht ist gefragt

Damit ist die Aufgabe für die Politik umrissen: Schaffung langfristiger Rahmenbedingungen für die Unternehmensentscheidungen der Automobilindustrie und für die Kaufentscheidungen der privaten Haushalte. Die Perspektiven sind so zu formulieren und glaubhaft umzusetzen, daß die Entscheidungen der Marktakteure in die richtige Richtung laufen, d. h. in Richtung auf eine zukünftig immer kraftstoffsparendere Technologie. In erweiterter Perspektive gehört dazu dann auch eine stärkere Nutzung der umweltverträglichen Verkehrsträger.

Die «Lösung», den Kraftstoff durch kräftige Steueraufschläge so zu verteuern, daß unmittelbare Marktanreize zum Kauf der sparsameren Autos (und zum Umsteigen auf Busse und Bahnen) geschaffen werden, ist nicht ohne weiteres mehrheitsfähig, wie der Verlauf des Bundestagswahlkampfes 1998 zeigt. Im Grundsatz ist dies verständlich; wer zahlt schon gerne mehr Steuern? Offensichtlich ist es den Verfechtern der 5-DM-pro-Liter-Idee nicht gelungen, die zeitliche Perspektive dieses Konzeptes zu vermitteln, genausowenig wie die Grundidee jeder ökologischen Steuerreform: die Aufkommensneutralität durch Reduzierung anderer Steuer- und Abgabenlasten von Bürgern und Unternehmen. Diese Steuerreform soll ja die Steuern auf Arbeit dadurch reduzieren helfen, daß höhere Abgaben auf Energieträger erhoben werden. In den vergangenen Jahren ist ja – allgemein ausgedrückt – der Produktionsfaktor Arbeit immer mehr besteuert und damit teurer geworden. Konsequenterweise haben die Unternehmen immer mehr rationalisiert mit dem Ziel, Arbeitskräfte und damit hohe Kosten einzusparen. Dagegen sind die Kosten für Rohstoffe, insbesondere auch für Energieträger, nicht so stark angestiegen, entsprechend ist auch dort nicht so stark in Einsparstrategien investiert worden. Die ökologische Steuerreform soll die Lasten verschieben und damit einerseits den Produktionsfaktor Arbeit verbilligen, aber andererseits die Rohstoffe verteuern. Damit wird es für die Unternehmen weniger lohnend, in die Abschaffung von Arbeitsplätzen zu investieren als in die Reduzierung des Ressourcenverbrauches.

Der Vorschlag, den Preis pro Liter Benzin und Diesel innerhalb von 10 Jahren auf etwa 5,– DM zu erhöhen und damit andere Steuerbelastungen senken zu können, ist im Grundsatz nicht neu. Bereits der von der Bundesregierung eingesetzte Sachverständigenrat für Umweltfragen hatte dies vor mehreren Jahren gefordert und einen anzustrebenden Preis von 4,60 DM genannt.

In der breiten Öffentlichkeit ist die Entlastungskomponente der Steuerreform offensichtlich nicht verstanden worden. (Befragungsergebnisse von EMNID vom Mai 1998 fassen dies in Zahlen.

Tabelle 6: Nachgefragt: Spar & Fahr

«Was darf ein Liter bleifreies Normalbenzin kosten, wenn damit im Rahmen einer Ökosteuer die Lohnnebenkosten und die Arbeitslosigkeit gesenkt werden könnten?»

darf nicht teurer werden	45%
bis zu 2 Mark	25%
bis zu 2,50 Mark	7%
bis zu 3 Mark	5%
mehr als 3 Mark	5%

Quelle: Emnid-Umfrage, 1004 Befragte, in: Der Spiegel 19/1998

Steigende Abgaben auf alle zu knappen Ressourcen sind nach unserer Ansicht ein richtiger Weg, um einen sparsameren Umgang damit zu fördern. Niemand wird zwar bewußt Kraftstoff verschwenden, wenn der Liter Benzin «nur» DM 1,65 oder der Liter Diesel «nur» DM 1,35 kostet, allerdings lohnt es sich für die Autohersteller und die Verkehrsteilnehmer, andere Entscheidungen zu treffen, wenn der Kraftstoff dreimal so teuer ist. Eine solche Politikstrategie verlangt Zeit und Verläßlichkeit – aber warum sollte es nicht möglich sein, einen breiten gesellschaftlichen Konsens darüber zu erzielen? Es gibt in unserer Gesellschaft wie in anderen Ländern langfristige Aufgaben, die auch bei wechselnden Regierungskoalitionen kontinuierlich weiter bearbeitet werden, beispielsweise Rentenregelungen, Aufbau von Infrastrukturen, Entwicklung der

Bundeswehr usw. Es sollte gelingen, auch die Herausforderung «Einsparung knapper Ressourcen» zu einem Langzeitprojekt mit breiter, stabiler Mehrheit zu machen. Dies wird allerdings nur dann gelingen, wenn überzeugende Vorteile für alle (oder zumindest die große Mehrheit) der beteiligten Akteure geschaffen werden. Damit stellt sich zunächst die Herausforderung, die Einführungsstrategie so zu formulieren, daß sowohl der Automobil- und Zulieferindustrie wirtschaftlich attraktive Zukunftschancen als auch den Autokunden Möglichkeiten zu Kosteneinsparungen aufgezeigt werden. Dies scheint auf den ersten Blick ein unlösbares Problem zu sein, sind doch die Hersteller bei der gegenwärtigen Marktsituation mit dem Absatz zufrieden und die Kunden mit dem Marktangebot offensichtlich ebenfalls.

Patentrezepte gibt es nicht – aber gangbare Wege

Die Stolpersteine auf dem politischen Weg zum Drei-Liter-Auto bzw. einer Umstrukturierung des Angebotes hin zu Autos mit halbiertem Verbrauch in allen Klassen sind offensichtlich:

- Wenn die Kraftstoffpreise an den Tankstellen über die Mineralölsteuern in kurzer Zeit schnell erhöht werden, formiert sich der Widerstand der Autofahrerverbände, die einen starken Einfluß auf die Meinungsbildung der Öffentlichkeit haben. Die Presse- und Politikerreaktionen auf den Fünf-Mark-je-Liter-Vorschlag der Grünen und deren Stimmenverluste bei der Landtagswahl in Sachsen-Anhalt waren deutliche Signale.
- Wenn für alle Neufahrzeuge ein Verbrauchsgrenzwert etwa von drei Litern auf 100 Kilometer ab dem Modelljahr 2000 oder 2005 gesetzlich vorgeschrieben würde – was aus rechtlichen Gründen nur in Abstimmung mit allen EU-Partnerländern ginge –, dann geraten die Hersteller bei größeren Modellen in ernsthafte Schwierigkeiten, weil kurzfristig keine attraktiven Lösungen verfügbar sind. Die Kunden würden ihre bisherigen Fahrzeuge behalten und auf den Kauf eines Neuwagens verzichten; dies wäre weder im Sinne der Umwelt verträglich noch

im Hinblick auf Umsatz und Beschäftigung in der Branche. Wenn für größere Modelle ein höherer Grenzwert von beispielsweise 6 Liter als Obergrenze vorgeschrieben würde, fehlte dann wiederum der Anreiz für Verbesserungen in den kleineren Klassen.

- Wenn ein mit der Fahrzeuggröße bzw. dem -gewicht und damit dem physikalisch bedingten Verbrauchsanstieg zunehmender Verbrauchsgrenzwert eingeführt würde, der von den Herstellern gerade noch erfüllbar ist, könnte zwar die Markteinführung sparsamer Technologie damit forciert werden, korrigierte aber weder den Trend zu immer größeren Autos noch die fortlaufende Zunahme der Gesamtkilometer.

- Durch eine gesetzlich erzwungene Verbrauchsabsenkung würde das Autofahren sogar billiger werden, was die Fahrleistungen gegenüber der Trendentwicklung extra ansteigen lassen könnte. Die US-amerikanische Entwicklung seit den achtziger Jahren ist ein Beispiel für diesen Effekt. Dort waren zwar zunächst die Verbräuche wegen der Flottenverbrauchsregeln rückläufig, das Marktsignal «niedrige Benzinpreise» hat diesen Effekt aber teilweise wieder aufgehoben. Überdies schlossen die US-Vorschriften die Kleinlaster und Allrad-Off-Road-Fahrzeuge aus, die mittlerweile zu den Lieblingen der Autofahrer insbesondere in ländlichen Gebieten geworden sind. Auch in den größeren Städten ersetzen immer mehr Autofahrer ihre Pkw durch hochbeinige «light-duty trucks» mit einem mehrfach höherem Kraftstoffverbrauch.

Die Argumente verdeutlichen, daß es mit *einem* Steuerungsinstrument allein nicht getan ist. Für einen sparsamen Umgang mit dem Kraftstoff bzw. für den Klimaschutz ist eine Strategie der vorsichtigen, aber langfristig verläßlich steigenden Energiesteuern richtig. Nur dann besteht für die Autoindustrie der hinreichend starke Anreiz, Forschung und Entwicklung entsprechend zu intensivieren. Über den Kraftstoffpreis lassen sich aber nicht die weiteren ökologischen Anforderungen an den Kraftfahrzeugverkehr voranbringen, etwa Verbesserungen im Lärm, bei den Schadstoffemissionen, in der Verkehrssicherheit usw. Hier müssen Vorschriften verschärft – und überwacht werden. Um das Drei-Liter-Auto und die Halbierung des Kraftstoffverbrauches für alle Neufahrzeuge schnell Realität werden zu lassen, sind zusätzliche Instrumente sinnvoll einzusetzen: Vorschriften zum Flottenverbrauch etwa oder gestaffelte Kaufsteuern. Wichtig ist uns, daß der Schlagabtausch mit Patentrezepten – die von allen Seiten beschworen werden – aufhört. Die Politik muß sich aller verfügbaren Ansätze bedienen, um die ökologischen, sozialen und wirtschaftlichen Ziele zu erreichen. Es gibt weder Patentrezepte, die allein brauchbar wären, noch dürfen Vorschläge verteufelt werden, mit denen für Umwelt und Arbeit gleichermaßen Verbesserungen erzielbar wären.

Angesprochen ist im übrigen nicht nur die Bundesregierung, es müssen sowohl die Ebenen der Länder und der Kommunen wie auch die europäische Ebene stärker aktiv werden.

Das letztgenannte Stichwort bedarf weiterer Erklärungen: Für die technischen Spezifikationen der Fahrzeuge ist sicherlich die EU-Ebene der richtige Rahmen; es würde angesichts der europäischen Integration wenig Sinn machen, Anforderungen an die Technik national zu differenzieren. Dies gilt in bestimmtem Umfang auch für die Kraftstoffpreise, verwiesen sei auf den heute schon bestehenden Tanktourismus in Grenzregionen, beispielsweise nach Luxemburg. Für den internationalen Straßengüterfernverkehr ist es ohnehin schon üblich, daß die Trucker mit großvolumigen Tanks die Hochpreisländer überbrücken. Größere Preisdifferenzen würden diese unerwünschten Ausweichreaktionen noch verstärken, bis hin zu Umwegfahrten des billigeren Kraftstoffes wegen.

Die Probleme der verkehrsüberfüllten Städte mit den Lärm- und Abgasbelastungen sowie mit der kostenlosen Inanspruchnahme öffentlichen Parkraumes wiederum läßt sich nur auf kommunaler Ebene regeln; hierzu würden hohe Benzinpreise kaum einen Lösungsbeitrag leisten. Die Kommunen müssen wirksamere Instrumente erhalten, um in ihrem Handlungsbereich verträgliche Verkehrslösungen umsetzen zu können. Auch auf regionaler Ebene besteht Bedarf nach differenzierten Handlungsmöglichkeiten: Die Verkehrskosten je Pkw-Distanzkilometer könnten in den Ballungsräumen mit dichten öffentlichen Verkehrsnetzen eher ansteigen als in dünnbesiedelten Regionen ohne zumutbare Verkehrsalternativen. Unterschiedliche Kilometerkosten sind auch aus der Sache heraus in vielfacher Hinsicht gerechtfertigt: Die Baukosten der Straßen in Ballungsräumen sind höher, wenn zum Lärmschutz der Anwohner Tunnel notwendig werden. Die Lärm- und Schadstoffwirkungen je Fahrzeugkilometer sind hier bereits heute dadurch höher als auf dem flachen Land, da mehr Menschen im Einwirkungsbereich der Lärm- und Schadstoffpegel leben. Schließlich sind auch die Grundstückskosten für Verkehrswege in dichtbesiedelten Regionen höher.

Ein umfassendes politisches Konzept für einen ökologisch verträglichen Verkehr kann im Rahmen dieses Buches nicht entwickelt werden, es soll ja hier auch nur als Rahmen skizziert werden, in den das Anliegen «Energieeinsparung» integriert wird. Ein solches Konzept müßte die verschiedenen Regelungsebenen zielgerichtet nutzen.

Die fahrzeugtechnische Optimierung in Richtung Verbrauchsreduzierung und Klimaschutz darf nicht dazu führen, daß sich in den anderen Richtungen neue Belastungsarten ergeben. Konkret darf ein energieoptimiertes Auto nicht verkehrsunsicherer, lauter oder schmutziger sein. Es muß auch in der umfassenden Produktkettenanalyse «von der (Rohstoff-)Wiege bis zur (Altauto-)Bahre» günstig sein und darf sich den Verbrauchsvorteil nicht durch Nachteile im Verlauf der Produktion «erschleichen» – das in Kapitel 9 dargestellte Verfahren zur Ökobilanzierung der Audi-Aluminiumkarosserie ist ein hervorragendes Beispiel für einen solchen integrierten Bewertungsansatz.

«Öko-Autos» müssen auch sicher sein

Die Stichworte Verkehrssicherheit und Lärm weisen allerdings auf Zielkonflikte hin, die möglicherweise nicht allein mit fahrzeugtechnischen Entwicklungen lösbar sind. Zunächst ist es ja offensichtlich, daß eine Erhöhung der passiven Sicherheit für die Fahrzeuginsassen, beispielsweise durch einen seitlichen Aufprallschutz oder durch Airbags, Zusatzmassen erfordert, die dann in entsprechender Weise den Antriebsbedarf und den Verbrauch erhöhen. Ein heute bei Normal-

fahrzeugen erreichtes Schutzniveau bzw. bestehendes Verletzungs-
risiko für Pkw-Insassen kann durch Leichtbau dann bei einem sparsameren Fahrzeug ebenfalls realisiert werden, wenn eine gleiche
Absorption der Aufprallkräfte durch Verwendung hochfester Materialien mit weniger Masse erreicht wird. Setzt man allerdings die Verwendung dieser Materialien und einen vergleichbaren Stand der
Konstruktion bereits voraus, dann könnten weitere Massenreduzierungen tatsächlich auf Kosten der Sicherheit gehen. Dies darf nicht
geschehen, Energieeinsparung darf nicht durch eine Erhöhung der
Zahl der Unfallopfer erkauft werden!

Wir gehen davon aus, daß zukünftige Fahrzeuge mit vergleich-
baren Abmessungen gegenüber heute mit analoger Crashsicherheit
gebaut werden können. Wir verweisen auf die Ausführungen zum
Hypercar von Amory Lovins und das Kapitel 16. Anders muß die
Sicherheitsbewertung aussehen, wenn es um eine Reduzierung der
Fahrzeugabmessungen geht. Grundsätzlich ist ein kleines Fahrzeug
bei einer Kollision mit einem festen Objekt oder mit einem großen
Fahrzeug aus zwei Gründen benachteiligt: Zum einen steht weniger
Verformungsweg zum Abbau der Differenz-Aufprallgeschwindigkeit
zur Verfügung, zum anderen kann es eher zum Eindringen von
Fahrzeugteilen in die Fahrgastzelle kommen. Darüber hinaus sind
kürzere Autos in der Richtungsstabilität den größeren unterlegen,
d. h. bei gleichen Geschwindigkeiten nimmt bei kürzeren Autos die
Gefahr zu, ins Schleudern zu geraten oder sich zu überschlagen. In
den USA hat man die Unfallentwicklung nach der Einführung von
Grenzwerten für den Flottenverbrauch analysiert und eine
Zunahme dieses Unfalltyps festgestellt.

Es hat keinen Sinn, die Augen vor den Regeln der Fahrphysik
zu verschließen: Es gibt einen deutlichen Zielkonflikt zwischen der
Forderung nach kleineren, leichteren Autos aus Energiegründen
und der höheren Fahr- sowie Aufprallsicherheit bei größeren Autos.
Die Lösung dieses Dilemmas zur Verbesserung der Verkehrssicherheit: Reduzierung der Fahrgeschwindigkeit. Im Falle eines Aufpral-
les würde die Zerstörungsenergie entsprechend dem Quadrat der
Geschwindigkeit abnehmen. Die Zerstörungswucht beim Aufprall
mit 60 km/h ist vierfach höher als mit 30 km/h, langsamere
Geschwindigkeiten bedeuten also eine überproportionale Abnahme

des Todes- und Verletzungsrisikos bei einem Crash. Sinkt die Fahrgeschwindigkeit auf die Hälfte, wird das Autofahren viermal so sicher.

Durch niedrigere Fahrgeschwindigkeiten würde darüber hinaus aber auch ein Teil der Unfälle überhaupt vermieden werden, da sich die Bremswege ebenfalls mit dem Quadrat der Geschwindigkeit verkürzen. Die Formeln für den Bremsweg besagen, daß ein Auto aus Tempo 60 beispielsweise einen viermal so langen Bremsweg hat als ein Auto mit 30 km/h. Für die Reaktionszeit wird bei niedrigerer Fahrgeschwindigkeit proportional weniger Strecke zurückgelegt – ebenfalls ein Moment, das sich in einer Reduzierung der Unfallhäufigkeit auswirkt. Geschwindigkeitsreduzierungen führen aber dazu, daß Unfälle seltener passieren und daß bei jedem Zusammenprall weniger Schäden – an Leib und Leben sowie an den Autos – auftreten. Die Überlegungen münden in der Abschätzung, daß Unfallverletzungen mit der dritten bis vierten Potenz der Verringerung der Fahrgeschwindigkeit abnehmen würden.

Sinnvoll und überfällig: Tempolimit auf Autobahnen

Die Forderungen von Umweltverbänden und Verkehrssicherheitsexperten nach Temporeduzierungen im Kraftfahrzeugverkehr sind nicht neu. Dennoch ist die Forderung nach wie vor aktuell und richtig, und es sind in den vergangenen Jahren gute Argumente hinzugekommen. Zum einen hat das Geschwindigkeitsniveau auf unseren Straßen deutlich zugenommen und nimmt weiter zu, zum anderen hat keine andere Maßnahme ein so breites Nutzenspektrum. Als zu den Hochzeiten der Ölkrise im Jahre 1973 das Tempolimit 100 km/h auf Autobahnen ausgerufen wurde, reduzierte sich die Zahl der schweren Unfälle und die Zahl der Unfalltoten und -verletzten schlagartig. Leider konnte sich die damalige Bundesregierung nicht dazu entschließen, dem Druck der Automobilindustrie nach Abschaffung des Tempolimits standzuhalten; es wurde aufgehoben. Ähnliches geschah in den Jahren 1983/1984, als das Umweltbundesamt in einer Studie nachgewiesen hatte, daß durch Temporeduzierungen ein wirksamer Beitrag zur Verringerung der für das Waldsterben mitverantwortlichen Stickoxidemissionen erzielt werden könnte. Der daraufhin von der Bundesregierung durchgeführte Großversuch zur Messung der Abgase bei Tempo 100 auf Autobahnen erbrachte allerdings den erwünschten Gegenbeweis der Wirksamkeit von Tempolimits, weil die Befolgung der auf den Versuchsstrecken per Verkehrsschild angeordneten Tempolimits katastrophal gering war – kein Wunder, hatte doch der Verkehrsminister den Autofahrern versichert, daß Übertretungen nicht geahndet würden. Zudem setzte nicht nur von Industrie und Lobby, sondern von den Regierungsparteien und Ministerien selbst eine massive Gegenpropaganda ein, durch welche die Motivation der Autofahrer zur Befolgung der ausgeschilderten Tempolimits unterhöhlt wurde.

In Befragungen hatte man allerdings vorher ermittelt, daß sich die Autofahrer an Geschwindigkeitsbegrenzungen halten würden, wenn dies der Umwelt helfen würde. Ein Tempolimit ist für Autofahrer akzeptabel. Diese Bereitschaft ist – aktuellen Umfragen zufolge – heute mehrheitlich nicht mehr vorhanden, die Ja-Anteile liegen unter 50 Prozent. Deutschland ist nach wie vor das einzige Land ohne eine Begrenzung der maximalen Fahrgeschwindigkeit. Wer je auf den Straßen Skandinaviens oder in den USA erfahren hat, wie angenehm man auf der Autobahn mit einem Tempo von 90 bis 110 km/h reisen kann, ohne ständig der Gefahr eines mit Tempo 180 oder mehr heranrasenden Rennfahrers ausgesetzt zu sein, wird den deutschen Sonderweg bedauern.

Das von Bundesverkehrsministerium und Autolobby vorgebrachte Argument, daß ein Großteil der Autobahnen bereits ein Tempolimit habe und daher eine allgemeine Einführung kaum noch etwas bewirken würde, ist falsch: Nach einer aktuellen Studie des Wuppertal Instituts, die im März 1998 der Konferenz der europäischen Verkehrsminister vorgestellt wurde, werden im deutschen Autobahnnetz 86 Milliarden Pkw-Kilometer bei freier Fahrt ohne Tempolimit zurückgelegt, dagegen nur 39 Milliarden Pkw-Kilometer mit Tempolimit. Der Umfang der Stau-Kilometer beträgt übrigens «nur» 2,4 Milliarden Kilometer – weit weniger, als von Auto- und Straßenbaulobby über Jahre hinweg behauptet wird; wir haben dies im vorigen Kapitel bereits erläutert. Alle Zahlen beziehen sich auf das Referenzjahr 1995, bis heute dürften sich die relativen Anteile nicht wesentlich verändert haben. Wahrscheinlich werden die Fahrgeschwindigkeiten aber weiter angestiegen sein, die langjährige Steigerungsrate liegt bei 1 km/h im Jahr.

Temporeduzierungen würden zum einen direkte vorteilhafte Auswirkungen auf die Unfallzahlen und Unfallschwere haben, zum anderen bewirkten sie eine unmittelbare Verringerung des Schadstoffausstoßes und des Energieverbrauches, d. h. auch der Treibhausgasemissionen. Langfristig ist jedoch vor allem der Aspekt der Technikentwicklung wichtig: Es ist bereits bei verschiedenen Punkten deutlich gemacht worden, daß technische Optimierungen nur für bestimmte Einsatzsituationen vorgenommen werden können, in anderen Fahrzuständen sind die Lösungen allerdings suboptimal. Dies gilt für die Motorauslegung, Fahrwerksauslegung, Getriebestufung, Reifen usw.

Effizienzoptimierung durch Tempostrategie unterstützen

In der Ausrichtung der Technikentwicklung auf die am häufigsten genutzten Betriebszustände bei niedrigen und mittleren Geschwindigkeiten sehen wir ein überaus großes Entwicklungspotential. Von den etwa 240 Milliarden Pkw-Stunden werden weniger als 5 Milliarden mit Geschwindigkeiten über etwa 125 km/h gefahren. (Die Umweltwirkungen dieses kleinen Zeitanteils bei hohen Geschwindigkeiten sind allerdings weit höher.) Die Autos sind jedoch allesamt darauf ausgelegt, erheblich schneller zu fahren. Notwendigerweise sind sie dann für die niedrigeren Tempi weniger effizient.

Wie sparsam könnte ein Auto der Golf-Klasse wie ein Vertreter der S-Klasse sein, wenn sie für Reisegeschwindigkeiten von maximal 100 km/h optimiert wären? Die Entwicklungsingenieure könnten sich endlich einmal auf die Fahrzustände konzentrieren, die im Alltag auch am häufigsten auftreten. Für Außerortsstraßen, die nicht vierspurig ausgebaut sind, erscheinen 80 km/h aus Gründen der Verkehrssicherheit angemessen, hier passieren die meisten schweren Fahrunfälle. Auf Stadtstraßen mit Fußgänger- und Radverkehr sollte nicht schneller als 30 km/h gefahren werden, damit zum einen die

Zahl der tödlichen Unfälle zurückgeht und zum anderen Radfahrer die Fahrbahnen gefahrlos nutzen könnten. Der Bau von Radwegen würde kaum noch notwendig sein.

Ein häufiger Einwand gegen die Forderung nach strikten Tempolimits lautet: Sicher wäre es vorteilhaft, die Geschwindigkeiten zu reduzieren, aber es würde sich doch kaum jemand an entsprechende Verkehrsvorschriften halten! Unsere juristisch verklausulierte Antwort darauf würde lauten: Regelung nicht nur über die StVO (Straßenverkehrsordnung), sondern auch über die StVZO (Straßenverkehrs-Zulassungsordnung).

In nichtjuristisches Deutsch übertragen, sehen wir die Ausstattung der Autos mit «technischen Geschwindigkeitsbegrenzern» als notwendig an, mit denen nicht nur innerorts die zulässigen Geschwindigkeiten automatisch eingehalten würden, sondern auch das eingestellte Maximaltempo auf Autobahnen. Gegen Ende der achtziger Jahre wurde dies bereits einmal unter den Aspekten Verkehrssicherheit und Lärm vorgeschlagen und auch in einer Reihe von Prototypen demonstriert. Der Münchner Architekt und Verkehrsplaner Henning von Winning hatte sich an den finanziell und auch oftmals ästhetisch aufwendigen Umbauten in Wohnstraßen zur Verkehrsberuhigung gestört. Ist es nicht, so hatte er damals argumentiert, wesentlich eleganter und effizienter, wenn die Autos «verkehrsberuhigt» werden, statt die Straßen mit Hindernissen, Verschwenkungen und Aufpflasterungen umzugestalten, damit die Autofahrer zu einem niedrigeren Fahrtempo veranlaßt werden? Auch das Umweltbundesamt hatte damals den Aachener Ingenieur Heinrich Steven vom Forschungsinstitut für Geräusche und Erschütterungen (FIGE) beauftragt, die technischen Möglichkeiten für Geschwindigkeits- und Drehzahlbegrenzungen zu untersuchen.

Ergebnis der Forschungen war, daß mit einem Kostenaufwand von wenigen hundert Mark pro Fahrzeug sowohl das Lärm- als auch das Tempoproblem gelöst werden könnte. Denkt man sich an den Ortseingang – oder allgemein am Beginn von Straßen mit schutzwürdigen Nutzungen – eine Induktionsschleife oder einen Infrarotsender installiert, der in das passierende Fahrzeug ein Signal überträgt, so lassen sich zunächst an den Fahrer die Informationen über die erforderliche Aktivierung von Begrenzern übertragen. Nach einigen Sekunden Übergangszeit würden die Begrenzer automatisch eingestellt. Die damaligen Erprobungen haben gezeigt, daß die meisten Probefahrer die Drehzahl- und Geschwindigkeitsbegrenzung nach einer gewissen Übergangszeit als Entlastung begrüßen. Die technische Ausführung ist simpel: Wenn die eingestellten Drehzahl- und Geschwindigkeitswerte erreicht werden, wird bei dem elektronischen Gaspedal keine weitere Erhöhung zugelassen, der Gasfuß kann zwar weiter durchgetreten werden, dies führt dann aber nicht zu weiteren Drehzahlsteigerungen. Die Fahrer orientieren sich daran und bleiben in einem Zustand, der unterhalb der Grenze liegt und ihnen die unmittelbare Verbindung mit dem Motor – unterhalb der Grenzen – noch gestattet.

Mit der Einführung von Geschwindigkeitsbegrenzern für schwere Nutzfahrzeuge mit mehr als 12 Tonnen zulässigem Gesamtgewicht durch eine europäische Richtlinie ist die Technik seit 1995 für diese Fahrzeugklasse verbindlich, allerdings sind die Begrenzer nur auf 80 km/h plus einer maximal zehnprozentigen Toleranz eingestellt. Auch die Fahrzeuge im Bestand mußten nachgerüstet werden. Die Erfolge sind vor allem für die Betreiber von Lkw-Fuhrparks überzeugend: Weniger Unfälle, geringerer Kraftstoffverbrauch, weniger Verschleiß. Eine intelligente Nutzung der Möglichkeiten der Verkehrstelematik in dem von uns angedachten Sinne würde diesen Fortschritt auf weitere Verkehrssituationen ausdehnen. Das Geschwindigkeitsrennen könnte beendet werden, der Optimierung der Ökotechnik auf die niedrigeren Geschwindigkeiten würde endlich die notwendige Priorität gegeben.

Flankierend und langfristig angelegt: Steuerstrategie

Alle technischen Ansätze zum Kraftstoffsparen müssen sich auch in den Marktsignalen widerspiegeln. Damit ist gemeint: der Kraftstoff muß in dem Maße teurer werden, daß für die Verkehrsteilnehmer die modernere, kraftstoffsparende Technik auch attraktiv wird. Dabei kann es nicht darum gehen, mit sprunghaften Preiserhöhungen den Autofahrern oder der Industrie zu schaden. Es muß für beide möglich sein, sich gegenüber den Kostenerhöhungen strategisch so zu verhalten, daß Anpassungen in der Bestandsstruktur und bei den neuen Modellen in einem langsamen, sozial- und wirtschaftsverträglichen Tempo vorgenommen werden können. Für diejenigen, die sich keine effizienzoptimierten neuen Modelle leisten können und daher die älteren, im Verbrauch ungünstigeren und teureren Autos fahren, muß es unterstützende Maßnahmen geben.

Aus der Energiewirtschaft ist das sogenannte «Contracting» bekannt. Dabei finanzieren Dienstleistungsunternehmen die Installation der Ökotechnik – beispielsweise neue Heizanlagen oder aufwendige Isolationen – und refinanzieren sich aus den eingesparten Energiekosten. Für die kraftstoffverschlingenden Altfahrzeuge in der Hand der Besitzer, die sich keine sparsamen neuen Autos kaufen können, wird die Rechnung ähnlich lauten: Das effizientere neue Auto finanziert sich aus den Einsparungen im Verbrauch. Auch die Autoindustrie wird wohl kaum etwas dagegen haben können, daß weniger alte Fahrzeuge gefahren und statt dessen mehr neue Modelle gekauft werden.

20   Sparen mit dem Drei-Liter-Auto

Nach dem Tanken bzw. Bezahlen an der Tankstellenkasse wird wohl kaum ein Autofahrer der Einschätzung von Umweltorganisationen beipflichten, daß der Kraftstoff viel zu billig sei. Für eine Tankfüllung 60,– oder 80,– DM auszugeben – Dieselkraftstoff wird ja nach dem Willen der europäischen Union deutlich niedriger besteuert als Benzin –, erscheint schmerzhaft genug, eine Verdoppelung oder Verdreifachung des Preises würde merkliche Spuren im Haushaltsetat hinterlassen. Einschränkungen wären vor allem für die Arbeitnehmerhaushalte unvermeidlich, die bereits in den vergangenen Jahren fortlaufend Kaufkraftverluste hinnehmen mußten. Besonders hart wäre eine plötzliche Preissteigerung natürlich für die Bezieher geringer Einkommen, geringer Renten oder Sozialleistungen. Es ist absolut verständlich, daß einer Umfrage des Umweltbundesamtes zufolge nur ein sehr geringer Prozentsatz der autofahrenden Bevölkerung Benzinpreiserhöhungen bis ca. 2,– DM je Liter für akzeptabel hält; für Steuererhöhungen darüber hinaus gibt es so gut wie keine Akzeptanz.

Dabei ist nicht das Prinzip der Preiserhöhung falsch, sondern die politische Ungeschicklichkeit, nicht die *Vorteile* einer Steuerreform in den Vordergrund gestellt zu haben. Hohe Kraftstoffsteuern sollen ja niemanden ärgern, vielmehr sollen sie den Autoherstellern, den Autofahrern und der Verkehrswirtschaft Anreize zum Umsteuern geben. Die Überzeugung, daß höhere Benzin- und Dieselpreise wünschenswert sind, haben nicht nur einige ökologisch Bewegte. Vielmehr hört man in vielen Gesprächen mit Ingenieuren und Vertriebsexperten von Autoherstellern die Einschätzung, daß die deutschen Fahrzeugproduzenten bald fortschrittlichere und effizientere Pkw auf den Markt bringen würden, wenn sie denn nur sicher sein könnten, daß diese vom Käuferpublikum angenommen werden! Bei den gegenwärtigen Kraftstoffpreisen würden sich aber viele High-Tech-Innovationen nicht rechnen. Den Autokäufern könne man nach den negativen Erfahrungen mit dem VW Golf Ecomatic kein Auto mit Spartechnik für beispielsweise 2.000,– DM Aufpreis verkaufen, selbst wenn dadurch der Verbrauch um ein bis 1,5 Liter je 100 Kilometer reduziert würde.

Eine Modellrechnung verdeutlicht dies: Bei einer durchschnittlichen jährlichen Fahrleistung von 12.000 Kilometern entspricht dieser geringe Verbrauch bei heutigen Kraftstoffpreisen einer Einsparung von 190,– bis 280,– DM (Benziner) beziehungsweise 150,– bis 220,– DM (Diesel) pro Jahr. Nach Einschätzung von Marketingexperten müssen sich Mehraufwendungen für den Kunden innerhalb von drei Jahren amortisieren, längere Zeiten werden nicht akzeptiert. Für den angenommenen Mehrpreis würde die untere Dieselvariante noch nicht einmal die zusätzlich aufgewandten Kapitalkosten decken können, eine Amortisation wird überhaupt nicht erreicht. Akzeptabel wären nach dieser Rechnung Mehrkosten von allenfalls 850,– DM für rund 1,5 Liter Benzin- beziehungsweise 1,9 Liter Dieselverbrauchssenkung. Der aus privatwirtschaftlicher Sicht unverständliche Dieselboom weist allerdings darauf hin, daß die deutschen Autofahrer offensichtlich nicht nur nach Mark und Pfennig entscheiden, sondern auch «aus dem Bauch heraus». Die Mehrkosten für Dieselvarianten gegenüber Benzinern werden nur bei sehr hohen Jahreskilometerleistungen wieder eingefahren, welche die größte Zahl der Dieselkäufer überhaupt nicht erreicht. Hier könnte der Grund möglicherweise in der immer wiederkehrenden Freude über die niedrigen Tankstellenrechnungen liegen, gegenüber denen andere Mehraufwendungen weitgehend unsichtbar bleiben.

Steuervielfalt in Europa sorgt für Kostenvielfalt

Die in Deutschland heute bestehenden Abgaben und Steuern auf den Kauf, das Halten und die Nutzung eines Autos entsprechen nicht einer bestimmten Sachlogik, sondern sind das Ergebnis historischer Zufälligkeiten und politischer Kompromisse. Die beim Kauf eines Autos wie beim Kauf z. B. eines Küchenschrankes zu entrichtende Mehrwertsteuer ist ersichtlich nicht autospezifisch, sie dient der Finanzierung der öffentlichen Haushalte und kann das Konsumverhalten kaum lenken. Sieht man einmal von den Produkten des Grundbedarfs und der Kultur ab, für die ein reduzierter Mehrwertsteuersatz zu zahlen ist, bleibt die Steuerwirkung in bezug auf die Konsumentenentscheidungen neutral. Einige Länder in Europa belegen allerdings den Neuwagenkauf mit Abgaben in Größenordnungen, die ein Mehrfaches des Herstellerpreises ausmachen können. Hier ist vor allem Dänemark zu nennen. Aufgrund dieser Politik unseres nördlichen Nachbarn hat sich die Kraftfahrzeugdichte dort auf einem erheblich niedrigeren Niveau eingependelt als in anderen Ländern mit vergleichbaren Einkommen.

Die Kraftfahrzeugsteuer wurde in Deutschland nach Jahrzehnten weitgehender Konstanz in den vergangenen zehn Jahren mehrfach mit Umweltargumenten erhöht – allerdings über die Jahre weniger, als die allgemeine Entwicklung von Einkommen und Lebenshaltungskosten ausmachte. In den fünfziger Jahren war zunächst die – in Deutschland traditionell hubraumbezogene – Kraftfahrzeugsteuer auf 14,40 DM je 100 cm^3 leicht gesenkt worden. Dieser Wert wurde bis Mitte der achtziger Jahre beibehalten.

Dann führten 1985 die Anreize der Bundesregierung zur Katalysator-Einführung zu einer ersten Verkomplizierung: Nach Ablauf einer mehrjährigen Steuerfreiheit für Fahrzeuge, welche die verschärften Abgasgrenzwerte erfüllten, betrug deren jährlicher Steuersatz 13,20 DM je 100 cm^3, für andere Fahrzeuge mußten 18,80 DM je 100 cm^3 berappt werden. Die nächste und übernächste Reform wollen wir hier übergehen, die jüngste Kraftfahrzeugsteuerregelung kombinierte schließlich die Erreichung einer weiter fortgeschriebenen Abgasstufe, etwa EURO 3 oder eines Fünf-Liter- beziehungsweise Drei-Liter-Verbrauchs mit Steuernachlässen.

Für Diesel-Pkw war bereits vor einigen Jahren eine deutliche Erhöhung auf 37,10 DM bestimmt worden, weil die Europäische Union eine von der Bundesregierung angestrebte generelle Erhöhung der Mineralölsteuer hinsichtlich des Diesels blockierte, als Ausgleich dafür wurde dann der Hubraumbemessungssatz fast verdoppelt. Seither gilt der Kfz-Steuersatz für Diesel bei dem Verband der Automobilindustrie und einigen Autoclubs als «Diesel-Strafsteuer». Man findet dies ungerecht im Vergleich zu dem Bemessungssatz für die Benziner, vergißt dabei aber die unterschiedliche Besteuerung des Kraftstoffes.

Die niedrigere Steuerbelastung des Dieselkraftstoffes spiegelt die Vorstellung der Europäischen Kommission wider, wonach die wirtschaftliche Integration der Gemeinschaft eines billigen Lkw-Verkehrs bedarf; die deutsche Wirtschaft ist von den Steuerpräferenzen für den Diesel-Lkw natürlich ebenfalls angetan. In den europäischen Mitgliedsländern gelten zulässige Bandbreiten für die Besteuerung, welche hinsichtlich des Dieselkraftstoffs in Deutschland seit längerer Zeit ausgeschöpft sind. Für Benzin gilt dies in Deutschland nicht, wie die etwas höheren Benzinpreise in anderen EU-Ländern zeigen. Die Wettbewerbsverzerrung zwischen Benzin und Dieselkraftstoff noch weiter zuungunsten des Benzins zu verstärken, kann jedoch nicht im Interesse des Umweltschutzes sein. Der Dieselboom verschlechtert die Bilanz bei den Stickoxiden und vor allem bei den Rußemissionen. Vor einigen Monaten hat die EU-Kommission mit Planungen für veränderte Steuerrichtlinien begonnen, in denen – hoffentlich – die Bevorzugung des Diesels zumindest ein Stück weit reduziert wird.

Autofahrer: Milchkuh oder Goldenes Kalb?

Aus den kraftfahrzeugspezifischen Steuern, also aus der Kraftfahrzeug- und der Mineralölsteuer, werden jährlich etwa 14 Milliarden DM (nur Pkw) in die öffentlichen Kassen gespült. Von den Autofahrerclubs wird darauf hingewiesen, daß die Steuersummen deutlich höher liegen als die von Bundes- und Länderhaushalten sowie den Kommunen getätigten Ausgaben für den Verkehr. Dies gilt für all die Verkehrsausgaben, die dem Pkw auch anzulasten sind, für den Lkw-Bereich stellt sich die Bilanz anders dar – der Lkw-Verkehr verursacht mehr Ausgaben, als er an Steuern erbringt. Der Pkw deckt seine direkten Wegekosten, der Lkw deckt seine direkten Wegekosten nicht. Aus der Überdeckung von Pkw-bezogenen Steuern im Verhältnis zu den Pkw-bezogenen Ausgaben wird häufig die Forderung abgeleitet, daß erheblich mehr Straßen gebaut werden müßten, um vor allem den Umfang der Stauungen zu reduzieren, oder aber die Abgabenlast müsse reduziert werden. Verständlicherweise wird dieses Argument dann besonders nachdrücklich dazu verwendet, den Gedanken an eine höhere Besteuerung zurückzuweisen.

Unberücksichtigt bleiben bei dieser Betrachtungsweise die sogenannten externen Kosten des Verkehrs, das heißt, die indirekten Kosten für die Gesellschaft, die der Autoverkehr verursacht. Die externen Kosten resultieren daraus, daß beispielsweise Gesundheitsschäden durch Lärm und Abgase nicht von den Kraftfahrzeugbenutzern getragen werden, sondern von den Krankenversicherungen, das heißt einem anderen Bevölkerungskollektiv. Die Wertverluste von Wohnungen, Gebäuden, Wäldern und Seen aufgrund von Verkehrslärm, Korrosion, Stickoxideinträgen und sauren Niederschlägen haben die jeweiligen Besitzer und Nutzer. Die Schätzungen der externen Kosten des Kraftfahrzeugverkehrs in Deutschland variieren zwischen 50 und 200 Milliarden DM pro Jahr, der Streit zwischen Ökonomen um deren «richtige» Bemessung tobt seit Jahrzehnten ohne Aussicht auf Einigung. Auf die Höhe dieser ungedeckten Umweltkosten des Autoverkehrs wird im übrigen die Forderung nach einem Benzinpreis von 5,– DM je Liter zurückgeführt; die entsprechende Erhöhung der Mineralölsteuer, so die Befürworter, würden die gesellschaftlichen Kosten des Autofahrens auf die Verursacher dieser Schäden verlagern. Alles andere sei eine Subventionierung umweltschädigenden Verhaltens.

Auf den Grundsatzstreit um die Richtigkeit der einzelnen Berechnungsansätze soll hier nicht weiter eingegangen werden, es lassen sich sowohl Argumente für noch erheblich höhere Externkosten finden als auch für niedrigere. Von einzelnen Ökonomen ist sogar behauptet worden, daß neben den externen Kosten auch

externe Nutzendimensionen zu berücksichtigen wären, welche die
negative Kostenbilanz weit übertreffen würden – folgt man dieser
Logik, tut jeder Autofahrer etwas Gutes für die Gesellschaft, wenn
er ein paar tausend Kilometer im Jahr mehr fährt. In diesem Kapitel
soll dieser Streit nicht vertieft werden. Es soll nur verdeutlichen, daß
die Kraftfahrzeugsteuer und die Mineralölsteuer mit der gleichen
Berechtigung völlig andere Werte annehmen könnte, wie sie in
Deutschland heute nun einmal bestehen.

Auswirkungen der Kfz-Steuerreform

Veränderungen der Steuersätze werden immer zwiespältig beurteilt,
die einen Autofahrer schimpfen, weil sie für ihre alten Modelle mehr
bezahlen müssen, die anderen nehmen für ihre neu gekauften Autos
wie selbstverständlich den Vorteil der gesenkten Steuern mit. Die
Absicht des Gesetzgebers bei der jüngsten Kraftfahrzeugsteuerre-
form war es zwar, für die Hersteller und für die Autokäufer einen
Anreiz zu schaffen, Mehrkosten aufzuwenden beziehungsweise zu
akzeptieren, um dann sauberere oder sparsamere Pkw in den Markt
zu bekommen. Im Ergebnis resultiert aus der Steuerreform jedoch
ein immenses Steuergeschenk an die Besitzer und Käufer von Neuwagen, denn die verschärften Anforderungen wurden entweder
bereits eingehalten oder aber konnten von den Herstellern mit
erheblich weniger Mehrkosten eingehalten werden, als die Steuer-
befreiung erbrachte.

Im Hinblick auf die Verbrauchsziele fünf Liter und drei Liter
dürfte das Kfz-Steuergesetz deswegen weitgehend folgenlos bleiben,
weil der Steuersatz für schadstoffgeminderte Pkw dann so niedrig ist,
daß die 500,– beziehungsweise 1.000,– DM-Anreize von Autos mit
kleinem Hubraum überhaupt nicht erreicht werden. Der Greenpeace-SmILE mit seinem kleinen Hubraum von 360 cm^3 und der
Erfüllung fortgeschrittener Abgasstandards würde gerade einmal mit
150,– DM gefördert; Autos mit großem Hubraum wiederum werden
den Drei-Liter-Wert nicht erreichen können.

Die Benachteiligung kleiner Motoren in den Planungen des
Bundesverkehrsministeriums drückt sich übrigens auch auf einem

völlig anderen Bereich des Autoverkehrs aus, nämlich bei den Old-
timern. Um den Liebhabern dieses Hobbys die starke Steuerer-
höhung für nicht-abgasentgiftete Oldtimer zu ersparen, führte man
eine pauschale Jahressteuer von 350,– DM für alle Oldtimer mit
mehr als 35 Jahren Alter ein. Für eine BMW-Isetta, einen Fiat 500
oder einen Lloyd bedeutet dies auf einen Schlag eine Verdoppelung
oder Verdreifachung der jährlichen Steuerlast, während ein Merce-
des- oder Jaguar-Oldtimerfahrer Erhebliches an Steuern spart. Dies
ist ein weiteres Beispiel für umweltpolitische und sozialpolitische
Blindheit des Verkehrs- und des Finanzministeriums in Bonn.

Historischer Exkurs: Kosten des Autofahrens

Am 26. Mai 1938, dem Himmelfahrtstag, wurde auf einem sumpfi-
gen Gelände nahe dem Mittellandkanal im östlichen Niedersachsen
in der Nähe des Städtchens Fallersleben der Grundstein für ein Automobilwerk gelegt, das die Massenmotorisierung des deutschen
Volkes verwirklichen sollte.

Zu jener Zeit verdiente ein qualifizierter Facharbeiter in
Deutschland im Durchschnitt 65 Pfennig pro Stunde. Der Ehrengast
der Zeremonie, Reichskanzler Adolf Hitler, hatte sich persönlich für
das Anliegen eingesetzt, ein Auto auf den Markt zu bringen, das für
jeden Werktätigen erschwinglich sein sollte. Er hatte höchstpersön-
lich den Kaufpreis auf 990 Reichsmark festgelegt. Nach den Kalku-
lationen des Konstrukteurs des zur Produktion vorgesehenen Ein-
heitsmodells, das später als Volkswagen Käfer einen Siegeszug auf
den Weltmärkten antreten sollte, wären mindestens 1500 Reichsmark als Marktpreis erforderlich gewesen, um die Produktion und
die Amortisation der Investitionen zu erwirtschaften. Das billigste
Automobil auf dem damaligen Markt war der Opel P 4 zu etwa
jenem Preis. Das Auto entsprach jedoch nicht den Vorstellungen der
Regierung für eine Vollmotorisierung hinsichtlich verschiedener
Kriterien, wie z. B. Platz für vier bis fünf Insassen, Dauerhöchstge-
schwindigkeit 100 km/h und einem Kraftstoffverbrauch von maximal sieben Litern je 100 Kilometer. Überdies war Opel als Tochter-
unternehmen von General Motors aus ideologischen Gründen bei

den Herrschenden nicht beliebt. Die anderen damals etablierten Hersteller, die im RDA (Reichsverband der Automobilindustrie, später VDA) zusammengeschlossen waren, hielten nicht viel von der Idee der Massenmotorisierung und der Massenproduktion eines preiswerten Vehikels und versuchten, das Projekt zu hintertreiben. Das Auto, so war die Einschätzung der damaligen Automobilproduzenten in Deutschland, sei ein Produkt für die wohlhabenden Schichten, die sich auch schwerere und leistungsfähigere Autos kaufen würden. Der hohe Stand der Arbeitslosigkeit während der Weltwirtschaftskrise Ende der zwanziger/Anfang der dreißiger Jahre war zwar herabgesenkt worden, allerdings würde kaum ein Arbeitnehmer ein Jahresgehalt für den Kauf eines Autos aufwenden können.

Die politische Führung nahm diese Bedenken nicht zur Kenntnis, blieb bei ihrer Vision und setzte auf ein Autowerk in nationalem Eigentum. Politisches Ziel war die Vollmotorisierung. Es wurde ein Bestand von 10 Millionen Pkw angedacht, die Jahresproduktion des Werkes sollte innerhalb kurzer Zeit auf 1,5 Millionen Einheiten pro Jahr gesteigert werden. Ratensparverträge wurden ausgegeben, mit denen sich die Arbeiter in Schritten von 5 Reichsmark je Woche ein Anrecht auf Zuteilung eines irgendwann später verfügbaren Autos sichern konnten. Bis der Kriegsverlauf und die Zerstörung der Produktionsanlagen all diese Ideen obsolet machten, hatten rund 330.000 Sparer insgesamt 250 Millionen Reichsmark eingezahlt. Auf den nach und nach gebauten Produktionsanlagen wurde dann bis Kriegsende die Militärversion des Volkswagens, der sogenannte Kübelwagen, für die Armee hergestellt.

Dieses kurze historische Schlaglicht auf die Einkommenssituation eines durchschnittlichen Arbeitnehmerhaushaltes und auf die Kosten des Autos wäre nicht vollständig ohne einen Blick auf den Benzinpreis: Damals betrug er etwa 0,40 Reichsmark pro Liter – für eine Tankfüllung hätte ein Arbeiter also 24 Stunden arbeiten müssen. Insgesamt läßt sich einschließlich der Versicherungskosten, aber ohne Finanzierung und Wertverlust, eine monatliche Kostenbelastung von mindestens 75 Reichsmark abschätzen, deutlich mehr als die damals üblichen Kosten für Wohnungsmiete. Die Kostenbelastung wäre lediglich dann tragbar gewesen, wenn das Auto nur wenig gefahren worden wäre, beispielsweise ausschließlich am Wochenende und in den Ferien.

Auto in den USA bereits ein Alltagsprodukt

Genau dieser Punkt kennzeichnet den Unterschied in der Auffassung von Massenmotorisierung zwischen den Vereinigten Staaten, wo zu jener Zeit schon ein Pkw auf acht bis zehn Personen entfiel, und Deutschland mit einer Bestandsdichte von 1 zu 45. Die Zielvorstellung von Henry Ford war es gewesen, ein billiges Automobil für die Farmer und Handwerker zu produzieren, mit dem sie ihre Arbeiten erledigen konnten und das somit Bestandteil des Alltags werden würde.

Die deutsche Vorstellung zielte dagegen von Anfang an auf das Auto als *Freizeitgerät*. Von Beginn der Volkswagen-Idee an ging es nicht um die Fahrt von der Wohnung zum Arbeitsplatz oder um kleine Gewerbetreibende, vielmehr sollte das Auto die Emanzipation der Arbeiter gegenüber dem Bürgertum in der Freizeit ermöglichen. Im Arbeitsleben eingezwängt in autoritäre Strukturen, ohne Streikrecht und ohne die Möglichkeit zur Verbesserung der individuellen Lage sollte das Auto einen Identifikationspunkt außerhalb des Alltages bilden. Konsequenterweise war es denn auch die nach dem Verbot der Gewerkschaften einzig zugelassene NS-Arbeitnehmerorganisation Deutsche Arbeitsfront (DAF) beziehungsweise deren Erholungs- und Sozialwerk «Kraft durch Freude» (KdF), denen die Zuständigkeit für die Sparverträge und die Aufsicht über den Aufbau des Werkes übertragen wurde.

Die Positionierung des Volkswagens sowie der Vollmotorisierung im Bereich von Freizeit und Erholung ist übrigens vom Beginn dieser Idee an zu verfolgen. Hitler hatte bereits 1934 anläßlich der Berliner Automobilausstellung ausgeführt: «Solange das Automobil lediglich ein Verkehrsmittel für besonders bevorzugte Kreise bleibt, ist es ein bitteres Gefühl, von vornherein Millionen braver, fleißiger und tüchtiger Mitmenschen, denen das Leben ohnehin nur begrenzte Möglichkeiten einräumt, von der Benutzung eines Verkehrsmittels ausgeschlossen zu wissen, das ihnen vor allem an Sonn-

und Feiertagen zur Quelle eines bisher unbekannten, freudigen Glückes würde. Man muß den Mut haben, dieses Problem entschlossen und großzügig anzugreifen.»

Aus der Gleichsetzung von Autofahren = Freizeitbeschäftigung resultieren bestimmte Kostenvorstellungen, die auch heute noch von Bedeutung sind. Angesichts eines damaligen Literpreises von 40 Pfennig wäre es für Arbeitnehmer mit durchschnittlichem Einkommen gar nicht möglich gewesen, das Auto für die täglichen Arbeitswege, zum Einkaufen usw. einzusetzen. Die Nutzung mußte auf «besondere» Gelegenheiten, auf wenige Wochenenden und den Urlaub begrenzt bleiben, mehr Benzin hätte man sich nicht leisten können. Wenn man diesen Preis auf heutige Kostenverhältnisse mit einem mittleren Stundenlohn von ca. 25,– DM überträgt, entspräche dies einem Preis von 15,– DM je Liter Benzin. Es ist verständlich, daß unter solchen Bedingungen nur noch wenige Fahrten zu besonderen Gelegenheiten unternommen werden könnten. Hier zeigt sich eine gewisse Parallele mit der Verwendung des lange ersehnten/ erwarteten, teuer erstandenen und liebevoll gepflegten Autos in der früheren DDR. Das Freizeitmotiv wurde auch vom DDR-Staatsratsvorsitzenden Walter Ulbricht anläßlich der Planung der Autobahn Berlin – Rostock 1959 angesprochen (neben dem Gütertransport zum Hafen Rostock): «Diese Autobahn wird die Werktätigen in bequemen Reiseomnibussen oder mit den eigenen Motorrädern und Wagen schnell und verkehrssicher in die schönen Urlaubs- und Ausflugsgebiete an der Küste und im Innern Mecklenburgs bringen.»

Die Preise für Auto und Benzin haben sich gegenüber dem Einkommen stes unterschiedlich entwickelt. Hinsichtlich des Autos waren vor etwa 60 Jahren 2.000 Arbeitsstunden aufzuwenden, um das billigste Auto kaufen zu können, nimmt man einmal an, daß der politische Preis von 990 Reichsmark nicht lange zu halten gewesen wäre, sondern man dem Konstrukteur Porsche mit einem Preis von etwa 1.500,– DM gefolgt wäre. Bis heute hat sich der Aufwand zur Autofinanzierung auf nur noch 800 Arbeitsstunden reduziert. Der Kauf eines Autos ist also 2,5mal billiger geworden.

Der Kraftstoffpreis hat sich im selben Zeitraum nominell etwa vervierfacht (Benzin) beziehungsweise verdreifacht (heutiger Dieselpreis, relativ zum damaligen Benzinpreis). Der Finanzierungsaufwand – ausgedrückt in aufzuwendender Arbeitszeit eines Arbeitnehmers mit durchschnittlichem Einkommen – ist dagegen erheblich reduziert worden. Nur noch etwa drei bis vier Minuten Arbeitszeit sind nötig, um einen Liter Benzin bezahlen zu können. Es ist also nicht verwunderlich, daß der Stellenwert des Kraftstoffverbrauches in den Haushaltsbudgets radikal abgenommen hat. Das Auto ist mit der Zeit in Konkurrenz zu den anderen alltäglichen Verkehrsmitteln getreten, zum Fahrrad- und Busfahren beispielsweise.

Erst über die relative Verbilligung des Kraftstoffes hat das Auto seinen hohen Stellenwert in der Alltagsmobilität bekommen, darüber hinaus hat sich die Vorstellung von Freizeit- und Urlaubsmobilität fortentwickelt zu der heutigen Situation, wo deutlich mehr als die Hälfte der jährlichen Pkw-Fahrleistung freizeit- und urlaubsbezogen ist. Bei 12.000 Kilometer Fahrleistung pro Auto sind mehr als 6.000 Kilometer diesem Sektor zuzurechnen, mit im Vergleich zu früher deutlich gesenkten Benzinkosten.

Die extreme Verbilligung des Kraftstoffes gegenüber der Einkommensentwicklung ist ökonomisch dadurch zu erklären, daß für dieses Produkt nur wenig Personalkosten in den reichen Ländern aufgewendet werden müssen, insofern entspricht der niedrige Preis auch der Situation bei anderen Rohstoffen. Ein Auto dagegen erfordert trotz Automatisierung in der Produktion erheblichen Personalaufwand zu unseren hohen Kostensätzen, daher ist der Kaufpreis für ein Auto gegenüber der Einkommensentwicklung nicht so tiefgreifend billiger geworden wie der Kraftstoff. Es ist klar, daß bei dieser Kostensituation der Kraftstoffverbrauch in den Markterwägungen keine herausragende Rolle spielt.

Auch in der Nachkriegszeit lassen sich die unterschiedlichen Entwicklungen der Preise von rohstoffbedingten Produkten gegenüber den personalintensiven Leistungen belegen. Seit 1950 ist der Benzinpreis kaufkraftbereinigt um 80 Prozent *gefallen*, die Tarife der öffentlichen Verkehrsunternehmen haben sich dagegen parallel zu den allgemeinen Einkommensentwicklungen bewegt, sie liegen also im Vergleich zu den Kosten für Benzin und vor allem Dieselkraftstoff erheblich höher als früher (siehe Abbildung 21). Wenn dennoch heute der Kraftstoffverbrauch von Automobilherstellern thematisiert wird, auch und vor allem auf Druck der Umweltverbände, dann

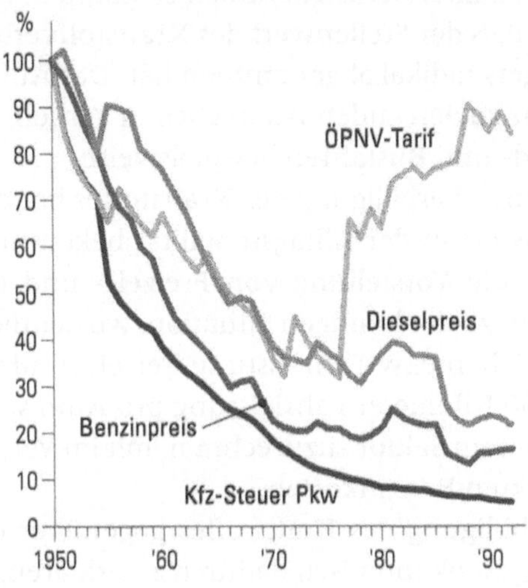

Abbildung 21

geschieht dies hinsichtlich der tolerablen Produktionsmehrkosten
eher in einem engen Rahmen. Die Einsparung von Kraftstoff durch
die Nutzung teurer Materialien und aufwendige konstruktive
Lösungen wird sich nur wenig für die Autokäufer amortisieren, weil
eben der Stellenwert des Kaufpreises hoch ist und der Stellenwert
der Kraftstoffpreise niedrig.

Wie hoch sollten die Steuern sein?

Es ist deutlich geworden, daß die gegenwärtigen Steuersätze keiner
Sachlogik folgen, daß die Kraftstoffkosten zu niedrig sind, um Spar-
techniken verstärkt auf den Markt zu bringen, aber aus sozialpoliti-
schen Erwägungen heraus keine Mehrbelastung der einkommens-
schwächsten Teile der Bevölkerung stattfinden sollte. Gleichzeitig ist

336

es aus ökologischen Gründen, aber auch zur Stärkung der Wettbewerbsfähigkeit der deutschen Autohersteller dringend erforderlich, fortschrittliche Technologien in ihren Produkten zu realisieren. Nur sparsame Fahrzeuge werden auf dem Weltmarkt der Zukunft eine Absatzchance haben.

Darüber hinaus ist es aber auch erforderlich, ökologisch verträglichere und volkswirtschaftlich effizientere Mobilitätslösungen zu verwirklichen, denn das Automobil ist für viele Verkehrssituationen nicht die beste Lösung. Die Verkehrsfläche in Städten ist nun einmal begrenzt – hier steigen die Autofahrer schon aus Eigeninteresse in die S-Bahnen um, wer steht schon gerne im Stau vor der Stadt. Auch für die Kommunen läßt sich das knappe Gut Fläche lohnender nutzen als für Straßen und Parkplätze, die Züricher Politik ist dafür ein renditeträchtiges Beispiel! Schließlich muß es langfristig im Interesse von Wirtschaft und Gesellschaft sein, Verkehrszwänge zu reduzieren und unnötigen Verkehrsaufwand sowohl bei der Personenmobilität als auch bei der Produktion und Verteilung von Gütern zu vermeiden. Dies wird aber von den jeweiligen Akteuren in Gesellschaft und Wirtschaft nur dann geleistet, wenn ökonomische Anreize dazu bestehen.

Die beschriebene Ausgangssituation und die bestehenden Herausforderungen führen zu folgenden Schlußfolgerungen:

- Die Marktpreise je Liter Benzin und Dieselkraftstoff liegen zu niedrig, sie sollten, langfristig festgelegt, in kleinen jährlichen Schritten steigen.
- Es sind finanzielle und weitere Anreize erforderlich, um für die Autofahrer die Nutzung der Verkehrsalternativen attraktiver zu machen.
- Eine deutliche Verteuerung des Autofahrens ist nur dort sinnvoll, wo akzeptable Verkehrs- und Verhaltensalternativen zur Verfügung stehen.
- Langfristig soll durch die Preisgestaltung die Standortentscheidung der privaten Haushalte und vor allem der Wirtschaft so beeinflußt werden, daß sich der Transportaufwand reduziert.
- Die höheren Kosten für eine verkehrssparsame Gestaltung der Gesellschafts- und Wirtschaftsstrukturen sollen dadurch ge-

deckt werden, daß Abgaben und Steuern auf Energieverbrauch und andere verkehrsbezogene Ressourcen erhoben werden.

• Für die privaten Haushalte sollen die höheren Abgaben auf Kraftstoffe und auf andere Ressourcen nicht zu höheren Kostenbelastungen für ihre Mobilität führen; die Realisierung verkehrssparsamer Strukturen, Verkehrsalternativen und effizienter technischer Lösungen soll durch finanzielle Anreize unterstützt werden.

Die vorstehenden Anforderungen sind nicht mit *einem* simplen Steuergesetz oder mit Verordnungen erreichbar, sie erfordern ein komplexes System aus steuerrechtlichen, ordnungsrechtlichen und anderen investiven Maßnahmen. In diesem Buch können nur einige Grundüberlegungen vorgestellt werden, mit denen die Machbarkeit eines sozialverträglichen und wirtschaftsverträglichen Ansatzes zum Klimaschutz im Verkehr gezeigt werden soll.

Neue Regelung der Verkehrsabgaben

Die Mineralölsteuer sollte fortlaufend so angepaßt werden, daß der Kraftstoffpreis an der Tankstelle jährlich um 5 Prozent steigt. Unser EU-Nachbarland Großbritannien praktiziert ähnliches bereits heute. Der Dieselkraftstoff sollte in einem stärkeren Ausmaß, also etwa mit 8 bis 10 Prozent pro Jahr, verteuert werden, bis er den Benzinpreis erreicht hat. Für eine Bevorzugung und finanzielle Unterstützung des Diesels gibt es keine sachliche Grundlage, allerdings auch nicht für eine höhere Kfz-Steuer. Die Bundesregierung sollte sich für eine entsprechende Reform auf EU-Ebene einsetzen. Bis zum Jahr 2020 könnte man so den Kraftstoffverbrauch um 55 Prozent senken (siehe Abbildung 22).

Mit der Mineralölsteuer kann nicht dem unterschiedlichen Verkehrsbedarf in dünnbesiedelten Regionen und in Ballungsräumen differenziert Rechnung getragen werden, andererseits ist es aber unmittelbar einsehbar, daß die Autofahrer in Innenstädten und Ballungsräumen andere Verkehrsalternativen haben und in einem stärkeren Ausmaß nutzen sollten; davon würde auch der Verkehrsfluß

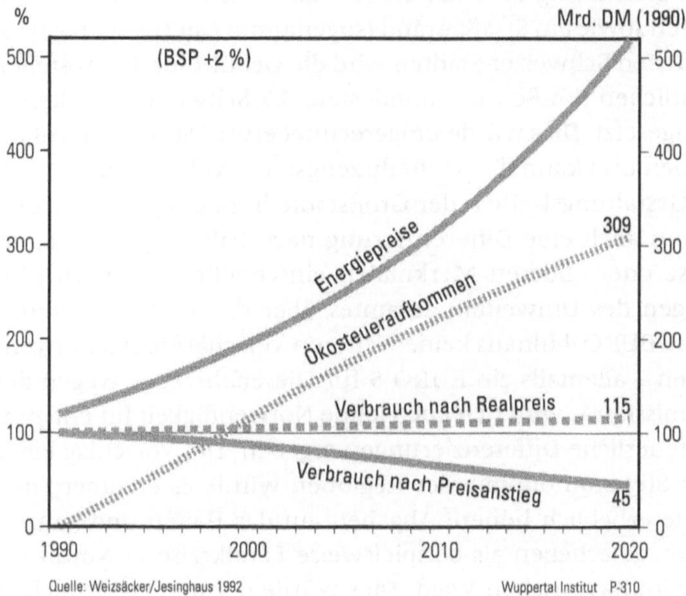

Abbildung 22

positiv betroffen. Um eine regional unterschiedliche Kostenbelastung des Autoverkehrs zu erreichen, könnten regional angepaßte
Wegeabgaben erhoben werden. In wenigen Jahren wird die Technologie für ein vollautomatisches Roadpricing, das heißt die Erhe-
bung von Abgaben nach den gefahrenen Kilometern in einer
Region, anwendungsbereit sein. Gegen eine Einführung des elektronischen Roadpricing gibt es – neben dem polemischen Vorwurf
der Wegelagerei – Vorbehalte von seiten des Datenschutzes. Bis diese
ausgeräumt sind, sollte es für den Individualverkehr nicht flächen-
deckend eingeführt werden, wohl aber für Lkw.

Als sinnvoll sehen wir es aber an, die Kraftfahrzeugsteuer auf
der Ebene von großen (kreisfreien) Städten beziehungsweise Land-

kreisen zu erheben. Hier sollte es auch möglich sein, die Höhe der Steuer frei zu bestimmen. Die Steuerzahlung wird dann durch einen Aufkleber an der Windschutzscheibe nachgewiesen; dieser Aufkleber dient gleichzeitig als Ausweis für das Parken auf öffentlichen Parkplätzen sowie am Straßenrand (sogenannte Laternengarage). In verschiedenen Schweizer Städten wird die Gebühr für das Abstellen auf öffentlichen Straßen mit mindestens 25 Schweizer Franken je Monat angesetzt. Dies würde umgerechnet etwa 360,– DM pro Jahr entsprechen und kann die Kraftfahrzeugsteuer voll ersetzen.

Die Gestaltungsfreiheit der Großstädte beziehungsweise Landkreise kann auch eine Differenzierung nach Fahrzeuglänge, Fahrzeugmasse oder anderen Merkmalen einschließen. Da nach Einschätzungen des Umweltbundesamtes über die ab 2005 geltende Abgasstufe EURO 4 hinaus keine weiteren Verschärfungen notwendig werden – allenfalls ein EURO 5 für Dieselfahrzeuge wegen der Partikelemission –, wird sich auch keine Notwendigkeit für entsprechende steuerliche Differenzierungen ergeben. Der Vorschlag einer stärkeren Steuerautonomie der Regionen würde es erlauben, daß Großstädte erheblich höhere Abgaben auf das Halten und Nutzen der Fahrzeuge erheben als beispielsweise Landkreise in Nordfriesland oder im Bayerischen Wald. Dies würde der unterschiedlichen Problemsituation Rechnung tragen und die Möglichkeiten der Mobilitätsalternativen ausnutzen.

Unbedingt: Flottenverbrauchsregelungen

Eine wirksame Reduktion des Kraftstoffverbrauches ist nicht durch die erst mittel- bis langfristig merkbare Erhöhung der Kraftstoffpreise allein zu erreichen, sondern erfordert die Einführung von *Verbrauchsgrenzwerten*. Diese dürfen von vornherein aber nicht zu strenge Anforderungen enthalten, weil sonst die neuen Modelle entweder zu teuer oder aber in ihren Nutzungseigenschaften weniger attraktiv würden. Man müßte befürchten, daß die neuen Autos nicht gekauft würden. Statt dessen sind die sogenannten Flottenverbrauchsgrenzwerte sinnvoll, die den Autoherstellern und -käufern größere Freiheiten lassen als Einzelgrenzwerte. Den Autoherstellern sollte aufgegeben werden, den Durchschnitt ihrer auf einem bestimmten Markt zugelassenen Fahrzeuge unterhalb des Flottenverbrauchsgrenzwertes zu halten. Weil es sehr unterschiedlich strukturierte Modellangebote bei den Herstellern gibt, wäre ein *fester* Flottenverbrauchs-Grenzwert für alle Hersteller nicht optimal wirksam. Es geht aber auch variabel, d. h. angepaßt an die jeweiligen Modellpaletten. Ausgangsbasis könnte beispielsweise der durchschnittliche Normverbrauchswert aller verkauften Fahrzeuge eines Herstellers im Vorjahr sein, der dann während der folgenden zehn Modelljahre um jeweils 5 Prozent vom Ausgangswert reduziert wird. Wenn die Firma Ford mit ihren Modellen in Deutschland beispielsweise einen Verbrauch von durchschnittlich acht Litern je 100 Kilometer hätte – rein theoretisch angenommen –, so müßte sie in den folgenden Jahren einen Wert von 7,6 Liter je 100Kilometer, 7,2 Liter je 100 Kilometer, 6,8 Liter je 100 Kilometer usw. einhalten. Dies kann der Hersteller beispielsweise dadurch erreichen, daß er im unteren Verbrauchssegment attraktive Modelle anbietet oder aber die Modelle mit hohem Kraftstoffverbrauch verteuert. Dies ergibt für die Käufer einen Anreiz, auf die sparsameren Varianten umzusteigen. Nach zehn Jahren wäre der Flottenverbrauch um 50 Prozent gesunken.

Flottenverbrauchsgrenzwerte gibt es seit 1972 in den USA, sie zeigten während der ersten zehn Jahre ihrer Gültigkeit eine hohe Wirksamkeit und senkten den Flottendurchschnitt drastisch. In den dann folgenden Jahren sind die Grenzwerte allerdings nicht mehr fortgeschrieben worden. Wir haben an anderer Stelle schon erwähnt, daß die besonders niedrigen Kraftstoffpreise auf dem amerikanischen Markt und die Vorliebe der Käufer für Vans und vierradgetriebene Kleinlaster den verbrauchsmindernden Effekt im starken Umfang wieder zunichte gemacht haben.

Mit der hier vorgeschlagenen dynamisierten, aber gleichwohl herstellerspezifischen Begrenzung würde jeder Hersteller entsprechend seinen Stärken und seiner Leistungsfähigkeit dazu verpflichtet werden, weiter an der Verringerung des Kraftstoffverbrauches zu arbeiten. Der Anreiz für die Autokäufer, dies auch zu honorieren, wird durch die stufenweise ansteigenden Kraftstoffpreise verstärkt.

Soziale Härten vermeiden

Neben der regionalen Differenzierung der Kfz-Steuern sollten weitere Wege gesucht werden, um zu starke Kostenerhöhungen bei denjenigen Autohaltern zu vermeiden, die aus beruflichen oder sozialen Gründen auf den Pkw angewiesen sind. Infrage kommt dazu beispielsweise die Verschrottungsprämie, welche denen die Beschaffung eines sparsamen Autos ermöglicht, die dafür ein älteres Modell mit hohem Verbrauch aus dem Verkehr ziehen. In Kalifornien ist diese Methode bereits erfolgreich angewendet worden, um ältere, nicht abgasentgiftete Fahrzeuge aus dem Verkehr zu ziehen, welche die Emissionssituation überdurchschnittlich stark verschlechtern. Mit dieser Maßnahme könnte den betroffenen Autofahren bei der Beschaffung sehr sparsamer Fahrzeuge geholfen werden. Finanziell unzumutbare Belastungen und soziale Härten würden vermieden. Dies gilt vor allem für den dünnbesiedelten ländlichen Raum. Aus der Energiewirtschaft entliehen haben wir bereits an anderer Stelle das «Contracting», mit dem dann entsprechend sparsame Neufahrzeuge aus der Ersparnissen der Kraftstoffrechnungen finanziert werden.

Mehrpersonenhaushalte mit geringem Pro-Kopf-Einkommen könnten durch ein Öko-Bonus-System profitieren. Sämtliche Steuermehreinnahmen würden eimheitlich pro Kopf rückverteilt, mit den gezeigten wirtschaftlichen Vor- und Nachteilen (Abbildung 23).

**Weitere Maßnahmen für eine nachhaltige
Verkehrsentwicklung**

Es ist das grundsätzliche Ziel einer ökologischen Steuerreform, auch im Bereich Verkehr den Ressourcenverbrauch zu verteuern und die Arbeitskosten zu reduzieren. Mit diesem Grundsatz wäre es dann nicht vereinbar, die Mehrerträge aus der höheren Mineralölsteuer in andere Verkehrsprojekte zu stecken, etwa in die Finanzierung von ICE-Strecken. Grundsätzlich sollten auch die Bahn und der ÖPNV selbst ihre Kosten decken.

Funktionsweise des Ökobonussystems

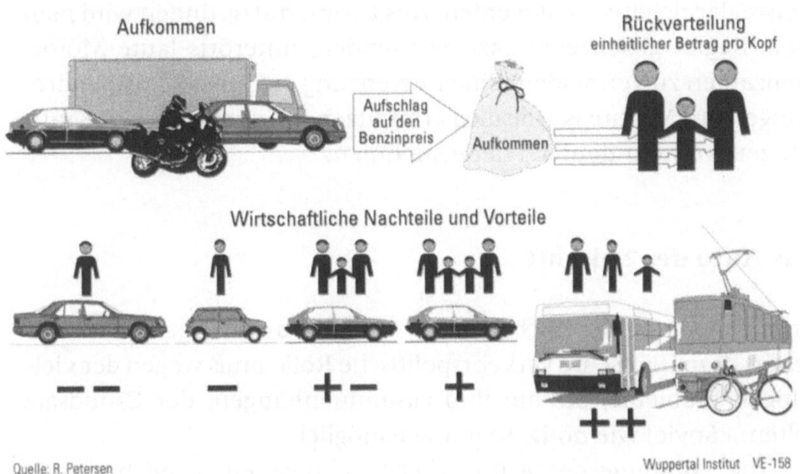

Abbildung 23

Wenn die Kostenbelastung des Kraftfahrzeugverkehrs steigt, müssen die jeweiligen Nutzergruppen an anderer Stelle kostenmäßig *entlastet* werden. Durch eine andere Verkehrsmittelwahl oder sonstige Strategien können sie dann ihre reale Kostenbelastung gegenüber der vorherigen Situation vermindern. Dies ist der Sinn eines steuerlichen Anreizsystems.

Zu einer nachhaltigen Verkehrsentwicklung gehört außerdem eine Zivilisierung der Geschwindigkeiten. An anderer Stelle ist bereits erläutert worden, was die Auslegungsgeschwindigkeiten für die energieeffiziente Konstruktion eines Fahrzeuges bedeuten. Für den innerörtlichen Verkehr ermöglicht eine Reduktion der Fahrgeschwindigkeit auf 30 km/h und eine Harmonisierung der Fahrverläufe, daß die Stadtstraßen auch von Fahrradfahrern und gegebenenfalls Leichtbaufahrzeugen, die zwischen Fahrrad und Pkw stehen, genutzt werden können. Um einen Polizeiüberwachungsapparat größeren Ausmaßes zu vermeiden, sollten die Geschwindigkeiten von 30 km/h sowie gegebenenfalls 50 km/h auf Hauptverkehrsstraßen ohne Ausnahme durch technische Geschwindigkeitsregler sichergestellt werden. Aus Lärmschutzgründen wird man diese Regler gleichzeitig dazu verwenden, innerorts laute Motordrehzahlen zu vermeiden. Eine Begrenzung auf etwa 2.200 Umdrehungen pro Minute würde die Lärmspitzen aus dem täglichen Kraftfahrzeugverkehr deutlich herausnehmen.

Das Auto der Zukunft

Unsere moderne Gesellschaft ist auf Mobilität angewiesen – das Auto gehört dazu. Für seine verkehrspolitische Rolle muß wegen der vielfältigen Probleme, die mit ihm zusammenhängen, der Grundsatz gelten: «Soviel wie nötig, so gut wie möglich.»

Die Zunahme des Autoverkehrs in unserem Land hat nach Ansicht vieler Umweltwissenschaftler die Grenzen der Tragfähigkeit unserer Ökosysteme bereits überschritten. Die ökologische *und* soziale Krise drücken sich aus in ökonomischen Nachteilen für die gesamte Volkswirtschaft. Es ist unbedingt notwendig, bessere Mobilitätslösungen zu entwickeln und verstärkt zum Einsatz zu bringen. Dort, wo das Auto seine Systemstärken hat, in geographischen und zeitlichen Situationen mit dünner Verkehrsnachfrage und diffusen Start-Ziel-Beziehungen, wird es auch weiterhin seinen Platz und seine Berechtigung haben. Es wird aufgrund der Komfortvorteile sowie mancher anderer Attraktivitätsmerkmale auch weiterhin in Städten und Ballungsgebieten mit den anderen Verkehrsmitteln konkurrieren, die in der Gesamtbewertung an sich dort besser geeignet sind. Hier muß es das Ziel der Verkehrspolitik sein, der übermäßigen Autonutzung mit dem Instrumentarium der Steuern und Abgaben dämpfend entgegenzuwirken.

Für die Zukunft des Autos ist es entscheidend, daß technisch mögliche Verbesserungspotentiale auch ausgeschöpft werden. Wir haben in dem vorliegenden Buch dargelegt, daß sowohl kurzfristig deutliche Verbrauchssenkungen realisierbar wären als auch langfristig sich weitere interessante Verbesserungspotentiale sich abzeichnen. Diese zu nutzen, ist eine notwendige Voraussetzung, um die

Zukunftsfähigkeit des Autos zu sichern. Die Erfindung «Auto» ist zu faszinierend, um sie den Ewiggestrigen zu überlassen. Das gegenwärtige Tempo bei der Markteinführung fortschrittlicher Autotechnik ist zu langsam. Die Strategie der Automobilindustrie, zusätzliche kleine und relativ teure Drei-Liter-Autos auf den Markt zu bringen und die Volumenmodelle weiterhin in konventioneller Auslegung zu verkaufen, führt nicht aus der Sackgasse hinaus.

Nach der letzten Kraftstoffverbrauchs-Langfristprognose der Firma Shell wird bei Fortsetzung des gegenwärtigen Trends im Jahre 2010 der durchschnittliche Verbrauch aller Neuwagen noch bei 5,5 Liter/100 km liegen. Dies ist unvertretbar hoch. Durch koordinierte Bemühungen von Politik und Industrie muß und kann es gelingen, bis 2010 den Durchschnittsverbrauch aller Neuwagen um mehr als die Hälfte zu senken! Wenn dieses Ziel erreicht wird und wenn die vorgeschlagene regionale Differenzierung der Halterabgaben, das heißt der Kraftfahrzeugsteuer verwirklicht wird, können die Kraftstoffpreise ruhig ansteigen, ohne daß dies den Autofahrern weh tut.

Sparen mit dem Drei-Liter-Auto

Wer ein Drei-Liter-Auto fährt und damit bereits in der kompakten Polo-Klasse – wir sagen hier in Anerkennung des Greenpeace-Projektes lieber SmILE- bzw. Twingo-Klasse – 50 Prozent weniger Sprit verbraucht als heute, kann einer Erhöhung des Kraftstoffpreises von 5 bis 10 Prozent pro Jahr gelassen entgegensehen, er wird um so mehr Geld sparen, je eher er auf das effizientere Gefährt umsteigt. Das gilt sinngemäß in noch stärkerem Maße für die anderen Fahrzeugklassen. Ein Umsteigen auf energieeffiziente Modelle lohnt sich dann um so mehr, je teurer der Kraftstoff wird.

Daß der Faktor Arbeit im Rahmen einer ökologischen Steuerreform entlastet wird (d. h. beispielsweise die Lohnsteuer wird gesenkt) und daß somit weitere Einsparmöglichkeiten entstehen, wirkt sich direkt positiv aus für diejenigen, die Verkehr sparen oder andere Verkehrsmittel verstärkt benutzen. Es lohnt sich auch für die gesamte Volkswirtschaft, denn es werden wieder mehr Arbeitsplätze geschaffen. Die positiven Wirkungen einer verstärkten Besteuerung

der Ressourcen und einer steuerlichen Entlastung des Produktionsfaktors Arbeit sind in Modellrechnungen überzeugend nachgewiesen. In der Gesamtbilanz ist es vorteilhaft, wenn die Arbeitsstunde
weniger, aber das Fahren eines Autos mit hohem Kraftstoffverbrauch mehr kostet.

Jetzt liegt es an der Politik, die Chance für die Durchsetzung des
Drei-Liter-Autos zu ergreifen. Das Drei-Liter-Ziel steht hier für eine
durchgreifende Modernisierung des Autos, mindestens für eine Halbierung des Ressourcenverbrauches in kurzfristiger Sicht. Um den
notwendigen Strukturwandel in der Autoindustrie und im Verkehrssystem insgesamt einzuleiten, müssen politische Weichenstellungen vorgenommen werden. Die Ingenieure haben mit ihrer
Arbeit die Chancen aufgezeigt, jetzt muß die Politik sie nutzen.

Literatur

Blümel, Hermann (1998): «Elemente einer zielorientierten Abgabenkonzeption». In: Energiewirtschaftliche Tagesfragen, 48. Jahrgang, Heft 7, S. 467-474.

Deinzer, Günter H. und Dieter Rößner (1998): «Der Corsa ECO 3-Studie zur Technologieentwicklung für ein «3 l Auto». Vortrag im Rahmen des Workhops «Autos der Zukunft». Wuppertal.

Diaz-Bone, H. und Petersen, R. (1996): «Das ‹Drei-Liter-Auto› – Aktuelle Konzepte und Stand der Realisierung». Studie im Auftrag von Greenpeace, Wuppertal.

Diaz-Bone, H.; Petersen, R. (1998): «Passenger Car Technology for the Next Decade». Report on innovative and more environmentally sound technologies in the passenger car sector. Wuppertal.

Dudley, Frank A. (1998): «Otto trifft Elektro – Die Kreuzung zweier Antriebskonzepte», unveröffentlicht.

Enquete-Kommission «Schutz der Erdatmosphäre» des 12. Deutschen Bundestages (1994): «Mobilität und Klima». Wege zu einer klimaverträglichen Verkehrspolitik. Economia Verlag, Bonn.

FGU (Hrsg.) (1995): «Mobilität um jeden Preis?» Ein Expertenworkshop zu externen Kosten des Verkehrs und die Möglichkeiten, sie zu verringern. Im Auftrag des Umweltbundesamtes (382. FGU-Seminar). Berlin.

Friedrich, Axel (1998): «Technische Potentiale für umweltfreundlichere Pkw-Antriebssysteme». Vortrag im Rahmen des Workhops «Autos der Zukunft». Wuppertal.

Hennicke, Peter und Dieter Seifried (1996): «Das Einsparkraftwerk – Eingesparte Energie neu nutzen». Birkhäuser Verlag, Basel.

Höpfner, U.; Nagel, H.-J.; Patyk, A.; et. al. (1996): «Vergleichende Ökobilanz: Elektrofahrzeuge und konventionelle Fahrzeuge. Bilanz der Emissionen von Luftschadstoffen und Lärm sowie des Energieverbrauchs». Abschlußbericht im Rahmen des BMBF-Forschungsvorhabens «Elektrofahrzeuge der neuesten Generation», Praxistest Rügen, Institut für Energie- und Umweltforschung GmbH (ifeu), Hrsg., Heidelberg

Indorf, Volker (1998): «Der GDI-Motor von Mitsubishi, Technik und Besonderheiten». Vortrag im Rahmen des Workhops «Autos der Zukunft». Wuppertal.

Lovins, Amory B. (1998): «Reinventing the wheels: hypercars – the next industrial revolution». Vortrag im Rahmen des Workhops «Autos der Zukunft». Wuppertal.

Lovins, Amory B. et al. (1996): «Hypercars: Materials, manufactoring and political implications». A proprietary study of the Hypercar Center Rocky Mountain Institute. Snowmass, Colorado.

Martin, Roger (1998): «S A V E – Small Advanced Vehicle Engines – Ein Antriebskonzept zur nachhaltigen Reduktion der CO_2 Emissionen von Ottomotoren für alle Fahrzeugklassen». Vortrag im Rahmen des Workhops «Autos der Zukunft». Wuppertal.

Monheim, Heiner und Rita Monheim-Dandorfer (1990): «Straßen für alle». Analysen und Konzepte zum Stadtverkehr der Zukunft. Rasch und Röhring Verlag, Hamburg.

Nähr, Gerhard (1998): «Leichte Elektrofahrzeuge – Systemkonzepte der Zukunft für Nischenmärkte». Vortrag im Rahmen des Workhops «Autos der Zukunft». Wuppertal.

Pastowski, A. und R. Petersen (Hrsg.) (1996): «Wege aus dem Stau». Umweltgerechte Verkehrskonzepte. Birkhäuser Verlag, Basel.

Petersen, R.; Schallaböck, K.O. (1995): «Mobilität für morgen». Birkhäuser Verlag Basel.

Petersen, Rudolf (1998): «Optionen zur Verminderung der Umweltbelastungen durch Pkw» . Vortrag im Rahmen des Workhops «Autos der Zukunft». Wuppertal.

Polenz, Carsten und Stefan Pfahl (1998): «Sind Alternative Treibstoffe aus ganzheitlicher Sicht ein Mittel zur Reduktion von CO2-Emissionen?» . Vortrag im Rahmen des Workhops «Autos der Zukunft». Wuppertal.

Sachs, Wolfgang (1984): «Die Liebe zum Automobil». Ein Rückblick in die Geschichte unserer Wünsche. Rowohlt Verlag, Hamburg.

Schäper, Siegfried (1998): «Innovative Fahrzeugkonzepte mit hohem Aluminiumanteil» . Vortrag im Rahmen des Workhops «Autos der Zukunft». Wuppertal.

Schipper, Lee (1998): «Gesellschaftliche Entwicklungspfade und Fahrzeugkonzepte». Vortrag im Rahmen des Workhops «Autos der Zukunft». Wuppertal.

Scholz, Harald (1998): «Europäische Forschungsförderung für umweltfreundliche Automobiltechnik». Vortrag im Rahmen des Workhops «Autos der Zukunft». Wuppertal.

Steiger, Wolfgang (1998): «Innovative Antriebskonzepte von VW.» Vortrag im Rahmen des Workhops «Autos der Zukunft». Wuppertal.

Umweltbundesamt (1997): «Jahresbericht 1996». Berlin.

VDI (Hrsg.) (1998): «Batterie-, Brennstoffzellen- und Hybrid-Fahrzeuge». Tagung am 17. und 18. 2. 1998 in Dresden. VDI-Bericht 1378. Düsseldorf.

Weizsäcker, E.U., A.B. Lovins, L.H. Lovins, (1995): «Faktor Vier: Doppelter Wohlstand – halbierter Naturverbrauch». Droemer Knaur, München.

Wiederkehr, Peter (1998): «Autotechnik und Emissionsentwicklung im OECD-Raum. Internationale Perspektiven einer dauerhaft umweltverträglichen Verkehrsentwicklung». Vortrag im Rahmen des Workhops «Autos der Zukunft». Wuppertal 1998.

Stichwortverzeichnis